Based on a BBC Programme BBC

人类宇宙 第二版

HUMAN UNIVERSE

[英] 布赖恩·考克斯（Brian Cox）
安德鲁·科恩（Andrew Cohen） 著
杨佳祎 丁亚琼 张洋 黄睿睿 陈鹏 译

人民邮电出版社
北京

图书在版编目（CIP）数据

人类宇宙 / （英）布赖恩·考克斯，（英）安德鲁·科恩著 ; 杨佳祎等译. -- 2版. -- 北京 : 人民邮电出版社，2019.9
ISBN 978-7-115-51636-7

Ⅰ. ①人… Ⅱ. ①布… ②安… ③杨… Ⅲ. ①宇宙－普及读物 Ⅳ. ①P159-49

中国版本图书馆CIP数据核字(2019)第141293号

◆ 著　[英]布赖恩·考克斯（Brian Cox）
[英]安德鲁·科恩（Andrew Cohen）
译　杨佳祎　丁亚琼　张　洋　黄睿睿　陈　鹏
责任编辑　李　宁
责任印制　陈　犇
◆ 人民邮电出版社出版发行　北京市丰台区成寿寺路 11 号
邮编　100164　电子邮件　315@ptpress.com.cn
网址　http://www.ptpress.com.cn
北京东方宝隆印刷有限公司印刷
◆ 开本：787×1092　1/16
印张：17.75　2019 年 9 月第 2 版
字数：478 千字　2019 年 9 月北京第 1 次印刷
著作权合同登记号　图字：01-2015-1265 号

定价：99.00 元

读者服务热线：(010)81055410　印装质量热线：(010)81055316
反盗版热线：(010)81055315
广告经营许可证：京东工商广登字 20170147 号

中文版推荐序

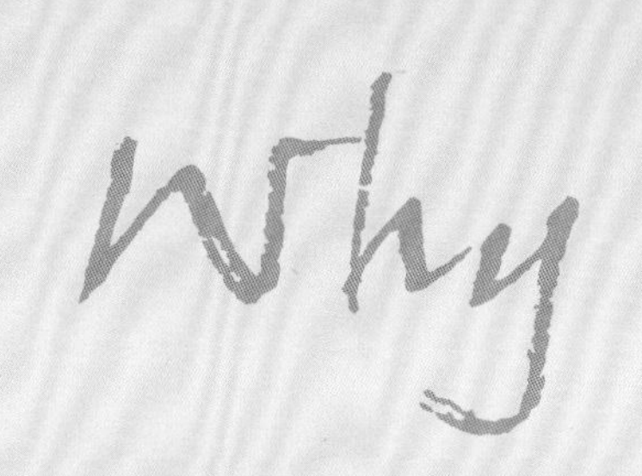

我想知道这是为什么

整整半个世纪之前，理查德·费曼因对量子电动力学的杰出贡献而荣获1965年诺贝尔物理学奖。这位物理学大师有一段著名的“绕口令”：

我疑惑这是为什么，并且我想知道这是为什么。

我想知道为什么我想知道这是为什么。

我想知道究竟为什么我非要知道

我为什么想知道这是为什么！

这些入木何止三分的“为什么”，将科学家刨根问底的求索精神描摹得淋漓尽致。而今，布赖恩·考克斯在这本书中的妙语仿佛又为上述“绕口令”增添了一番别样的滋味。在本书第4章一开始就写道：

每个人都明白“你为什么迟到”“我迟到是因为闹钟没响”这种对话的含义。但是，这样的回答并不完整，我们可以继续深入追问，试着找出最准确的原因。

“它为什么没响？”

“因为它坏了。”

“它为什么会坏？”

“因为电路板上有个焊点熔化了。”

“焊点为什么会熔化？”

“因为变热了。”

“为什么会变热？”

“因为现在是8月，所以我的房间很热。”

“为什么8月会热？”

“因为地球绕着太阳转。”

“为什么地球会绕着太阳转？”

“因为引力的作用。”

“为什么会有引力？”

“我不知道。”

如果你追问得足够深入，所有关于“为什么”的科学问题都会以“不知道”而告终……

毫无疑问，我们对于宇宙的科学认识还不全面，人们还将不懈地继续探索。而另一方面，人类生活在小小的地球上，居然能对宇宙有如此深入的了解，这实在是伟大的奇迹。难怪乎爱因斯坦有言：“宇宙的最不可理解之处在于它乃是可以被理解的！”要讲清楚人类

Why

如何理解宇宙以及理解到何等程度，绝不是一件简单的事情。人们自然期望这种叙述能做到雅俗共赏。再进一步，则有朱自清先生大约在70年前所说的那种“没有雅俗之分，只有‘共赏’的局面”。多年前曾有友人问：“你能否对此种炉火纯青的境界举出几个实例？”我沉思之后，谨慎地反问：“张乐平的《三毛流浪记》、儒勒·凡尔纳的《海底两万里》、乔治·盖莫夫的《物理世界奇遇记》，你以为如何？”近年来，我还觉得，布赖恩·考克斯和英国广播公司（BBC）合作的BBC“奇迹”系列也相当接近“无分雅俗，只有‘共赏’”的局面了。

2014年10月，人民邮电出版社一举推出BBC“奇迹”系列3个品种的中文版：《太阳系的奇迹》（齐锐、万昊宜译）、《宇宙的奇迹》（李剑龙、叶泉志译）和《生命的奇迹》（闻菲译）。这些作品行云流水的叙述风格和令人目不暇接的精美画面，委实让读者大饱眼福。

2015年初夏，确切地说是6月18日，我微信致人民邮电出版社科普出版分社负责人刘朋，相告3本“奇迹”的作者又有新著*Human Universe*，并附上封面照片。我在微信中说：“好书啊！你们联系版权了吗？”孰料独具慧眼的人民邮电出版社早已先行一步，刘朋迅即回复，告知这本书正在翻译，并表示希望我写几句推荐语。现在的这篇“中文版推荐序”便由此而来。

这本书虽非BBC“奇迹”系列的续篇，彼此却大有异曲同工之妙。在本书中，布赖恩·考克斯依然在娓娓动听地讲述人类和宇宙的故事。这一次，故事的主角是“人”，亦即人类；故事的全部情节，始终环绕着“人在宇宙中”或者说“人类与宇宙”而展开。这本书由5章构成，章标题依次为“我们在哪里？”“我们孤独吗？”“我们是谁？”“我们为何在此？”和“我们的未来在何方？”。出现在每一个标题中的“我们”，指的都是“人类”；而在每一个标题中隐而未现的潜台词，则都是“在宇宙中”。因此，第1章其实是讲“人类在宇宙中身处何方”的故事；第2章是说“人类在宇宙中有没有‘朋友’”的传奇；凡此种种，披览原书自可尽识其妙，毋庸荐书者赘述。

布赖恩·考克斯在20世纪90年代曾是英国流行摇滚乐队的键盘手，这极易令人联想到能自如地敲击巴西邦戈鼓的“科学顽童”理查德·费曼；布赖恩能说能写又能演，更令人不禁联想到饮誉全球的13集科学电视系列片《宇宙》的主创和叙事者卡尔·萨根。在我看来，理论物理学家布赖恩·考克斯能够兼具这两位前辈巨擘的某些秉性，实在是难能可贵——称这些人为凤毛麟角或许也不为过。或许，考克斯得知我说的这番话时会真诚地说一句“过奖了”，但我相信自己并没有说错。

时代在前进，如今布赖恩·考克斯早年的偶像卡尔·萨根离去已逾20年，考克斯本人的事业则如日中天。我深感，在某种意义上，考克斯要比萨根更幸运。考克斯这些书的“致谢”，为我提供了如此置评的依据。致谢，通常很难完全避免套话或谀辞。但是，在布赖恩·考克斯的谢词中，我看到了一种发自心底的感激之情。引发这种感激的那份恩惠，堪令其他科学家羡慕不已。考克斯在《太阳系的奇迹》的“致谢”中写道：“布赖恩还要感谢曼彻斯特大学和英国皇家学会同意他将时间用于写作本书和制作电视系列纪录片，尤其要特别感谢曼彻斯特大学任职主席和副校长阿兰·吉尔伯特教授（Alan Gilbert，1944年9月11日—2010年7月27日），因为他明白大学的真正价值所在，鼓励各院系和学者们为象牙塔外的社会多做贡献。”在《宇宙的奇迹》“致谢”中，考克斯再次“感谢曼彻斯特大学和英国皇家学会允许他花很多时间来完成《宇宙的奇迹》的摄制”。在《生命的奇迹》中，考克斯述及，曼彻斯特大学副校长南希·罗斯维尔（Dame Nancy Rothwell）教授“总是坚定不移地支持那些希望将部分工作时间用于科学传播的学者”，故而向她致以最诚挚的谢意，并感谢英国皇家学会在他与BBC共事期间提供了同样的帮助。在这本书中，考克斯再次“感谢曼彻斯特大学为《人类宇宙》纪录片提供的全力支持和鼓励，特别是校长兼总理事南希·罗斯维尔女士，她给予了他们充分的自由进行学术研究”。如此优越的科学人文生态，不仅昔日的萨根未曾享有，而且也是当今世上许多科学机构仍不具备的。我衷心希望中国的高校和科研机构于此亦能多有作为，赶上时代，甚至垂范世界。

考克斯在这本书中表述的某些个人观点，未必都能获得他人的普遍认同。这也是很自然的事情，科学的发展本来就是争议不断而推陈出新的。广大读者会对《人类宇宙》做出更多的评论，中文版之短长也将由读者进一步评判。作为这篇推荐序的结尾，我想说，《人类宇宙》再次印证了一位先贤的格言：

我们所见的固然美好；
我们明了的愈加美妙；
我们尚未悟彻的更是
不胜其美，美不可言。
——尼尔斯·斯坦森（尼古拉·斯旦诺）*

卞毓麟　2015年11月17日　于上海

中国科普作家协会副理事长　中国科学院国家天文台客座研究员

* 尼尔斯·斯坦森（Niels Steensen，1638–1686），丹麦解剖学家和地质学家，世人更熟悉他的拉丁化名字尼古拉·斯旦诺（Nicolaus Steno）。他认识到肌肉由纤维组成，描述了腮腺导管（即斯旦诺管），证实了动物也有松果体，指出化石由古代动物死后石化而成，描述了各种岩层，还提出了如今所称的结晶学第一定律。

人类是多么了不起的杰作！多么高贵的理性！多么伟大的力量！多么优美的仪表！多么文雅的举动！在行为上多么像天使！在智慧上多么像天神！宇宙的精华！万物的灵长！——可是在我看来，这个由泥土塑成的生命算得了什么？人类不能使我产生兴趣——女人也不能使我产生兴趣。虽然从你的微笑中，我可以看出你的意思。

哈姆雷特

人是什么？客观来说这个问题并没什么重要意义。无穷世界中的尘埃微粒，瞬间化为永恒，原子凝聚成团，形成的星系比人类的数量还多。然而“人是什么”这个问题本身对于人类而言是重要的。宇宙中，无论是这个问题或是任何其他问题，问题的存在都是极其美妙的事。回答这些问题需要思考，而思考则带来意义，那么这些问题的意义又是什么？我不知道，不过宇宙以及宇宙中的所有微粒对我来说都很重要。我对单个原子的存在感到惊讶不已，发现人类文明其实在现实中留下了令人敬畏的烙印。虽然我不懂，也没人能懂，但它不禁让我微笑。

本书提出了有关人类起源、人类命运以及人类在宇宙中的位置等问题。我们没有得到答案的权利，甚至都没有发问的权利。但我们还是要提出问题，探寻我们的存在。《人类宇宙》首先是一封写给人类的情书，庆祝我们目前所拥有的一切。我选择了用科学语言写下这封信，因为除了科学所产生的无穷知识之外，没有其他更好的方式来展示我们从尘埃进化成完美生物这一宏伟过程。200万年前我们还是猿人，但现在我们已成为太空人。据我们所知，这一巨变在其他地方从未发生过。这当然是值得庆贺的。

第 1 章
我们在哪里?

我们不应该停止探索，
我们所有的探索
最终将回到我们的起点，
并让我们第一次了解这个地方。

T.S.艾略特

奥克班克大道、查德顿、奥尔德姆、大曼彻斯特、英格兰、英国、欧洲、地球、银河系、可观测宇宙……?

对我来说，那是一幢坐落在奥克班克大道、建于20世纪60年代初的砖砌平房。如果风从东边吹来，你还能闻到从萨森酿酒厂里飘出来的醋味——不过东风在奥尔德姆很少见，大部分时间里这个小镇都会受到西风带的影响，来自大西洋的湿气会将纺织厂浸润，让厂房的红砖在阴雨天气中显露出持久的亮泽。而天气好的时候，你则会把醋味视作能在沼泽中看到一缕阳光的一种答谢。奥尔德姆看起来就像是快乐分裂乐队的音乐——我无比喜欢快乐分裂乐队。在肯尼沃斯大街和米德尔顿路的拐角处有一个报摊，小时候，每个周五祖父都会带我去那儿买一个玩具——通常是小汽车或是卡车玩具。直到现在，这些玩具我大多都还保留着。当我长大一些后，我会在查德顿市政厅公园中由红煤渣铺成的网球场上打网球，在圣马修教堂外的长凳上喝啄木鸟牌的苹果酒。那是一个秋夜，正值学年伊始，在喝了几口酒之后，我在那里获得了我的人生初吻——不过后来我被冻得鼻头冰凉，不停地吸鼻涕。我想这种行为在今天是不允许的——那个有卖酒执照的家伙会因向未成年人出售苹果酒而被奥尔德姆地方议会起诉，而我也会被列入黑名单。但我幸免于此，并最终离开了奥尔德姆，前往曼彻斯特大学求学。

地球距离太阳
1天文单位
地球距离最近的恒星（除太阳外）
265 000
天文单位
地球距离银河系中心
1 580 000 000
天文单位
地球距离仙女座星系
1 580 000 000 000
天文单位
地球距离最远的星系
8 532 000 000 000 000
天文单位

每个人都有一条属于自己的奥克班克大道——我们人生初期所处空间中的一隅，而这地方也是我们无限延伸的个人宇宙的中心。对那些与我们相距遥远、生活在东非大裂谷的祖先们而言，他们的延伸只是一种亲身体验。而对于像我这样出生在20世纪后半叶英国的幸运儿来说，除了直接经验以外，教育为我们的思想提供了强大力量——让思想不断向前和向外延伸。而在我这个小男孩身上，则是向外太空延伸。

在英国迈着沉重的步伐进入20世纪70年代的时候，我就在这蓝色星球的陆地和海洋中找到了自己的位置。我能告诉你有关北极冰流上北极熊的故事，或者非洲大草原上瞪羚的故事，而这些都是我还在英国时就早已知道的。我还知道我们的地球是九大（现在重新定义为八大）行星之一，它们一般都围绕一颗恒星沿椭圆轨道转动，水星和金星位于地球内侧，而火星、木星、土星、天王星和海王星位于地球外侧。太阳是银河系4000亿颗恒星中的一颗，而银河系则是可观测宇宙中3500亿个星系中的一员。之后在大学里，我知道物理现实远远超过了900亿光年的可见范围，如果必须要基于我46年来对人类文明的所有认知来进行猜测的话，我认为物理的规律会向“无限”延伸。

这就是我微不足道的进步。虽然这一路上有很多人与我同行，但对于每个选择这条路的人来说，这条路又是独一无二的。我们走过的道路上，一路上都有不断增加的由人类知识所构筑的风景，而这些道路又是混乱动荡的，哪怕错过一个路口都可能导致一生的探索徒劳无功。但是，在我们迥然不同的知识征途中也存在着共同的主题，而这些主题随着现代天文学的发展，不可避免地走下神坛，这对我们共同的科研经验产生了巨大的影响。我相信从身处造物的中心到成为微小尘埃的旅程

创造者的角色

在罗马时，我参观了梵蒂冈天文台（建立于1787年），它是世界上最古老的天文研究机构之一。

就是一种提升，是最壮丽的智力提升。当然我也承认，有很多人奋斗过，并且继续和这令人迷惑不解的身份降级做斗争。

约翰·厄普代克曾经写过这样的话："我们现在所拥有的是天文学而不是神学，我们的恐惧减少了，但原先的舒适感也没有了。"对我来说，选择恐惧还是快乐与看问题的角度有关，而本书的中心目标是让人感到快乐。虽然乍一看，可能会觉得这是一个很困难的挑战：《人类宇宙》这个书名本身就体现了一种不合情理的唯我论思想。怎么能透过暂居尘世间这些生物机器的视角去观察一个可能是终极的存在呢？我对这种疑问的回答是：《人类宇宙》是写给人类的一封情书，因为我们所处的尘世是唯一一个必定有爱存在的地方。

这听起来像是回归到了长久以来我们一直坚持的、以人类为中心的观点，然而科学通过不懈努力，已经彻底驳斥了人类中心说这一观点。下面让我为大家介绍一种不同的观点。宇宙中只有地球这一角，我们确切地知道自然法则共同努力创造出了一个物种，这个物种能够超越单一生命的物理界限，并能开发包含精确描述我们时间和空间位置的知识信息库，其信息量远超出100万个大脑所能容纳的。我们知道我们所处的位置，这让我们变得无比珍贵，至少在太阳系周围我们是独一无二的。我们不知道要走多远才会找到另一个智慧星球，但知道这一过程无疑会很漫长。这也使得人类值得庆祝，令我们的知识信息库值得扩充，同时也让我们的存在值得保护。

基于以上种种，我的观点是：宇宙是没有意义的，我们人类却是宇宙中一个有意义的孤岛。我先来解释一下为什么我会说“宇宙是没有意义的”。我按照目的论的理解，看不出宇宙存在的任何理由，当然也没有终极原因，或终极意义。我更倾向于相信所谓意义是一种巧合。三四百万年前，在东非大裂谷，南方古猿——我们的祖先——脑容量变大，史前文明出现，在地球上宇宙被赋予了意义。银河系之外还有数十亿个星系，其中必然会有其他智慧生命，而且如果当代的永恒暴胀理论是正确的，那么在平行宇宙中还会有无数个生命世界。但我不敢确定，在银河系中是否有众多的文明世界，所以我称地球为“孤岛”。如果现在我们在银河系中是孤独的，那么由于星系间的距离过于遥远，也许我们永远没有机会和其他星系上的智慧生命讨论这个问题。

在这本书中，我们会探讨所有这些思想和观点。当我的看法和科学的看法，或者说和比较确定的看法出现差异时，我会仔细说明。不过有件事值得一提，我们当前的宇宙观是：宇宙浩瀚，可能没有边界，其中还有无数个世界。这种宇宙观的形成耗费了漫长的时光，其间还夹杂了血腥和暴力。面对人类在宇宙中的地位下降，人们的反应往往是不理智的，甚至是残忍的，这也许是因为在人们内心深处隐藏着根深蒂固的偏见和自高自大的想法。曾有一位颇具争议的人物，直到今天人们依然对他的生和死有着感性与理性的共鸣，因此将他的故事作为人类宇宙之旅的开篇似乎比较合适。

乔尔丹诺·布鲁诺以他的成就闻名于世，他的死也同样为人们铭记。1600年2月17日，布鲁诺被绑在罗马的鲜花广场上，活活地烧死。他的舌头被事先钉住，以防他继续传播他的“异端邪说”（不禁让人想起电影《蒙提·派森之布莱恩的一生》石刑一幕中的片段，“你不过是在自讨苦吃”，但事实最后证明这句话只是苍白的恐吓）。他死后，骨灰被抛撒在台伯河中。教会称他的罪行罄竹难书，他怀有诸多异端思想，比如否认耶稣的神性。很多历史学家同样认为布鲁诺让人讨厌，他喜欢

与人争论，直白地说，他就是一个讨厌鬼，所以当时很多权贵人士都希望摆脱他的纠缠。不过我们还要记住一点，布鲁诺接受并传播了一个伟大的想法，而这一想法又催生了重要的、富有挑战性的问题。布鲁诺认为宇宙是无限的，宇宙中又有无限个可居住的世界。他同时认为尽管和宇宙生命相比，每个世界存在的时间非常短暂，但是空间不会被制造也不会被毁灭，宇宙是永恒的。

尽管历史学家目前还在争论布鲁诺被处死的具体原因，但无限和永恒宇宙这一想法似乎决定了他的命运。因为这一想法质疑了造物主的存在。布鲁诺当然知道这一点，所以他为什么在1591年回到意大利就成了一个未解之谜，因为他原本在思想更开放的北欧过着舒适安逸的生活。16世纪80年代，布鲁诺受到法国国王亨利三世和英国女王伊丽莎白一世的资助，得以大力宣传哥白尼的日心说。仅仅提出地球不是太阳系中心的这一假设，就足以引起教会的强烈反应。再说，哥白尼学说直到17世纪才不再被人们认为是异端邪说，即便如此，在30年后还是出现了对伽利略的邪恶审判。或许，正是由于布鲁诺提出了永恒宇宙的哲学理念，让世界不必被“创造”出来，动摇了教会的权威地位，教会才处处反对天文学。正如我们将在后文中所看到的，宇宙在大爆炸之前已经存在，这一观点是当代宇宙学的核心，而且与实际观测结果和理论都较为符合。就我看来，无论是在今天还是在布鲁诺时代，对神学家们来说，这都是一个难以解释的问题，也许这就是布鲁诺被杀害的原因。

布鲁诺是一个复杂的人物，他对科学的贡献也受到质疑。与其说他是最早期的科学家，不如说他是一个好斗的自由思想家。我们不必因为让人类走下神坛这一想法并非始于布鲁诺而感到遗憾。布鲁诺是一个无礼而傲慢的信使，最后以悲剧告终。如果没有尼古拉·哥白尼之前所做的工作，布鲁诺也不会得出关于无限和永恒宇宙的“异端邪说”。虽然布鲁诺的死轰动一时，但在这一事件发生半个世纪前，哥白尼就发表了自己的研究成果，这一成果直到今天依然被认为是现代科学的开创性工作之一。

布鲁诺的“异端”科学

这个浅浮雕展现了乔尔丹诺·布鲁诺（1548—1600）由于他的“异端邪说”和革命性思想而被绑在火刑柱上的情形。布鲁诺认为宇宙是无限的，其中有众多适合人类居住的世界。

梵蒂冈天文台

梵蒂冈天文台位于罗马教皇的夏季行宫——冈道尔夫堡之中。

离开宇宙中心

尼古拉·哥白尼于1473年出生在波兰的托伦城。受舅舅瓦尔米亚主教的影响，他在18岁时进入克拉科夫大学学习，在那里他受到了极好的教育。1496年，哥白尼追随其舅舅的脚步，赴博洛尼亚学习教会法，他当时住在天文学教授多梅尼科·玛丽亚·诺瓦拉的家里，在当时多梅尼科教授因质疑古希腊经典著作特别是人们普遍认可的宇宙论而名声大噪。

人们关于宇宙的经典理论是基于亚里士多德并不合理的认识，他认为地球是万物的中心，宇宙的一切都围绕地球运转。这个观点从感觉上来讲很正确，因为我们并没感觉到自己在移动，而且太阳、月球、行星和恒星似乎围绕我们一直不停划过天空。然而人们的众多仔细观察表明，事实上情况比这复杂得多。特别是行星会在每年的特定时间循环出现，在继续沿着轨道穿过黄道带星群之前，反转经过背景星的轨道。这个观测事实也被称为"逆行"，这一现象发生的原因是我们是在不断移动的观测点，也就是在地球上观察这些行星，而地球在轨道上围绕太阳运转。

构建一个能够预测行星月度或年度位置，并且维持地球万物中心的独特静止状态的系统是可能的，这是迄今为止对这一观测证据最为简单的解释。托勒密在公元2世纪就发明了这样一个以地球为中心的模型，这一模型发表在他最著名的作品《天文学大成》之中。模型的细节非常复杂，但由于其中心思想完全错误，我们从中学不到任何东西，所以在本书中就不再详细叙述。对以地球为中心的复杂行星运动的描述可参考对页插图，该图按照圆心轨迹和周转圆围绕地球的方式解释了行星的视运动。这一复杂的托勒密模型以地球为中心进行圆周运动，充满了有关周转圆、均轮和想象天体运行轨道等各种晦涩难懂的术语，几千年来被占星家成功用于预测行星在黄道带星群发生"逆行"的具体位置——于是占星家写下了他们的占星术，以此来误导古代世界的愚民。如果你所关心的只是预言本身，那么你的哲学偏见和静止不动的常识感觉需要地球成为宇宙的中心，于是一切相安无事。所以这一理论一直延续下来，直到哥白尼再也无法忍受极其讨厌的托勒密模型，决定做点什么。

我们无从知晓哥白尼反驳托勒密的详细做法，不过大多知道在公元1510年左右，他写了一篇未公开发表的文章《天体运行论》，他在文中表达了对模型的不满。"我常常思考，是否有可能找到这些天体环绕更为合理的排列方式，从这些环绕中可以推断出每个天体明显的不规则运动，而天体在本质上会一致移动，就像完美运动的规则所要求的那样。"

《天体运行论》中包含一系列激进的观点，现在看来这些观点大多是正确的。哥白尼写道：月球围绕着地球旋转，而行星围绕太阳旋转，地球到太阳的距离与地球到行星之间的距离相比，显得微不足道。他首次提出了地球围绕其轴线自转的观点，这一旋转引发了白天太阳的起落以及夜晚星星划过天际等现象。他同时也了解到，行星逆行是由地球的运动而不是行星本身引发的。

哥白尼一直希望将《天体运行论》打造为关于天文学的入门指南，包括他如何形成这种完全违背经典想法的细节（如果有的话）。这一全新宇宙学理论的完整论证和描述花费了他20年的时间，直到1539年他才完成了6卷《天体运行论》大多数内容的编写，但全书直到1543年才正式出版。书中包含对日心说模型的数学详述、对分点岁差的分析、月球轨道和行星目录等众多内容，被认为是现代科学发展的基础性著作。这些图书在欧洲众多大学中广泛传阅，人们也对书中的各种天文预测的准确性十分赞赏。然而有意思的是，由于地球被降级，不再是万物的中心，这一观点所造成的知识混乱影响了众多当代伟大科学家对哥白尼的看法。第谷·布拉赫是天文望远镜发明前最伟大的天文观测家，他将哥白尼尊为托勒密第二（本意是对他的赞美），却没有完全接受他的日心说太阳系模型。部分原因是他觉得这与《圣经》相悖，另外也因为地球看起来确实是静止不动的。他没有全盘否定哥白尼的日心说，而现代对于“静止”和“运动”的真正准确认识需要用到爱因斯坦的相对论，这一理论我们会在之后讨论。甚至连哥白尼自己也明确表示

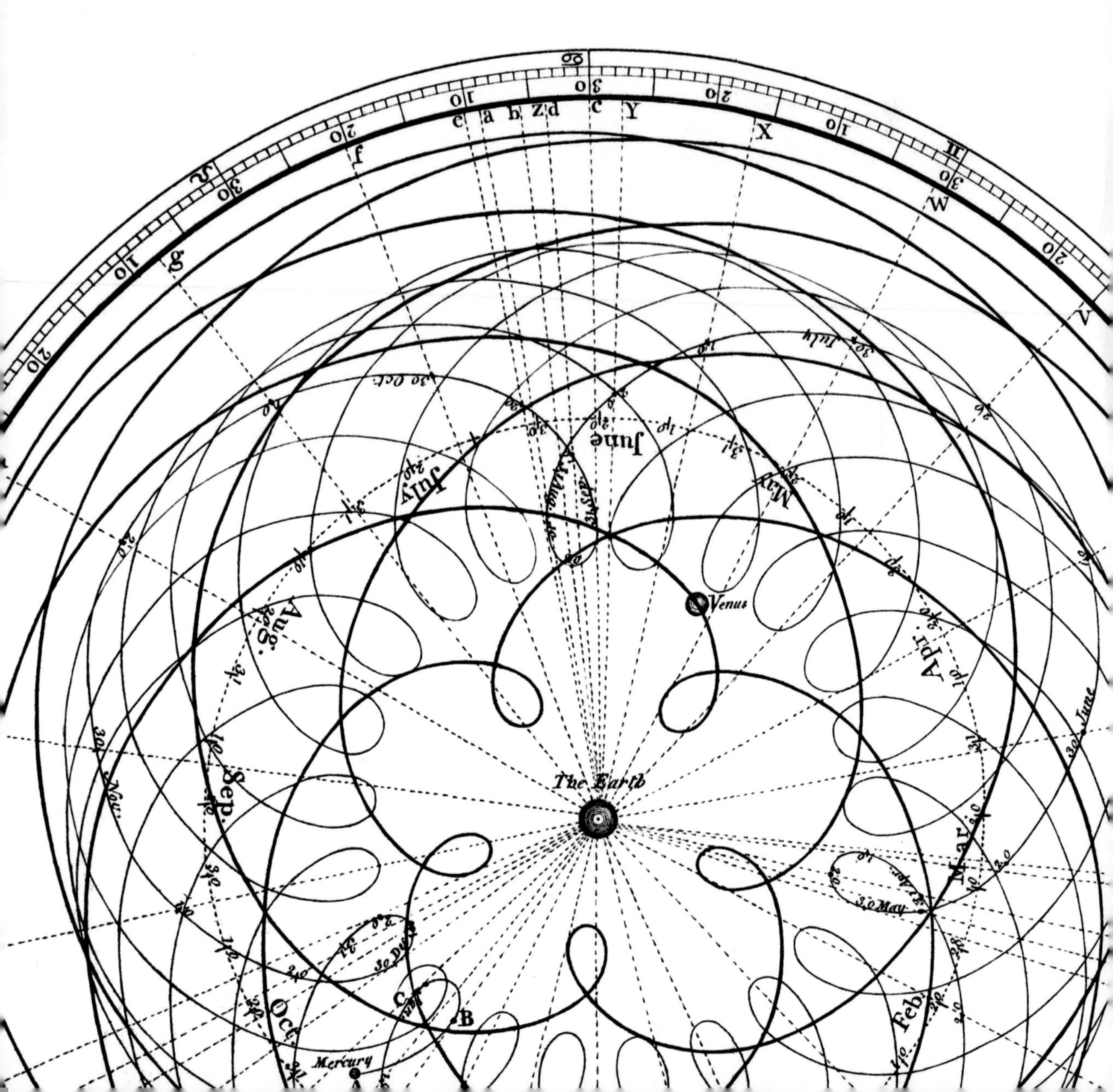

托勒密的行星视运动模型

这张图显示了从地球角度观察到的太阳和行星划过天际的视运动。

哥白尼1510年的日心说模型

哥白尼在他的《天体运行论》中否定了托勒密模型，同时提出月球围绕地球、行星围绕太阳运行的观点。他著作中的其他大部分论述也被证明是正确的，包括他认为地球围绕轴线自转，以及有关白天太阳的起落和夜晚星星划过天际等相关天文现象的激进想法。

过，太阳是静止于宇宙中心的。但17世纪之后，得益于天文望远镜的发明和在数据测算中日渐纯熟的数学应用，天文观测的精确度有了很大的提高，包括约翰尼斯·开普勒、伽利略到后来艾萨克·牛顿在内的许多天文学家和数学家由此了解了太阳系的运行方式。这套理论在今天看来都十分科学，足以通过绝对精度计算，向外太空天体发送太空探测器。

乍一看，我们很难理解为什么托勒密那套牵强附会的“歪理邪说”流行了那么长时间，但现代人们偏向于认为这个说法是有启示意义的。在今天，具有科学素养的人会认定地球之外有一个真实可预测的宇宙存在，它依照自然规律运转——那里的物理规律和地球的一样。这一正确理论直到17世纪80年代才由牛顿完整地建立起来，但那已经是在哥白尼时代之后的一个多世纪。古代天文学

托勒密的地心说模型

图中所示的是托勒密以地球为中心的宇宙模型，由葡萄牙宇宙学家和制图师巴尔托洛梅乌·维利乌所绘。托勒密的这一复杂模型最终被证明存在缺陷，该模型以地球为中心，从地球可以观察周围行星和恒星的运动。

家基本上只热衷于占卜预言，他们虽然也讨论物理事实，但完全没有认识到普遍物理规律的科学本质。托勒密创造了一个模型，使得与观测吻合的预言的准确性达到一个合理程度，足以让大多数人认同。思想史从来都不是线性的历史，自然也就有著名的反对声音。公元前300多年，伊壁鸠鲁就指出永恒宇宙中有许多无限世界存在，并依照同样的时间运行；阿利斯塔克提出了太阳位于宇宙中心，且地球和行星按轨道围绕太阳运行。在10世纪到17世纪期间，伊斯兰世界里也有一个源远流长的经典思想，天文学家和数学家伊本·海萨姆指出，托勒密模型虽然具有预测能力，但如第13页图示的行星运动方式是“不可能存在的”。

由哥白尼发起的革命于1510年前后结束，现代数学物理的开端可以追溯到1687年7月5日，艾萨克·牛顿编写的《数学原理》出版了，他证明了以地球为中心的托勒密模型可被以太阳为中心的太阳系系统所取代，并且万有引力定律适用于宇宙中的所有天体，该定律可以用一个简单的数学方程式表示：

$$F = G\frac{m_1 m_2}{r^2}$$

牛顿的万有引力定律

F

两个物体之间的作用力

G

引力常数

m_1

第一个物体的质量

m_2

第二个物体的质量

r

两个物体质量中心相距的距离

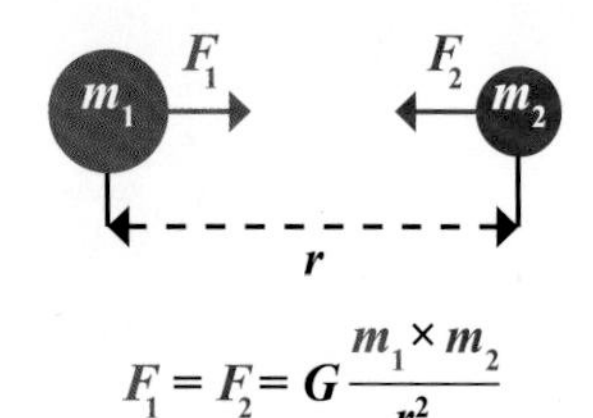

$$F_1 = F_2 = G\frac{m_1 \times m_2}{r^2}$$

此方程表示，两个物体——一颗行星和一颗恒星，质量分别为m_1和m_2——之间的引力，可以通过将它们的质量相乘，除以物体间距离的平方，再乘以G得出。G也被称为引力常数，就我们所知这是我们宇宙中的一个基本属性——这一数值无论在何处始终都是恒定的。亨利·卡文迪什在1798年做了一次著名的实验，首次测量出G的大小，他设法（间接）使用一台扭秤来测量已知质量的铅球间的引力。这是对现代物理学中心思想的又一个例证——铅球与恒星和行星一样，遵守着相同的自然法则。就数据记录而言，目前最佳的测量数据是G=6.67×10^{-11}立方米每（千克二次方秒），这说明两颗相距1米、质量为1千克的球体之间的引力甚至还不到10^{-10}牛顿。引力其实是一个非常弱的作用力，所以直到牛顿去世71年后，引力数值才被测量出来。

这是一个非常绝妙的简化方程，或许更重要的是，数学和自然之间这一深层关系的发现巩固了科学的成功，就像哲学家和数学家伯特兰·罗素描述的那样："数学，如果正确地看它，不但拥有真理，而且也具有至高的美，正如雕刻一样，是一种冷而严肃的美。这种美并不投合我们天性软弱的方面，这种美没有绘画或音乐的那些华丽的装饰，它可以纯净到崇高的地步，能够达到严格得只有最伟大的艺术才能展现出的那种圆满的境界。一种真实喜悦的精神，一种精神上的发扬，一种觉得高于人的意识（这些是至善的标准），能够在诗里得到，也能在数学中获得。"

这种情绪在牛顿的万有引力定律中表现得更为明显。通过某一时刻行星的具体位置和周转速度，无论是在几百万年前还是未来任何时候，太阳系的几何结构都能被计算出来：与托勒密令人眼花缭乱的偏移周转本轮相比，你只需在信封背面写上所有必要信息就能进行计算。物理学家对其给予了极高评价：如果大量复杂的天文学现象可以通过一个简单定律或方程描述，这通常意味着我们的选择是正确的。

对于精确实用地描述宇宙性质的追求直至今日依然指导着理论物理学家，随着我们追溯现代宇宙学的发展历程，这一追求已成为我们故事的核心。由此看来，哥白尼的假设在历史上具有更重要的意义，他不仅促成了以地球为中心的宇宙模型的破灭，同时也启发了布拉赫、开普勒、伽利略、牛顿以及其他许多为现代数学物理学发展做出贡献的人——哥白尼的假设不仅在描述宇宙上取得了显著成功，也是我们现代技术文明兴起所必需的要素。21世纪的政治家、经济学家和科学政策顾问们，请记住：你们的电子表格、带空调的办公室和手机出现的先决条件，是人类探索行星运动规律和地球在宇宙中所处位置的好奇心。

位于太阳系中心

将夜空中观察到的游星（行星）与地球是太阳系中心的这一想法匹配起来需要极其复杂的模型。以金星为例，将地心说与观察相结合意味着金星围绕着地球和太阳连线的中点以圆形轨道运行，即所谓的本轮，其他行星也围绕着分散在太阳系的不同点做着类似的复杂绕行。将太阳置于太阳系的中心后，行星以熟悉的顺序排列，月球围绕地球旋转，这一模型则给出了一个更为简单的系统。

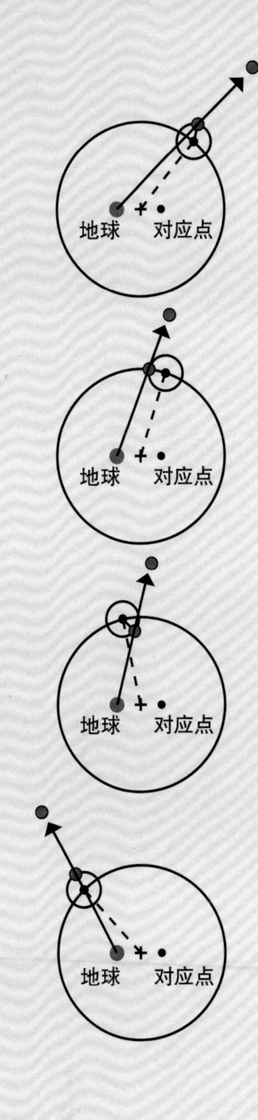

托勒密系统

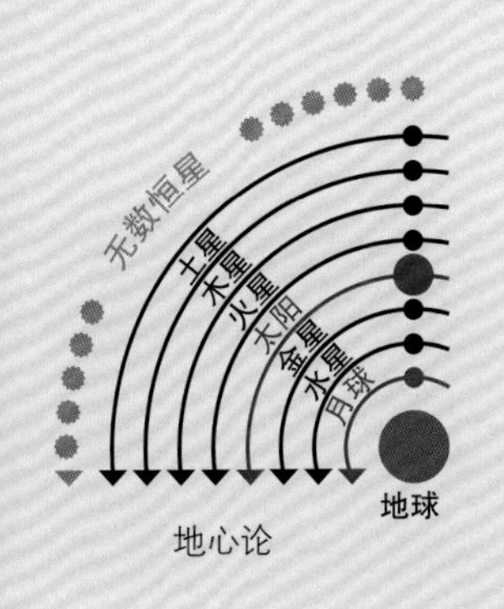

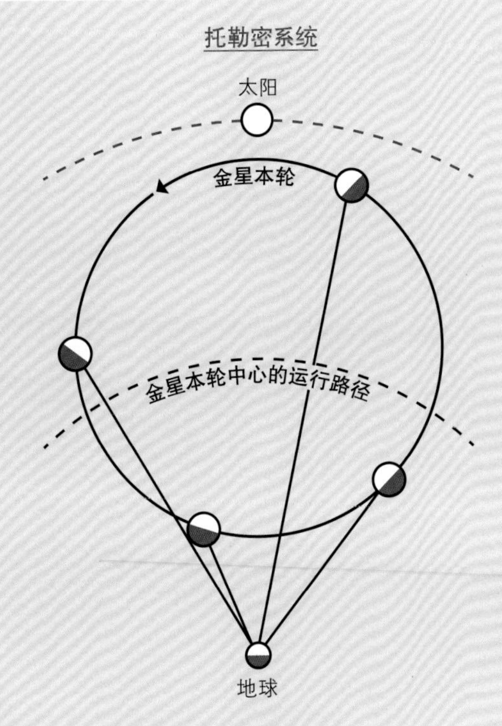

哥白尼系统

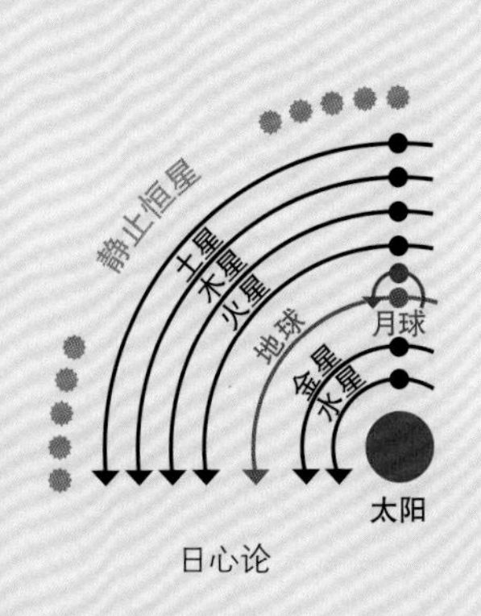

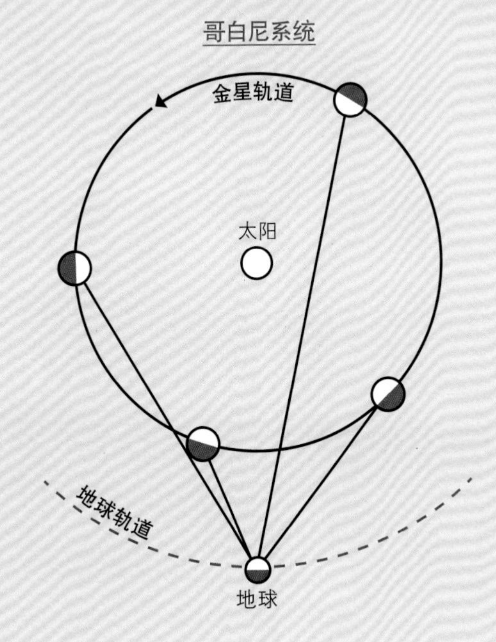

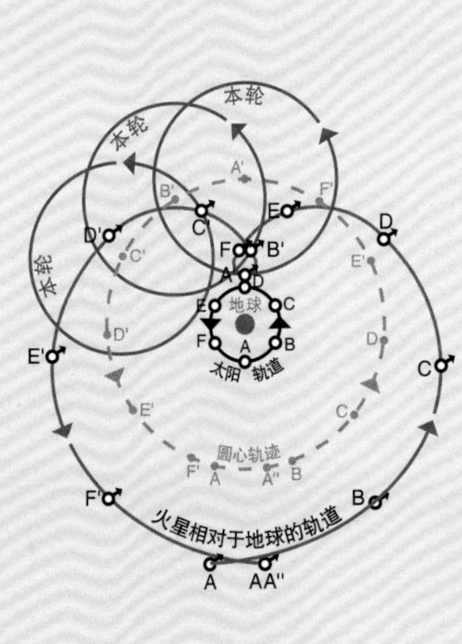

视角改变

博尔曼：噢，我的天！快看那里。地球升起来了。哇，真是太美了！

安德斯：别拍那个，这不是我们的计划。

博尔曼：（大笑）你那儿有彩色胶卷吗，吉姆？

安德斯：赶紧把那卷彩色胶卷给我好吗？

洛弗尔：伙计，太棒了！

1968年，当我即将度过自己的第一个圣诞节之际，我的父母正对1969年他们的儿子将生活在怎样的一个世界而感到疑惑。然后，从平安夜到圣诞节早晨，奥克班克大道上一场突如其来的大雪以及400 000千米之外的博尔曼、洛弗尔和安德斯拯救了1968年。

在很多人眼中，阿波罗8号的登月任务具有最深远的历史影响。这是一次了不起的大冒险；一次孤注一掷的行为；一次伟大的探险；是对那些英勇的宇航员和工程师们的致敬，正如肯尼迪所说的那样："一枚高度超过91米、与橄榄球球场长度相当的火箭——这枚火箭采用新型合金材料制造，其耐热与抗压性比现在使用的材料强好几倍，只是个别部分还是个'未知数'；其装配的精密程度可以与最精确的手表相媲美；它运载着用于推进、导航、控制、通信和维生的各种设备，肩负着一个前所未有的使命，登上那个未知的天体，然后安全返回地球，以超过40 000千米的时速重返大气层，由此产生的高温大约是太阳温度的一半，就像今天这里这样热——我们要实现全部这些目标，要顺利实现这些目标，要在这个10年内领先完成。"如果我能从当今的领导人那里听到这样的发言，我一定会第一个登上火箭。但现在我不得不一直听那些关于"公平""勤劳家庭"以及"我们团结一致"之类空洞的话语。这些都无所谓，我想去火星。

阿波罗7号的成功升空为阿波罗8号奠定了基础，后者是阿波罗计划中的第一次载人试飞，由施艾拉、埃斯利和康尼翰3名宇航员于1968年10月执行飞行任务。阿波罗8号原本计划围绕地球轨道的熟悉环境，在12月为登月进行试飞，但飞船延迟交货意味着其并未准备好飞行，似乎已经无法满足肯尼迪的最后期限要求。但当时不是21世纪，那是20世纪60年代，美国国家航空航天局（NASA）还是由工程师们管理。项目经理乔治•洛这位熟悉飞船内部的军队老兵和航空工程师性格坚毅，第一时间做出了决定。洛提出将阿波罗8号直接发送到月球，而不通过登月飞行器，这令阿波罗9号在1969年年初得以在地球轨道试飞登月舱，提前10年为登月铺平了道路。据说，当时NASA几乎所有的工程师都同意了这一方案，于是仅仅是第二次载人飞行的阿波罗飞船在12月21日就从肯尼迪航天中心起飞，驶往月球，这距阿波罗7号升空仅10周。

阿波罗8号上看到的地球升起

这张著名的图片由阿波罗8号飞船上的美国宇航员于1968年12月24日围绕月球飞行时拍摄。这张照片已成为描绘地球美丽和脆弱的标志性图片。

工作人员后来说，他们当时预计成功的机会是一半。

在飞船发射后69小时8分16秒，指挥舱控制发动机使飞船速度减慢，令飞船被月球引力捕捉到，将3名宇航员推进到月球轨道。科学家们使用牛顿在300年前提出的方程式来计算飞船轨道。这是一个令人吃惊的、几乎不可思议的工程胜利。距离尤里·加加林实现首次太空绕地飞行还不到10年，3名宇航员就已经踏上了前往月球旅行的征途。但这次任务带来的令人震撼且不朽的文化遗产在很大程度上依靠两名宇航员在飞船上的活动。一个是著名的圣诞节广播，这是当时史上收视率最高的电视节目，与地球相距遥远的探险家们为观众们诵读了《创世记》的开篇章节，“在即将迎来月球上的日出的时刻，阿波罗8号乘组有一个致地球上所有人的信息。”安德斯首先念道，“起初神创造天地。地是空虚混沌，渊面黑暗。”博尔曼这位离家400 000千米的孤独男人，铿锵有力地进行了总结：“我们即将结束通话，晚安，阿波罗8号的全体宇航员祝你好运，圣诞快乐——上帝保佑你们，保佑地球上的每一个人。”

然而，这次任务最有说服力的成果则是编号为AS8-14-2383的NASA照片，由比尔·安德斯使用带*f*/11镜头的哈苏勃莱德500 EL相机和柯达埃克塔克罗姆彩色胶卷，以1/250秒的快门速度拍摄。换句话说，这是一张亮度非常高的照片。这张照片更多地被称为“地升”。照片底部是月球表面，地球南极一侧向左倾斜，赤道由上至下。可以透过卷云看到小面积的陆地，纳米布沙漠和撒哈拉沙漠在黑色背景下尤为显眼，呈现橙红色。在布鲁诺因为梦到世界没有尽头而被绑在火刑柱上烧死之后的368年零10个月，地球成为悬在外星环境中的一轮脆弱新月，与上弦月出现在地球天空的景象恰好相反。这是一个陌生的行星地球，不再是宇宙中心，只是另一个世界。当肯尼迪谈到阿波罗计划时，他将其视作前往未知天体的探险之旅，这个未知天体就是月球。但我们发现了地球，用艾略特的话说，我们第一次认识了这个地方。

恒星视差

由于地球绕太阳运动，地球附近的恒星看起来似乎比其真实位置更加遥远。

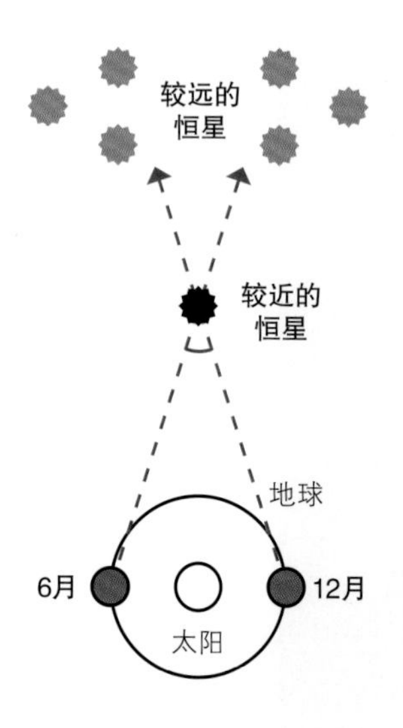

12月观察恒星的视线与6月时不同，这时地球位于轨道的另一侧。但从地球上看，附近的恒星的位置似乎有明显变化。

前往银河系之外

牛顿定律是我们了解地球周围其他行星的关键。再结合对其他行星和月球运动的精确观测，我们便可以推测出太阳系的规模和几何形状，计算出这些行星将来在任意一点的位置。然而，恒星探索不同于此，因为乍一看这些恒星就像一个个小点，而且是固定不动的，所以探索恒星的本质和位置需要一种完全不同的方法。如果你对视差有所了解，就知道恒星没有出现移动的这种观测结果是多么重要。当你伸出一根手指放在眼前，保持手指位置不变，且左右眼睛交替闭上。你会发现距离手指相对较远的背景物体出现了移动，而且手指越靠近脸，移动的距离越大。这不是错觉，而是从不同角度去看附近同一物体的视差。在上文这个情况中，视差指的就是用两眼观察物体时出现的微小位置变化。大脑结合眼睛所看到的事物来创建一个图像信息，虽然我们利用这种信息产生了层次感，但通常我们并不能察觉到这种视差效应。亚里士多德由于缺乏对恒星视差的认识和理解，认为地球在宇宙中心是静止不动的，理由是如果地球运动，那么我们会观察到周围的恒星相对较远的背景恒星来说也在运动。几千年后，第谷·布拉赫又用类似的例证反驳了哥白尼得出的结论。虽然在当时他们的逻辑是值得信服的，但是他们得出的结论是错误的。地球围绕着太阳运动，而太阳本身又围绕着银河系运动，这时，周围的恒星相对于较远的背景恒星而言确实也在运动。你只有通过非常认真的观察，才能看出这种现象。

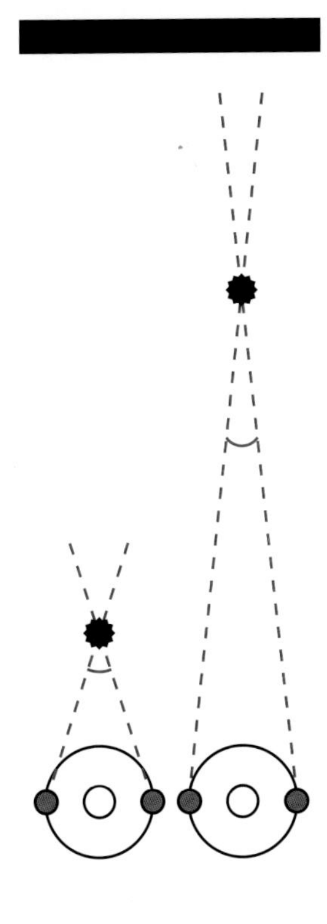

随着地球与恒星距离的增加，其视差减小。在上图中，右图地球与恒星的距离是左图的2.5倍，而左图的视差角则是右图的2.5倍。

在肉眼可见的成千上万颗恒星中，天鹅座61是非常不显眼的，然而它很有意思，它是一个由一对K型橙矮星组成的双星系统，比太阳稍小、温度稍低，双星彼此以700年左右的长周期环绕运行。尽管该双星的视星等相对较低，但天鹅座61有着重要的历史意义。因为科学家首次利用视差测得了天鹅座61与地球之间的距离，所以它才获得了如此盛名。

无论对于物理学家还是数学家来说，弗里德里希·贝塞尔都是一个响当当的人物，原因是他在数学函数方面所做的杰出贡献，并最终以他的名字命名了贝塞尔函数。许多关于圆柱体或球面几何的工程学或物理学问题在贝塞尔函数的帮助下都迎刃而解，不仅如此，即便是在今天，你没准就在工作或学习过程中的某个时刻使用了依赖这些函数的技术而不自知。不过，贝塞尔首先应该是一名天文学家，因为在年仅25岁的时候他就被任命为哥尼斯堡天文台台长。1838年，贝塞尔在为期一年的观察中发现，从地球这个角度看，天鹅座61按照大约0.67角秒的速度在天空中变换位置。这个数字不是很大——1角秒等于1度的1/3600，但足以运用三角法计算得出天鹅座61距离我们太阳系的距离为10.3光年。这个结果与现代科学测量的距离（11.41±0.02）光年已经非常接近了。视差在天文学领域的应用非常重要，你可以利用一套完全基于视差的测量系统进行数学计算。天文学家们通常利用一种叫作秒差距或“每角秒”的距离测量方法，它指的是恒星与太阳1角秒视差所对应的距离。1秒差距等于3.26光年。贝塞尔对天鹅座61的视差测量结果为0.314角秒，那么可以直接得出距离地球约为10光年。

即使在今天，恒星视差依然是确定与邻近恒星距离的最准确方法，因为它是一种直接测量的方式，只需要用到三角学，不需要假设或物理模型。2013年12月19日，盖亚空间望远镜搭乘联盟号火箭从法属圭亚那发射升空，其任务是通过视差测量10亿颗恒星过去5年在星系中的位置和运动。这些数据将提供一个精确和动态的三维星系地图，将回过头来帮助我们探索银河系的历史，因为由于相互之间的引力作用，恒星会向前和向后运动，而牛顿定律适用于所有这些恒星运动。只要测量出银河系中1%恒星的精确位置和速度，就可以了解数百万甚至数十亿年前的恒星形状。这令天文学家得以模拟银河系的演化，揭示出银河系与其他星系碰撞和兼并的历史已有130多亿年，可以追溯到宇宙起源时期。牛顿和贝塞尔肯定会喜欢这一结论。

当使用21世纪的轨道天文台进行观测时，恒星视差是测绘数千光年内银河系的强大技术。然而在银河系之外，由于距离过远，所以无法使用这种直接测量距离的方法。在19世纪中期，这可能是一个无法克服的问题，但科学发展不仅仅局

天空中的圆弧

（对页）依巴谷卫星（高精度视差收集卫星）于1989年8月8日发射升空，但因助推火箭失效，被困于地球同步轨道。尽管如此，卫星依然设法完成了超过120 000颗恒星的视差、自行和位置测量等任务，并且精度达0.002弧秒，约是地面观测精度的20倍。

限于测量。正如牛顿的有力证明一样，科学进步往往是通过理论和观察的互动来实现的。牛顿万有引力定律是一个理论；在物理学中，这通常意味着可以用一个数学模型来解释或预测自然界的部分行为。我们如何"称量"一颗行星的质量？我们不能直接"称量"它，但根据牛顿定律，如果这颗行星有一颗卫星，那么我们便可以非常准确地确定这颗行星的质量。逻辑很简单——卫星轨道显然与行星引力有关，而行星的引力则与它的质量有关。这些关系是可以通过牛顿定律确定的，我们可以仔细观察卫星围绕行星的轨道，从而确定这颗行星的质量。对于精通数学的读者而言，这个方程是：

$$m_{行星} + m_{卫星} = 4\pi^2a^3/(GP^2)$$

其中，a是行星和卫星之间的距离（时均），G是牛顿的引力常数，P是轨道的周期。（这个方程实际上是开普勒第三定律，由开普勒于1619年归纳得出。开普勒定律可通过牛顿万有引力定律推导。）假设行星的质量远大于卫星，这个方程可以测出行星的质量。这表明了理论物理可以从观察结果和给定的系统数学模型中提取测量方法。通过这个方法，可以测量由于距离太远而无法使用视差测距的天体。因此，我们需要找到一个理论或数学关系，能够进行任何与距离相关的测量。两个定律间的联系由美国天文学家亨丽爱塔·勒维特在19世纪末发现，这为所有其他关于可观测宇宙的测距方法打开了大门。

亨丽爱塔·勒维特

美国天文学家亨丽爱塔·勒维特（1868–1921）通过对照相星等的研究，发现了麦哲伦云中的造父变星。她注意到恒星的亮度存在定期变化，并且亮度越亮，亮度变化周期越长。1912年，她提出了一种方法，该方法已成为今天我们用来测量宇宙星体间距离的基础。

在星光中寻找规律

天文学的历史就是一条不断远去的地平线。

埃德温·哈勃

地球充满了无赖的特质，因为历史是由有钱有势的胜利者所书写的，而真正做出了贡献的人大多既无权又无势。为了给他们找到更加实至名归的荣誉命名，我们有必要看得更远，远到这些地方可以摆脱那些自负之人的垂涎。月球暗面正是这样一个地方，因为在1959年苏联月球3号宇宙飞船拍到它之前，从没有人见过它。顺便说一下，月球暗面不是黑暗的，只不过因为潮汐锁定效应，这一面永远背朝地球。由于月球始终以同一面朝向地球，所以月球接收到的太阳能量与地球面向太阳的一面是相同的。阿波罗8号上的宇航员是第一批看到月球暗面的人，在比尔·安德斯的记忆中，他将月球暗面的样子描述为“像我的孩子们时不时去玩耍的沙堆，到处是残垣断壁，无法清楚识别，只有大量的陨石和陨石坑”。由于月海并不平坦，暗面是遍布环形山的广阔区域，环形山大多数以著名科学家的名字命名。这里有乔尔丹诺·布鲁诺环形山，当然还有以巴斯德、赫兹、密立根、达朗贝尔、普朗克、泡利、范·德瓦尔斯、庞加莱、莱布尼茨、范·德格拉夫和朗道等科学家命名的环形山。曼彻斯特大学物理系之父阿瑟·舒斯特尔也有幸拥有以他名字命名的环形山。而在月球南半球，隐藏在阿波罗平原边上的，是一个半径为65千米、已被部分侵蚀的环形山，以勒维特的名字命名。

亨丽爱塔·斯旺·勒维特曾在哈佛大学天文台工作，受雇于爱德华·查尔斯·皮克林教授，担任计算员的工作。19世纪晚期，哈佛大学已经收集了大量摄影胶片形式的数据，但专业天文学家们既没有时间也没有资源来处理大量资料。皮克林的办法是雇用许多熟练且工资低的女性作为他的数据分析师。由于他对天文台那些劳累过度的男性非常不满，说自己的女佣都能干得更好，因此他的女佣，来自苏格兰的威廉明娜·弗莱明意外地进入了天文台成为他雇用的首位分析师。弗莱明后来成为一位受人尊敬的天文学家，也是伦敦皇家天文学会的荣誉会员，她出版过许多重要著作，并且发现了猎户座中的马头星云。受到这个成功决策的鼓励，皮克林在19世纪晚期继续扩大他的“计算员”团队，亨丽爱塔·勒维特得以于1893年进入团队。皮克林为她指派的任务是研究变量恒星，这些恒星的亮度在几天、几周或几个月的周期内会发生改变。1908年，勒维特基于对小麦哲伦云（我们现在知道它是银河系的伴星系）中一系列变星的观察发表了一篇论文。文中包含了1777颗变星位置和变化周期的清单，在清单末尾有一个简短但极其重要的观察结果：“值得注意的是，在表六中，恒星亮度越亮，亮度变化周期越长。同时，那些拥有最长变化周期的恒星，其变化似乎具有一定规律，会在一天或两天内完成变化。”

这一发现立即引起了皮克林的兴趣，这也是有切实根据的。如果一颗恒星的本征亮度是已知的，那么可以很方便地计算出地球与恒星间的距离。

月球暗面

（对页）这壮观的图像是阿波罗8号在1968年12月执行任务的过程中拍摄的，展现了月球表面遍布的环形山。从地球角度看，该图像是朝向月球的南海拍摄的。

勒维特的传奇论文

亨丽爱塔·勒维特在1908年发表的论文中写到她第一次注意到造父变星的本征亮度和其亮度变化周期之间的关系。

ANNALS OF HARVARD COLLEGE OBSERVATORY. VOL. LX. NO. IV.

1777 VARIABLES IN THE MAGELLANIC CLOUDS.

BY HENRIETTA S. LEAVITT.

IN the spring of 1904, a comparison of two photographs of the Small Magellanic Cloud, taken with the 24-inch Bruce Telescope, led to the discovery of a number of faint variable stars. As the region appeared to be interesting, other plates were examined, and although the quality of most of these was below the usual high standard of excellence of the later plates, 57 new variables were found, and announced in Circular 79. In order to furnish material for determining their periods, a series of sixteen plates, having exposures of from two to four hours, was taken with the Bruce Telescope the following autumn. When they arrived at Cambridge, in January, 1905, a comparison of one of them with an early plate led immediately to the discovery of an extraordinary number of new variable stars. It was found, also, that plates, taken within two or three days of each other, could be compared with equally interesting results, showing that the periods of many of the variables are short. The number thus discovered, up to the present time, is 969. Adding to these 23 previously known, the total number of variables in this region is 992. The Large Magellanic Cloud has also been examined on 18 photographs taken with the 24-inch Bruce Telescope, and 808 new variables have been found, of which 152 were announced in Circular 82. As much time will be required for the discussion of these variables, the provisional catalogues given below have been prepared.

The labor of determining the precise right ascensions and declinations of nearly eighteen hundred variables and several hundred comparison stars would be very great, and as many of the objects are faint, the resulting positions could not readily be used in locating them. Accordingly, their rectangular coordinates have been employed. A reticule was prepared by making a photographic enlargement of a glass plate ruled accurately in squares, a millimetre on a side. The resulting plate measured 14 × 17 inches, the size of the Bruce plates, and was covered with squares measuring a centimetre on a side. Great care was taken to have the scale uniform in all parts of this plate, which was designed to furnish a standard reticule, not only for the Magellanic

道理很简单，星体越远，看起来越暗淡。勒维特和皮克林在1912年发表了更为详细的研究成果，他们对25颗变星的周期和本征亮度提出了一个简单的数学关系式，这种关系被称为周光关系。所需要做的只是校准对距离的视差测量与勒维特观察到的单一变星类型之间的关系。如果这个数学关系式可以实现，那么我们就能计算出小麦哲伦云与地球间的距离。1913年，丹麦天文学家埃希纳·赫茨普龙凭借一份极其精确的天文观察结果，试图通过视差测量著名变星造父一与地球之间的距离。根据哈勃空间望远镜的现代测量，造父一的亮度变化周期为5.366 341天，距离地球890光年。由于它是勒维特变星中第一颗被测量出与地球距离的天体，因此具有历史意义，这些恒星现在也被统称为造父变星。令人费解的是，尽管赫茨普龙成功地通过视差测量出了地球与造父一的距离，但他发表的论文中所引用的有关小麦哲伦云与地球的距离为3000光年，这个数据是严重错误的，现代测量表明该距离应为170 000光年。有人推测赫茨普龙犯了一个简单的书写错误，并且由于某种原因无法去改正它。但无论如何这项技术方法已经确立，两年后哈罗·沙普利发表了一系列论文，首次对该方法进行了改进，他成为第一个测量银河系大小和形状的人。他的结论是，银河系是由恒星组成的星盘，半径约为300 000光年，太阳距离银河系中心位置约50 000光年。这一结论大致上是正确的——银河系的直径大约为100 000光年，太阳至银河系中心的距离大约是25 000光年。这是天文学历史上的一个重要时刻，因为它首次提出太阳系并非一切的中心。这一结论是正确的，否则进入20世纪后肯定会有许多天文学家提出其他看法，但科学是一项依赖于测量结果而不是个人观点的学科。于是，探索无穷宇宙的旅程开始了。

超越银河系

随着天文学家测量出了银河系的大小和形状，我们对于自己在宇宙中位置的疑问从太阳在银河系中的位置转变成了对宇宙本质的疑问。与亚里士多德思想统治近2000年期间的缓慢发展情况相比，从哥白尼到牛顿再到勒维特和沙普利时代的发展进步相对较快，而在沙普利测量出银河系大小后的10年则可以称为天文学的信息大爆炸时期。有两个方面的发展推动了这次革命，即新一代望远镜的出现以及勒维特、赫茨普龙和沙普利等天文学家通过数据发现了日益成熟的观测技术。与此同时，理论物理也经历了一场革命。在科学界，革命性主张的提出或思考模式的转变必须小心翼翼——有些术语在某些学术界的确已经过时了。但从物理学家的观点来看，物理学毫无疑问在1915年经历了一次革命。因为在那一年的11月，阿尔伯特·爱因斯坦向普鲁士科学院提出了一个新的引力理论。

这一理论被称为广义相对论，它取代了牛顿的万有引力定律。许多物理学家认为广义相对论是迄今为止物理学领域人类思维得出的最伟大理论，下面我们将具体讨论这一点。在这里，我们要注意的是宇宙大爆炸、宇宙膨胀、黑洞、引力波和整个21世纪宇宙语言起源的格局都是拜广义相对论的出现所赐。这一理论与牛顿革命性定律的相似之处显而易见。没有牛顿定律，人类就无法深入了解太阳系行星的运动；而没有广义相对论，人类就无法深刻理解广义上的宇宙结构和运动。但它有点太超前了，在20世纪的第二个10年中，人们已经知道了银河系的大小和形状，虽然存在相当大的错误，但银河系外的宇宙究竟有多大依然还在激烈争论中。我们是否能坚持曾经用于反驳哥白尼学说的苍白理论，认为银河系是宇宙的中心呢？这一理论变得深入人心，最后一次保卫银河系地位的行动相当戏剧化，据说这场戏是在1920年4月26日晚，在华盛顿特区史密森尼自然史博物馆的贝尔德礼堂上演的。当然，这么说过于简单了，但在我认可并证明这种夸张观点的部分正确性之前，请允许我先回想一下近1000名科学历史学家义愤填膺、慷慨激昂的情景。

造父变星

探究造父变星的本征亮度与其亮度变化周期之间关系的物理过程非常有趣。其中的细节一如既往很复杂，尤其是因为存在不同类型的造父变星，但其原理非常简单。造父一是一颗黄色巨星，其质量是太阳的4.5倍，亮度是太阳的2000倍。这类恒星的大气中含有大量氦。恒星地核的核聚变反应使得大气变暖，电子脱离氦原子核的束缚，形成所谓的双电离氦。在这种形态下，氦是相对不透明的，这意味着恒星发出的光很容易被大气吸收，导致大气层变热膨胀，从而使恒星的亮度增加。但随着大气层进一步膨胀，最终温度会变低，到温度下降到足够低时，氦原子核会重新夺回一个电子。这会令大气层变得透明，允许较多的辐射逃逸。由于大气层温度快速下降，大气层膨胀停止，并且因为恒星引力的吸引而收缩，然后再次被加热并不断重复这个过程。恒星最初的亮度越亮，则这个循环过程所需的时间就越长，这也是亨丽爱塔·勒维特注意到恒星本征亮度与其亮度变化周期之间关系的起源。

造父变星

这3个图像展示了造父变星RZ船帆座在亮度变化周期中出现的最小亮度（左图）、平均亮度（中图）和最大亮度（右图）。造父变星的本征亮度与其亮度变化周期之间的关系是由亨丽爱塔·勒维特最先发现的。

大辩论

科学发展的历史上充斥着各种冲突、争论和分歧，人们会在最激烈的争论中持有不同的观点。然而，科学的好处在于当真相被揭露时，争论就能得以平息。1860年，在科学派托马斯·赫胥黎和“保守常识派”塞缪尔·威尔伯福斯之间，就7个月前由达尔文发布的新进化论有一场著名论战。我可以想象当威尔伯福斯矢口否认他的祖先可能会是一只猴子时，他脸上因愤怒而微微发抖的表情。顺便说一下，他的亲戚不可能会是黑猩猩，我们只是在大约600万或700万年前与它们拥有共同的祖先。但这位曾被迪斯雷利描述为“花言巧语、油嘴滑舌且口齿伶俐”的主教对此并不赞同。用这些词形容威尔伯福斯这一维多利亚时代伟大的演说家兼大主教有点不公平，但在进化论这个问题上，他坚定地站在了错误的一边。没有不同的意见就往往意味着在知识方面不会有大的飞跃，这句话说得非常正确。非凡的观点需要有非凡的证据来支持，而我们这里所庆祝的伟大科学发现也是绝对非凡的。作为一名在21世纪受过良好教育的公民，我们得意识到自然远比人类想象的要更加陌生和美妙，而对这些发现的唯一正确的态度就是正视在所难免的反对意见，要乐于接受别人指出的错误，并从中吸取教训。

天文学界也有智慧角力的时刻，正如历史上那场著名的大辩论。那是在1920年，两名杰出的天文学家共同乘火车从加利福尼亚前往4000千米之外的华盛顿参加关于宇宙问题的大讨论。两人中较年轻的那个叫哈罗·沙普利，我们前文中已经提到过。他刚刚发布了自己的观测数据，认为银河系的范围比他之前所认为的要更大，不过他认为银河系的范围就是整个宇宙的范围。他的旅伴希伯·柯蒂斯并不这么认为，柯蒂斯一直在研究被称为仙女座星系的小块亮斑。他相信这不是我们银河系的一部分，而是一个拥有数十亿颗其他恒星的独立岛宇宙。

他们在火车上所讨论的内容我们不得而知，正式的辩论于4月26日在华盛顿美国国家科学院史密森尼自然史博物馆举行。辩论会的主题是宇宙本身的大小，两人都知道这一问题的最终解决仰仗的是观测证据而不是辩论技巧。随着哥白尼学说的提出，人类已经不再是宇宙的中心，现在又要面对银河系只是横跨数百万光年太空的一部分这一可能性。当晚，这一问题并没有得到解决，但人们认为更有经验的柯蒂斯在讨论中占下风，因为他所假设的新星光度被严重夸大了。柯蒂斯观察发现仙女座星系中包含许多新星——新星爆发会短暂地发光，在夜空中显得非常明亮，但他也指出仙女座星系中的新星亮度是其他新星亮度的十分之一。柯蒂斯断言，仙女座星系的新星较暗淡只是因为它们可能比银河系中的新星与地球的距离要远50万光年【译者注：50万光年是当时柯蒂斯计算得出的，实际距离为250万光年】。因此，柯蒂斯断定仙女座星系是另一个星系，并坚定地认为其他所谓的星系也是独立的星系。这是一个非凡的观点，而其非凡的证据仅仅过了4年就被发现了。

哈勃和胡克望远镜

这座口径为2.5米的胡克望远镜位于加利福尼亚威尔逊山天文台，埃德温·哈勃（右）就是通过它得以观察到仙女座星系中的造父变星的，通过对观测数据的分析，证明了仙女座星系位于银河系之外。合照中分别是哈勃与时任天文台台长的沃尔特·亚当斯（中）及英国天文学家詹姆斯·金斯（左）。

在1923年，33岁的天文学家埃德温·哈勃拍摄了下面这张仙女座星系的照片，进一步刺激了这场大辩论。虽然只是一张照片，但这张照片就像安德斯拍摄的“地升”一样，改变了我们的观点。这些照片除了它们的科学价值之外，蕴含的新观点和哲学及意识形态挑战还具有重大的文化意义。通过这些照片，我们还能了解有关拍摄者的故事。别人也会拍摄到仙女座星系的照片，有一天会发现自己做了和哈勃同样的事。但是哈勃拍下了这张照片，他的故事因此与其交织在一起，变得不可分割。有些人不喜欢他们的人生经历以这种方式呈现，但科学故事融入人物及思想之后，就会变得更加丰富，毕竟，好奇心是人性的一个优点。哈勃如果坚持他对父亲的承诺做个律师，他可能就永远不会拍下这张照片。哈勃为了实现他父亲的愿望，前往牛津女王学院修读法学理论，他也是首批罗德学者之一，但在取得学位之前，他的父亲约翰·哈勃就过世了。

由于哈勃对法律实在没有兴趣，加上父亲的去世，他再度燃起了童年时期对天文学的热情。他离开牛津，前往芝加哥大学学习，进入了叶凯士天文台，并在1917年获得了博士学位，论文题目是《模糊星系的图像研究》。第一次世界大战爆发时，哈勃应征入伍在美国陆军服役了一小段时间。战争结束后，他受邀前往威尔逊山天文台工作。在天文台，他得以操作当时全球口径最大、功能最强的望远镜，凭借他的知识和判断力，能够用它观察夜空中最有趣且最具争议的星体：仙女座星系。和柯蒂斯一样，哈勃观察到了这块模糊光斑的显著特征，不同的是，全新落成的2.5米口径的胡克望远镜让他能够看到更多细节。在1923年10月5日，他通过长达45分钟的曝光，发现了3个未经确认的斑点，他推断这些斑点是全新的新星，并用“新星（N）”做了记号。

仙女座星系

类似这样的仙女座星系照片改变了我们的观点。这些图像令我们质疑长期以来我们所坚持的信念和理论，并刺激了关于人类的历史和我们在宇宙中位置的争论。

为了确认他的发现，哈勃需要与之前威尔逊山拍摄到的仙女座星系图像的感光底片进行对比。第二天，他前往位于地下室的档案馆，馆内分类储存着天文台采集到的所有图像。让哈勃高兴的是，其中两个光斑确实是新发现的新星——现在我们知道它们其实是白矮星吸积邻近伴星的气体和尘埃（超过临界质量时）发生核聚变产生的爆炸现象。当他将照片与先前拍摄的图像对比后，发现第三个光斑最有意思。哈勃查看了威尔逊山的档案目录，得知这颗恒星之前就已被人发现。在一些底片中，它看起来很明亮，但在另一些底片中，这颗恒星变得很暗淡或压根看不出它的存在。哈勃立刻意识到他这一发现的重要性。第三个光斑是一颗造父变星，和亨丽爱塔·勒维特20年前研究的恒星类型相同。这是科学历史上最著名的修正之一，哈勃划掉了“新星（N）”，然后用红笔写了“变星（VAR）”，并在边上画了一个非常朴素的感叹号。

随着哈勃发现了仙女座星系的宇宙尺度，计算其距离变得微不足道。根据勒维特的结论，新发现的恒星变化周期为31.415天，暗示其本征亮度是太阳的7000倍。虽然它在夜空中非常暗淡，肉眼几乎无法看见，但在最强大的望远镜下清晰可见。哈勃的初步计算表明，这颗恒星距离地球900 000光年，这是一个令人吃惊的数据，因为当时银河系的直径预计不超过100 000光年。哈勃在勒维特法则的帮助下，平息了相关争论。仙女座是夜空之中一个遥远的光斑，是一个星系，一个岛宇宙，根据目前的发现估计有10 000亿颗太阳。通过现代测量手段测定，这一巨型旋涡星系距离银河系约250万光年，受到约54个星系的引力束缚，与银河系共同构成了本星系群。

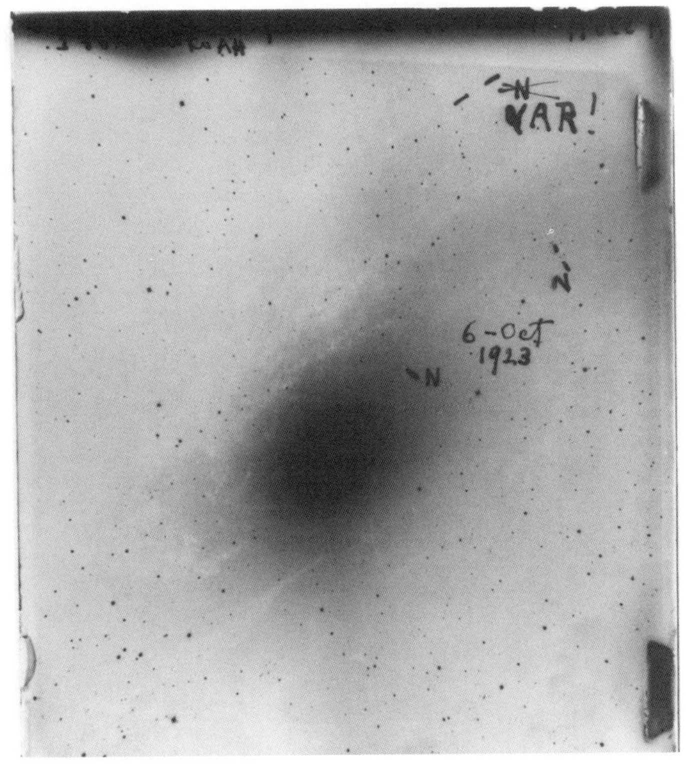

哈勃的“发现时刻”

埃德温·哈勃使用胡克望远镜拍摄的玻璃底版，清楚地展现了他在发现其原先认为的新星实际上是一颗变星时的激动之情——用“变星（VAR）！”做了记号。

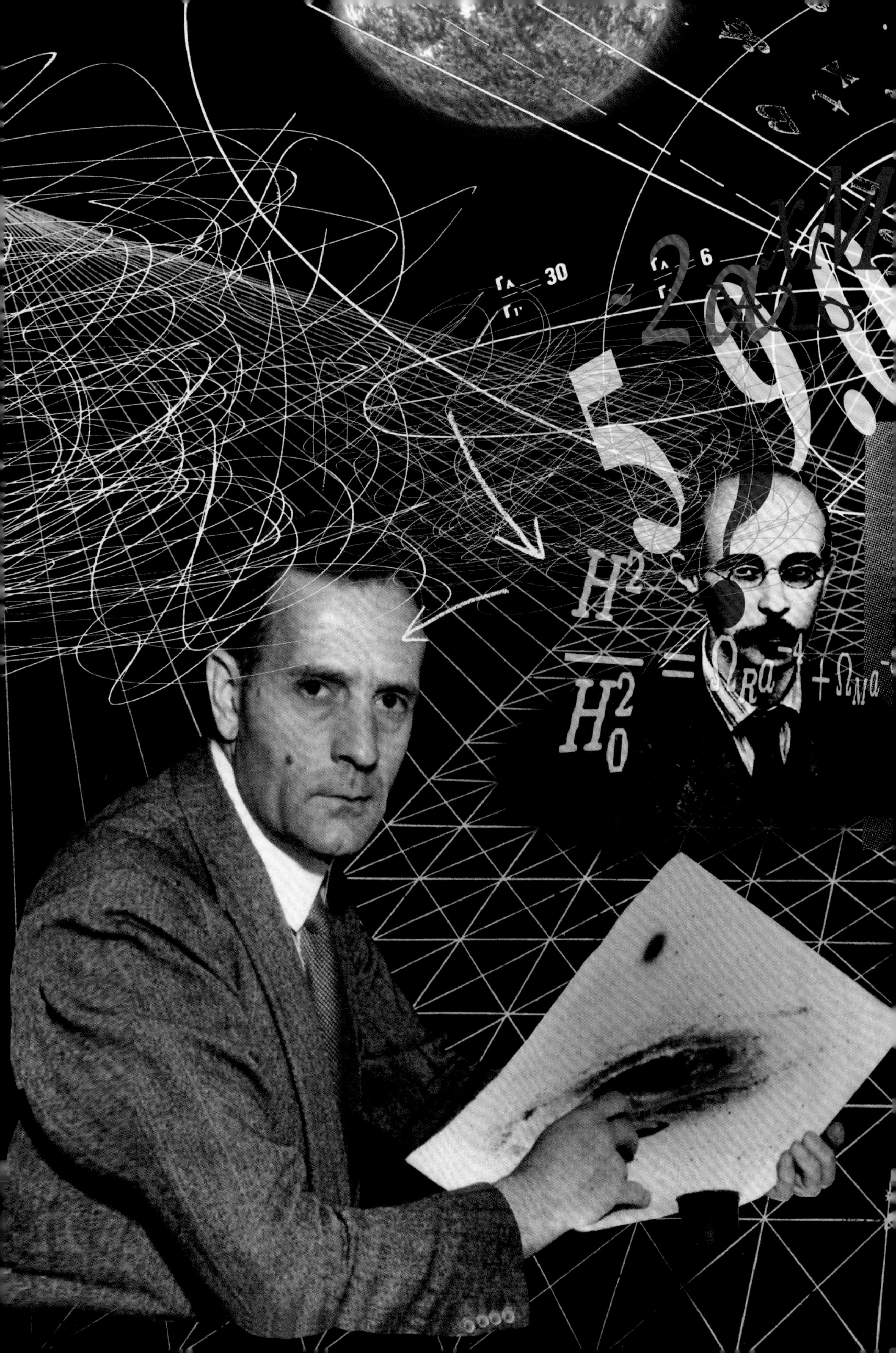

费曼：真相的政治影响（“如何避免被关押？”）

第一幅月面图

伽利略在1609年11月到12月期间为月球绘制了一系列美丽的水彩画，因其首次真实地描绘出通过望远镜从地球上观测月球的图像而著名。在当时，伽利略提出了月球的表面并不是完全光滑的这一革命性的观点。

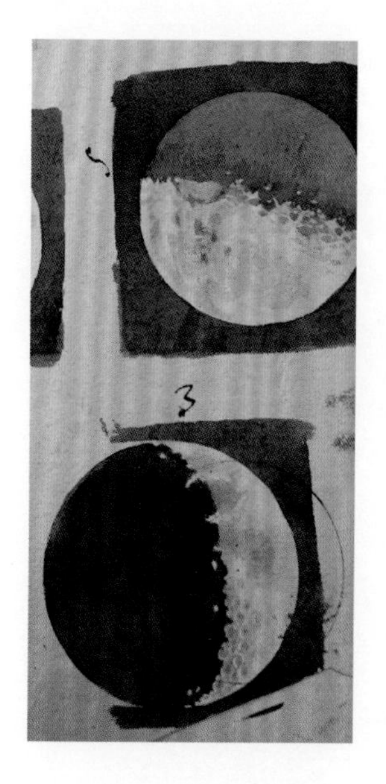

月球上的圣母玛利亚

（对页）罗马圣玛利教堂波林礼拜堂的圆顶上有一幅极其壮观的壁画，描绘了圣母玛利亚身处在崎岖不平的月球之上。洛多维科·卡尔迪（人们比较熟知的是他的另一个名字奇奥利）的画体现了他的朋友伽利略有关月球的发现对他作品的影响。

科学是什么？这个问题有许多答案，也有许多人将其整个学术生涯致力于对学科历史和社会学发展的复杂分析。然而，作为一名科学工作者，我认为答案很简单并且极具启发性，因为它揭示了科学家们如何看待自己以及自己所做的事。伟大的（这是个被过度使用的形容词，但在这里实至名归）物理学家理查德·费曼在1964年康乃尔大学的梅森哲讲座上，对科学做了简单明了的典型性描述：“总的来说，我们通过以下过程寻找一个新定律。首先，我们先猜想。请不要笑，这是真的——然后我们计算猜想的结果，如果结果是正确的，那么我们猜想的这个定律是成立的，并且我们能知道这个定律蕴含的科学关系。然后，我们将计算结果与自然相对比，或者与实验或经验相对比，将其与直接观察结果进行比较，看看这个定律是否有效。如果与实验结果不同，那么这个猜想是错误的。这一简单的陈述是科学的关键。这与你的猜测有多么美好，你多聪明，谁提出的猜想，或者他叫什么名字完全没有任何关联。如果与实验结果不同，那么这个猜想是错误的。仅此而已。”

为什么我那么喜欢科学呢？原因在于科学的谦逊精神——简单得如此谦卑——在我看来这一点是科学成功的关键。科学并不是一个宏大的实践，没人有那个雄心壮志来探究我们为什么在这里或者我们整个宇宙如何运作，甚至宇宙如何起源。我们只关注一些最小、最琐碎的小东西，并且试着弄清楚它们是如何工作的。这就是科学。在1982年英国广播公司（BBC）著名地平线系列纪录片《发现的乐趣》中，费曼说得更加直白：“人们问我，‘你是在寻找物理的终极定律吗？’不，我不是。我只是发现更多关于这个世界的信息，如果发现原来世上存在一个简单的终极定律能够解释这一切，那就顺其自然；那种感觉将会非常不错。如果这个世界就像一颗洋葱那样，有无数层等待被揭开，并且我们对这一层层外壳感到厌倦，那么事实就是这样……我对科学的兴趣就只是为了发现更多关于这个世界的秘密。”

然而，科学最神奇的地方是它最终会在无意当中解决关于宇宙起源和命运以及生存意义等一系列伟大的哲学问题，这并非偶然。你即使在柱子上坐上数十年凝视宇宙，即使因此成为一个圣人，也不会对这个世界有任何有意义的发现，要真正深刻理解自然世界是不可能的，因为往往会出现更加高深的问题。原因有二。首先，简单问题可以通过科学方法系统地回答，正如理查德·费曼所说的那样，而例如“我们为何在此”这种复杂和高深的提问则无法回答。其次，更重要和更深刻的是，这些简单问题的答案居然可以意外地推翻多个世纪以来哲学和神学的权威理论。教会的声誉在面对现实观察结果时，显得毫无价值。伽利略与教廷之间就哥白尼学说展开的著名论战就是其中一个典型的例子，虽然他并不希望如此（所有人都不希望如此）。

虽然伽利略在大学生涯初期学习医学，但艺术和数学让他的想象力得以展现。在比萨大学就读医学和1589年回到家乡成为一名数学教授期间，伽利略

DVODECIM + SIGNVM MAGNVM

伽利略卫星

这份卫星草图是由伽利略在1610年通过自己两年前制造的望远镜观察后，所描绘的若干草图之一。

金星

伽利略对宇宙的观察并不局限于月球，他对金星也进行了观察研究。这一假色投影显示的是金星西半球，其顶点是金星的北极。

在佛罗伦萨美术学院担任了一年讲师，主讲透视法以及一种叫作“明暗对比”的画法。明暗对比讲究的是对光线与阴影的运用和展现，以及如何通过准确展现光源照射物体的方式来创造一种深度的感觉。明暗对比是伽利略时代出现的一种重要的创作技巧，令现实主义的一种全新感觉得以在画布上描绘出来。

虽然伽利略在佛罗伦萨只待了很短的时间，但他在佛罗伦萨生活期间所学到的知识对他今后的科学工作有着巨大的影响。特别是他潜心学习理解了光线对三维形状的影响，后来他将这一技巧运用于天文研究，在削弱当时被尊为罗马天主教会教义基石的亚里士多德学说的过程中发挥了重要作用。

伽利略于1609年来到威尼斯，在购买他制造第一架望远镜所需的镜片时，他无意中找到了神学中一个看似微不足道的线索。他的“透视管”对准的第一个对象就是月球。凭借着数学家的头脑和艺术家的眼睛，伽利略将他所看到的一切通过6幅水彩画展现出来。

这些图画兼具艺术美和革命性。当时的天主教教义声称月球和其他天体一样都是完美的球体。早前通过肉眼或望远镜观察过月球的天文学家们已经通过二维形式绘出了月球坑洼的表面，但伽利略所看到的光暗形式不同。他所采用的明暗对比技巧可以展现出陌生的月球山地和陨石坑地形。

“我得出了这样的结论：……月球表面并不是光滑和平坦的，虽然许多哲学家认为月球和其他天体是完美的球形，但是恰恰相反，真实的月球表面是凹凸不平的，十分粗糙且遍布洼地和凸起。它就像地球表面一样，到处充斥着山峦和深谷。”

伽利略将这些水彩画分享给了他在佛罗伦萨的老朋友画家奇奥利，受此灵感启发，奇奥利试图在宏伟的教堂中展现这一关于月球的激进的新观点。由教宗西斯笃三世于公元430年建造的罗马波林礼拜堂记录下了几个世纪以来用于展示自然世界的艺术风格和技巧的演变，这个教堂里充满了如何在二维表面上展现三维形体的例子。

波林礼拜堂的圆顶是奇奥利最后的杰作——这一引人注目的壁画描绘了人们熟悉的场景，圣母玛利亚被天使簇拥，沐浴在金光之下。这是首次有壁画描绘圣母玛利亚身处在凹凸不平的月球之上，梵蒂冈将其命名为“圣母升天图”，也许并没有人意识到这壁画对哲学的挑战。这是艺术向世人展现的科学知识——一种完全不同于历史或《圣经》权威的知识，基于观察而不是教理，能够不加掩饰地出现在这一庄严场合，并让所有罗马人看到。毫无疑问，伽利略并不打算通过以望远镜观察月球的方式来挑战罗马教会的神学基础。虽然科学发现乍一看无伤大雅，但它会潜移默化地影响那些不太关心事实的人们。真相最终会让所有人都大吃一惊。

在伽利略完成对月球的描画之后，他将其具有强大光学性能的望

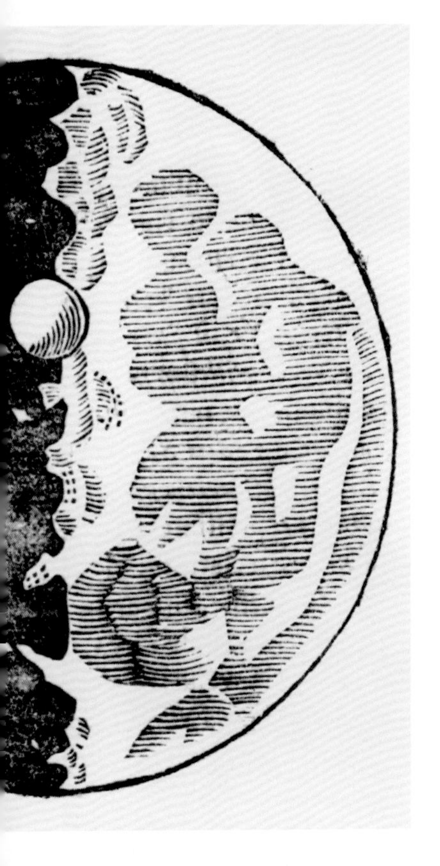

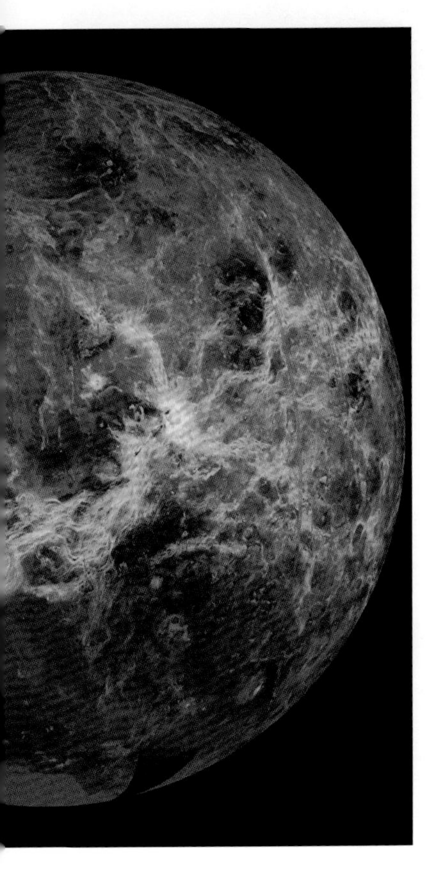

远镜对准了其他天体。在1610年1月7日至13日，他成为观测木星四大卫星（木卫一、木卫二、木卫三和木卫四）的第一人——现在这些卫星被统称为伽利略卫星。对伽利略来说，这是支持哥白尼的科学研究以及日心说模型的进一步证据。如果这些卫星环绕木星移动，那么伽利略具有充分理由来认定地球不可能是宇宙的中心，因为并没有环绕地球的天体存在。

1610年春季，伽利略将这些观察结果发表在他的著作《星空信使》中，从他与开普勒的信中可以明显看出他对哲学家的愤怒与不满。“亲爱的开普勒，但愿我们可以嘲笑那些愚蠢的凡夫俗子。你对于天文学会中那些像毒蛇一样固执的哲学家们想说些什么？他们并不想看行星、月球和望远镜，虽然我已经慷慨地向他们提供了无数次这样的机会。说真的，他们就像堵住了耳朵的毒蛇一样，难道这些哲学家对真理的光辉熟视无睹吗？”

在伽利略看来，他对金星的研究完全证实了哥白尼的日心说模型。从1610年9月开始，伽利略在几个月的时间里观察到金星存在相位。有时金星完全被太阳照亮，但在其他时候只有金星的新月被照亮。对于这个观察结果，唯一合理的解释就是金星围绕太阳运动。这无疑是日心说这一理论最令人信服的证据，证明太阳位于太阳系中心，而行星们围绕着太阳运动。

当然，事情并没有那么简单。伽利略的这一举动无疑是欠思考的——他决定报告他的科学观察结果而不是拥护对数据的神学和哲学解释——也就是说他认为教会是错误的，地球绝对不可能是宇宙的中心。他这么做的原因似乎是因为他想出名，而他也的确成了名人。哥白尼的《天体运行论》在内容被“篡改”之前（完整版直到1758年才从禁书名录中被删除！）一直被教会列为禁书，伽利略也被教会命令不得重申他那“愚蠢而荒谬”的结论。伽利略并没有保持沉默，教会在1633年宣布对他软禁终身，他只能在家中度过余生。

许多历史学家将伽利略描述为十分自我并一心追求上位的人，这在一定程度上是事实，但这一说法也是极其不公平的。他无疑是一位伟大的科学家，也是一位非常有才华的天文观察者。尤其是他首先明确提出了相对论的基本原理，这条原理也为牛顿定律提供了基本框架，即不存在绝对运动或是绝对静止。这就是为什么我们感觉不到地球在围绕太阳运动以及为什么亚里士多德等人被静止的错觉所误导。根据阿尔伯特·爱因斯坦的观点，相对论原理可以概括为引力场中的自由落体，而这最终导致形成了现代宇宙学和宇宙大爆炸理论。但我在这里插一句，详细介绍伽利略生平的目的不是要攻击宗教裁判所（没人这么想）；相反，这是为了强调科学观测能够引发伟大哲学和神学的变化，进而可以对社会产生巨大影响。伽利略通过使用望远镜观察，绘制了一些图纸并思考他所看到的一切，就打破了几个世纪以来的专制愚蠢思维。虽然他这么做让自己被教会软禁起来，但他为哥白尼和开普勒之间架起了桥梁，为艾萨克·牛顿铺平了道路，并最终帮助爱因斯坦构建了对宇宙和地球的完整描述。

$R_{ik}=0$

我一生中最幸福的思想

科学进步常常是由一些无意间的发现或者简单认识而引发的。人们有一种说法，即科学家对自然表现出“孩童般”的痴迷，除了这种说法，我也想不出更好的表达方式。这种说法感觉很真实，因为孩子们偶尔会有这样的习惯，专注于一件非常小的事情，然后不断地问“为什么”，直到得到一个可以满足好奇心的答案。大人们不太会这么做，而优秀的科学家就会这样。如果在这一章我要有一个明确观点的话，那就是：带着真诚和明确的态度关注微小而有趣的事情，伟大而深远的科学发现通常是由那些最初并没有意识到研究结果的人在不经意间实现的。爱因斯坦最初对于取代牛顿引力理论的追求就是一个非常典型的例子。

爱因斯坦以他在1905年出版的《狭义相对论》中一个著名方程$E=mc^2$而闻名于世。这个理论的核心是一个可以追溯至伽利略时代的简单概念。简单来说，就是你无法分辨出自己到底有没有在运动。这听起来有点难以理解，但我们都知道它是对的。如果你正坐在家里的房间内看这本书，那么和你坐在飞机上读这本书的感觉是一样的，只要没有气流扰动且飞机水平飞行着。如果你不从窗户向外望的话，那么无论你是在房间里还是在飞机上都无法分辨你是处于静止还是运动状态。你可能会说在房间中的静止是显而易见的，但是飞机显然是在运动的，否则它就无法将你从伦敦带到纽约。但那是不正确的，因为你的房间环绕着太阳运行，它实际上还绕着地轴在旋转，而太阳本身又环绕着银河系运动，银河系相对于宇宙中的其他星系也在运动。爱因斯坦严肃认真地看待了这一学究式的推理过程，最终提出了著名的方程$E=mc^2$，并断言不用做任何实验，即使是从原理上，利用钟表、放射性原子、电路、钟摆或者其他任何物体，都可以分辨出你是否在运动。任何人都有绝对的权利说他们是静止的，只要没有合力作用在他们身上使他们加速。如果你现在正舒服地坐在沙发上看这本书，毫无疑问你就可以这么说。有时候，学究式的研究还是非常有用的，因为没有爱因斯坦的狭义相对论，我们就不会得到$E=mc^2$这个方程，我们就不会真正了解核物理、量子物理、放射性物质的原理以及太阳是如何发光的等问题，那么我们就无法了解这个宇宙。

但是，在爱因斯坦1905年发表了他的理论之后，有一些重要的事情让他感觉无比困扰。牛顿的伟大成就——“所向无敌”的万有引力定律——不符合狭义相对论的框架，因此这两个理论中必定有一个要做出修改。爱因斯坦对这个问题的回应方式很符合他的个性：他非常仔细地思考了这个问题，1907年11月，当他坐在伯尔尼专利局的椅子上时，他想到了合适的办法。回顾爱因斯坦在1920年写的一篇文章，他对他美好想法的描述确实像孩童一样单纯。

爱因斯坦完美的理论

阿尔伯特·爱因斯坦，最伟大的科学巨擘之一，其在1916年发表的广义相对论，常常被誉为最美的科学理论。

“然后，我突然意识到‘glücklichste Gedanke meines Lebens’（我一生中最幸福的思想）就是下面这种形式：引力场类似于磁感应产生的电场，只是一种相对的存在。因为对于一个从房子屋顶上自由落体的观察者来说，至少在他周边的环境是没有引力场存在的。事实上，如果观察者扔下一些物体，这些物体相对于他仍保持静止或者匀速运动，不受它们特定的化学或物理性质的影响（当然是在不计空气阻力的前提下）。观察者因此也可以说他处于一种‘静止’状态。”

我很清楚，你可能会强烈反对这种说法，因为它似乎违反常识。当然，一个物体在重力作用下会加速朝地面下落，但因此就不能称之为“静止”吗？很好，因为如果你认为不能的话，你将会上一堂很有价值的课。当你试图去了解科学事实的时候，常识是毫无价值的，也是和现实毫无关联的。这可能就是为什么人们喜欢吹嘘他们的常识，却往往反对他们与猴子有共同的祖先这一事实。那么，如何才能让你相信爱因斯坦的理论是正确的呢？

大多数时候，图书与电视相比，可以更好地传达复杂思想。这其中有许多原因，有些原因我会在以后的自传中讨论，那个时候我早就不看电视了。但只要采用正确的方法，电视的表达更加优雅而高效，这是图书无法做到的。我希望《人类宇宙》中包含这样一些像电视一样的时刻，而这里有一个我认为尤其典型的时刻。

NASA在美国俄亥俄州的梅溪站拥有世界上最大的真空室。它直径为30米，高37米，是20世纪60年代为了模拟核能火箭在太空的运行环境而设计的。虽然这里面从没有发射过任何核能火箭，但是发射过很多航天器，从“天空实验室计划”里的航天器整流罩到火星登陆器的气囊都在这座“铝质教堂”内试验过。让我非常高兴的是，NASA同意我使用他们的真空室来做一个实验，探究一下究竟是什么促使爱因斯坦得出了这个非凡的结论。这个实验需要排除室内的所有空气，然后从起重机上扔下一束羽毛和一颗保龄球。伽利略和牛顿都知道这个实验的结果，但这不是问题的重点。羽毛和保龄球会同时击中地面。牛顿对这个惊人结果的解释如下：羽毛所受的引力和它的质量成正比，这可以在牛顿写的万有引力定律中看到。根据牛顿提出的另一个公式$F=ma$，引力作用导致羽毛下落的速度加快。这个公式表明，物体的质量越大，就需要越大的力来使它加速。神奇的是，$F=ma$中的质量和万有引力定律中的质量刚好是一样的，它们刚好互相抵消。换句话说，质量越大的物体，它和地球之间的引力也就越大，但是质量越大就不得不需要越大的力来使它运动。对所有物体而言，它们的质量都相互抵消了，所以最后都以相同的速率下落。这个解释存在一个问题，就是没有人想到一个好的理由来说明这两个质量为什么是一样的。在物理上，这被称为等效原则，因为“引力质量”和“惯性质量”正是彼此相等的。

对于在梅溪真空室中，羽毛和保龄球两者以相同速率下落的这一事实，爱因斯坦对此的解释是完全不同的。回忆一下爱因斯坦最幸福的思想，“因为对于一个从房子屋顶上自由落体的观察者来说，是没有引力场存在的”。在自由落体运动过程中没有力作用在羽毛或者保龄球上，所以它们并没有加速！它们就待在它们所在的地方，相对于彼此而言是静止的。或者，如果你愿意这么认为的话，可以说它们是静止不动的，因为我们总是说如果没有力作用在我们身上，我们就是静止的。但是你肯定会问，如果是因为没有力作用在它们身上，所以它们没有动，那么它们最后怎么会落到地上？根据爱因斯坦的答案，是地面朝它们加速过去，然后像板球棒一样撞击了它们！但是，但是，但是，你肯定在想，我现在就坐在地上，

行动中的科学

梅溪站属于NASA戈兰研究中心的一部分，拥有世界上规模最大的太空模拟室——全球最大的真空室，我们在这里对爱因斯坦的广义相对论进行了验证。

而我没有加速。没错，的确是。你这样认为是因为如果有外力作用于你，你会感觉得到。而我们所说的是你坐着的椅子或者你站着的地面对你所施加的力。很明显，如果你长时间站着，你的脚会感觉到疼，因为有力作用在脚上，而且只要有力作用在物体上，它们就会加速。这里没有障眼法之类的。爱因斯坦最幸福思想的美丽之处在于，一旦你理解了它，答案就会豁然开朗。站在地上是一件辛苦的工作，因为有外力作用在你身上。这个作用就像坐在一辆加速的车里，感受到座椅的靠背在向前推你一样。如果你的感官封闭一段时间，你就可以发自内心地感受到加速度。令你短时间摆脱加速度的方法只有一个，就是从屋顶上往下跳。

这是精彩的推理，但是它当然也引申出了棘手的问题：如果没有引力这种东西，地球为什么会环绕太阳运行？或许最后亚里士多德是正确的。寻找这些答案并非易事，爱因斯坦花了将近10年的时间来解决细节问题。他的成果就是发表于

1916年的广义相对论，常常被人们誉为最美的科学理论。众所周知，当你深入研究预测和观察结果相比较的细节时，广义相对论在数学上和逻辑上都是出了名的难。所以，大多数英国的物理系学生要到大学本科的最后一年或者直到他们成为研究生之后，才会学习广义相对论。话虽如此，广义相对论的基本思想却十分简单。爱因斯坦用几何学来取代引力——特别是空间和时间的曲率。

想象一下，你和一个朋友站在地球表面的赤道上，你们平行向正北方向走。当你们越接近北极，你们就会靠得越近，而且如果你们继续一直走到极点，你们就会遇到对方。如果你没有其他的知识，你可能会认为有某种力量，将你们两个人拉到了一起。但事实上并没有这种力。相反，地球表面弯曲成球形，在一个球面上，在赤道处的平行线会在极点相交，这些线叫作经度线。这就是几何产生作用力的原理。

爱因斯坦引力理论中包含的方程，使得我们能够计算由物质与能量的存在引起的空间和时间扭曲，以及物体如何跨越弯曲时空——就像你和你的朋友跨越地球表面那样。时空经常被描述为宇宙的构造，这当然是个不错的词。例如大量的恒星、行星之类的天体决定了构造是如何弯曲的，而构造又决定了天体如何运动，特别是，所有天体都沿着“直线”路径在弯曲的时空中运动，术语将这些直线称为“测地线”。这是广义相对论和牛顿第一运动定律的相同之处——除非受到外力影响，所有物体都保持静止或匀速直线运动。爱因斯坦对地球绕着太阳轨道运行的描述因此非常简单。在由于太阳存在而弯曲的时空中，地球的轨道是直线，这是因为没有其他外力作用于它。这和牛顿的描述是相反的，牛顿的描述是如果地球和太阳之间没有引力的话，地球会以我们常识中的“直线”飞跃宇宙空间。对我们来说，直线在弯曲空间中看起来是弯曲的，这和经线在地球表面看起来也是弯曲的是同样的道理，直线所在的空间是弯曲的。

这些解释固然很好，但自从我告诉你，在梅溪站，地面像板球棒加速上升并击打羽毛和保龄球之后，你脑中一直有个问题困扰着你，这怎么可能呢？如果地球表面的每一寸地面都在远离地心加速，地球还会保持半径不变的完整球形吗？答案是如果梅溪站里的一小块地面都以自己的方式飞离，它就会像羽毛和保龄球一样，沿着时空中的直线运动。这些直线以放射状形式，沿着半径方向指向地球中心，这就是“静止状态”，如果你愿意，任何东西都会沿着这条自然轨迹运动。测地线沿半径方向是因为地球的质量弯曲了时空。地球在没有外力影响的状态下就会自然向内坍缩，所有物质最终都会坍缩成一个小黑洞。地球组成物质的刚性阻止了物质坍缩的发生，这些物质最终在电磁力和一个符合泡利不相容原理的量子机械效应下保持着原有的样子。为了保持一个像地球那么大的球体，必须有一个力作用在地球上的每一小块物质上，这必然引起地面上的每一小块物质都加速。根据广义相对论，对于行星这样的大型球体来说，其每一小块都必须沿半径方向持续加速来保持其原有的样子。

从我以上的论述来看，对于地球为什么围绕着太阳运行以及为什么物体在引力场内都以相同速率下落等这些问题而言，广义相对论似乎是一个简单且令人满意的解释。但是广义相对论远不止这些。非常重要的是，它可以对某些天体运动做出非常

验证爱因斯坦理论的实验

在梅溪站的真空室，我们重现了伽利略的简单实验——将重物（保龄球）和轻物（羽毛）同时扔下，看哪个物体下落的速度更快。

精准的预测，这与牛顿的理论有着根本区别。其中一个最惊人的例子是一个双星系统，它的名字毫无诗意，叫作PSR J0348+0432。这个双星系统中的两颗星都是外来天体。其中一颗是白矮星，这颗死星的星核承受电子海形成的引力。根据泡利不相容原理，通俗地讲，电子表现为拒绝挤在一起。这种纯粹的量子机械作用力阻止恒星在生命最后时刻坍缩成为一种超高密度的物质。白矮星的质量通常是太阳的0.4~1.4倍，但体积和地球差不多。白矮星质量的上限是钱德拉塞卡极限，该极限由印度天体物理学家苏布拉马尼扬·钱德拉塞卡在1930年首次计算得出。这个计算结果是现代物理的绝佳体现，这些天体的最大质量涉及4个基本物理常量——牛顿万有引力常数、普朗克常数、光速和质子质量。在大约一个世纪的天文观测之后，人们都没有发现质量超过钱德拉塞卡极限的白矮星。银河系中的几乎所有恒星，包括我们的太阳，最终都会演化成为一颗白矮星。只有超大质量恒星的残骸会超过钱德拉塞卡极限，并且其中绝大多数都将产生更加奇特的、被叫作中子星的天体。在PSR J0348+0432系统中，非常奇妙的是那颗白矮星有一颗中子星做伴，这使得这个系统非常特别。

如果恒星的残骸超过了钱德拉塞卡极限，其电子将被紧紧压缩到恒星的氢核上，令它们能通过弱核力产生中子（这个发射的粒子被称为中微子）。通过这种机理，整颗恒星被转换成一个巨大的原子核。中子就像电子一样，遵循泡利不相容原理，拒绝挤到一起，从而形成一颗稳定的死星。中子星的质量可以是太阳的好

几倍，但是非常不可思议的是它的直径只有10千米。它们是已知密度最大的恒星，一茶匙中子星物质就像一座山一样重。

想象一下这个奇妙的异星系统。白矮星和中子星非常接近；它们以830 000千米的距离绕着彼此的轨道运行——这个距离大约是地球到月球距离的两倍——周期是2小时27分。这个轨道速度大概是200万千米每小时。中子星的质量是太阳的两倍，直径大约10千米，一秒钟自转25次。这个双星系统的运动激烈得令人难以置信。爱因斯坦的广义相对论预测这两颗星将以螺旋轨道相向运动，因为它们在干扰时空时会失去能量，并发射出所谓的引力波。它们的能量损失是微不足道的，只会令其轨道周期在一年内改变百万分之八秒。2013年是观测天文学的一个胜利之年，天文学家利用波多黎各的阿雷西博射电望远镜、德国的斯伯格望远镜和智利欧洲南方天文台的甚大望远镜测量出了PSR J0348+0432系统中的轨道周期衰减率，发现这一数据与爱因斯坦预测的相符。这一结果相当引人注目。当爱因斯坦在1907年提出最幸福思想的时候，他做梦也没想到白矮星和中子星的存在，然而通过对从屋顶下落这一过程的缜密思考，他构建了非常精确的引力理论，大多数奇特的恒星系统都可以用21世纪的现代望远镜观察到。如果我真的要说，那么这就是我喜爱物理的原因。

爱因斯坦的困境

宇宙的膨胀和伸展就像一个气球的表面。比例系数理论描述了宇宙如何随着时间的推移而改变，这意味着宇宙不可能是静态的。这个想法让爱因斯坦陷入思考困境。

爱因斯坦的广义相对论自提出以来，科学家已经可以通过精确的实验对其进行验证。从羽毛和保龄球在引力场中的运动到极端激烈的外太空PSR J0348+0432系统，这个理论的表现均非常出色。

爱因斯坦还有很多权威理论，而不仅仅是对轨道运行的描述。广义相对论和牛顿理论最基本的区别是它不单纯提供一个引力作用的模型。相反，它根据时空弯曲为引力的存在做了解释。这里值得写一下爱因斯坦的场方程，因为这个方程（说实话）看起来非常简单：

$$G_{\mu\upsilon}=8\pi GT_{\mu\upsilon}$$

等式右边描述的是在时空的某个区域中物质和能量的分布，左边描述的是因物质和能量分布而产生了时空的形状。要计算地球绕太阳运行的轨道，需要将质量的球形分布和太阳的半径代入等式右边，（简略地说）会得出太阳周围的时空形状。有了时空形状，地球的运行轨迹就可以计算出来。不管怎么说，进行这种计算都是不容易的，上述符号中隐藏着很多复杂问题。但是关键问题很简单，给出物质和能量的分布，爱因斯坦方程就能为你计算出时空的形状。故事的最后还有一点吸引着我们，爱因斯坦方程解决了时空的形状——宇宙的构造问题。首先一点是我们研究的是时空，而不仅仅是空间。任何以所谓公认的宇宙时间衡量的事情并不是在一个固定的空间中发生的。爱因斯坦理论中宇宙的构造是动态变化的，因此爱因斯坦的方程并不需要描述一些静态的和不变的东西，这一点非常重要。第二个要注意的是爱因斯坦理论并不局限于某颗独立恒星，甚至像PSR J0348+0432的双星系统周围的时空区域中。的确，爱因斯坦的理论里没有说有必要做出这种限制。爱因斯坦的方程可以应用至无限的时空区域。这意味着，至少在原理上，它可以用来描述整个宇宙的形状和演变。

古老的思想 现代的科技

2013年，天文学家们在波多黎各的阿雷西博天文台证实了爱因斯坦发表于1907年的理论。通过使用世界上最大的单口径射电望远镜，他们发现PSR J0348+0432的轨道周期衰变率与爱因斯坦早在100多年前预测的数据完全一致。

崭新的时代

获取真理有两种方式，我决定都尝试一下。

乔治·勒梅特

讲故事这一行为自古以来就深植于人类血脉之中，我们通过故事学习、交流和传宗接代。我们以此发掘人类生活的细节，用最细微的小事取悦自己。我们讲述关于起源和终点的宏伟史话。历史上有许多关于宇宙形成的故事，这些故事仿佛自有人类起就存在了。各路神明，宇宙蛋，由阴浊与阳清、或水或天或虚无形成的世界——有多少种不同的文化，就有多少种不同的创世论。即便多种不同神话的存在仍然是造成人类分歧的根源，想要了解宇宙起源的冲动却无疑是人类共同的追求。然而我们却辜负了这些创世故事的情感动力，为了争论那些老掉牙的传说花了那么多的精力，不肯根据21世纪文明人对宇宙越来越翔实的观测结果，构建新的宇宙起源理论。从这个层面来讲，我们生活在一个非常特殊且令人兴奋的时代，因为上一辈人对于宇宙形成的观测还非常有限。在19世纪与20世纪之交，我祖父母刚在奥尔德姆出生的那个时候，科学的宇宙起源理论还没有出现，宇航员们甚至

还不知道银河以外还有更大的宇宙，相比之下，我们的时代就更显非凡，因为在埃德温·哈勃宣布他在仙女座星系发现了造父变星、平息沙普利和柯蒂斯的大辩论之前，描述宇宙起源的现代科学方法几乎都仅来自于爱因斯坦的广义相对论。

数学物理之美的一种体现就在于方程是有故事的。如果你认为方程就是你以前在潮湿的秋日午后在学校里解的那些恼人小玩意儿，你可能会觉得这个说法很奇怪，甚至难以理解。但是，像爱因斯坦场方程这样的方程可要复杂得多。在既定的物质和能量分布情况下，用爱因斯坦场方程就能算出时空的形状。这个形状即被称为方程的解，而故事就藏在这些解里。爱因斯坦场方程的第一组精确解是由德国物理学家卡尔·史瓦西在1915年得出的。他用这个方程计算了非转动性的完美球体行星周围的时空形状。史瓦西的解可以用来描述环绕恒星运行的行星轨道，同时也包含了现代物理学中一些最奇特的想法；它描述了我们现在所谓的黑洞视界。史瓦西的解中还有一个著名的传说：宇航员掉入超大质量的坍缩恒星内部，近于湮灭时会被“意面化”【译者注：被拧成面条】。史瓦西的计算结果是一个非常了不起的成就，尤其是这些成就都是他在德军服役期间于俄国前线完成的。那之后不久，这位年仅42岁的物理学家就在前线的战壕中染病过世了。

史瓦西黑洞

1915年，卡尔·史瓦西应用爱因斯坦方程对一个黑洞进行了描述——黑洞是一个极其紧密的天体，其引力可以吞噬邻近的所有物质。

爱因斯坦方程式里最引人入胜的故事会在我们做出大胆而看似粗心的尝试时出现。为什么我们只能局限于计算球形天体周围的时空，而不能把眼光放到更大的目标上？为什么不试着用爱因斯坦的方程来计算所有时空的形态？为什么我们不能把广义相对论应用到整个宇宙中去？爱因斯坦从开始研究相对论起就在考虑上述最后一个问题的可能性，1917年，他发表了一篇名为《广义相对论的宇宙论考虑》的论文。从研究人从屋顶摔下的过程到描述宇宙的历史，这一步当然是迈得有点大，爱因斯坦将文章投给普鲁士科学院的前几天，在写给朋友保罗·埃伦费斯特的信中表现出异常的不安："我……又一次冒犯了引力理论，我可能要被关进精神病院了。"

爱因斯坦在1917年论文里描述的宇宙与我们现在所在的这个宇宙并不一致，但那篇论文的价值在于它提出了一个观点，而爱因斯坦在后期发现这个观点并不正确。爱因斯坦当时试图找出一组解，用其描述物质均匀分布且状态稳定不会发生引力坍缩的有限宇宙。这种做法在当时看来是合理的，因为当时天文学家只发现了一个星系——银河系，而且他们也还没发现恒星会相对于其他天体向内坍缩。爱因斯坦似乎还有一个特殊的想法，他认为永恒的宇宙比有起源的宇宙更加"优雅"一些，这个想法给他带来了棘手的问题。然而，他发现广义相对论并不支持一个有恒星、行星和星系的宇宙能够永恒存在的观点，他的解展现的是一个不稳定、会向内坍缩的宇宙。爱因斯坦试图通过往方程里引入宇宙常数来解决这个不幸的问题。这个附加的常数可作为斥力，用于调整他所模拟的宇宙，使其不要向着可能因为自身重力而坍缩的趋势发展。后来大家都知道了，爱因斯坦对他的好友乔治·伽莫夫说，引入宇宙常数是他最大的错误。

随着物理学家们开始求解爱因斯坦的方程，越来越多可能的宇宙被人们发现。但是，除了爱因斯坦的宇宙和1917年由威廉·德西特发现的没有物质和宇宙常数（正值）的德西特宇宙之外，没有任何其他宇宙是静止的。我们会立刻回到德西特宇宙状态，但在其他情况下，爱因斯坦的方程似乎暗示着不断进化，他本人认为宇宙应该是不变和永恒的。随着越来越多的物

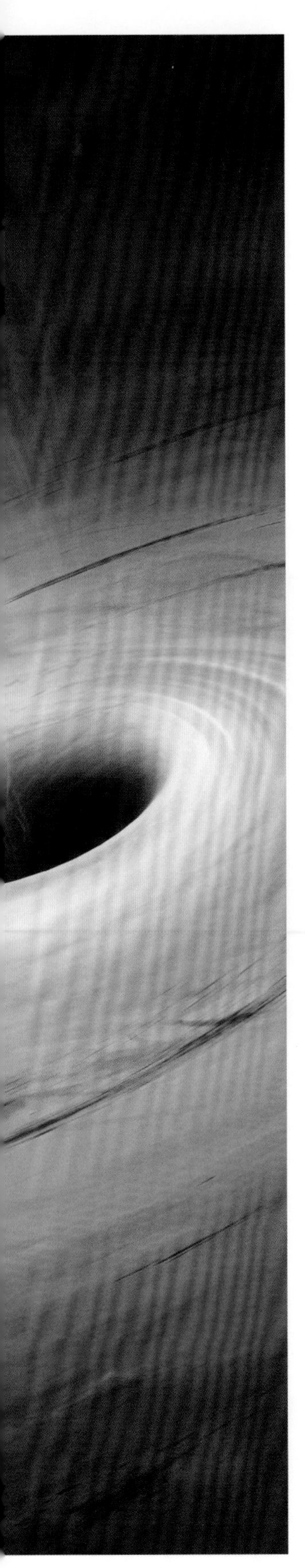

理学家对该方程进行研究，爱因斯坦的静态永恒宇宙论面临的形势更加严峻。

1922年，苏联物理学家亚历山大·弗里德曼求得了爱因斯坦方程中第一个宇宙学的精确解，证实了这个包含无数个星系的现实宇宙的存在。通过设想，他得出了结论，而这也直接将我们带回到本章的开始；关于哥白尼宇宙论，他认为宇宙的任意一处看起来都是相同的，没有特别之处。这就是所谓的均匀性和各向同性假设，它相当于解决了爱因斯坦方程的物质分布完全均匀的问题。这可能看似太过简单，在20世纪20年代初期，这一假设在一定程度上与观测证据一致——一个看似只包含一个星系的宇宙是脆弱的。然而从理论的角度来看，弗里德曼的假设非常有意义。这是人们可以做出的最简单的一个假设，并且它相对容易进行计算！真的非常容易，事实上一位名叫乔治·勒梅特的比利时数学家兼神父也独自完成了同样的计算。勒梅特将他的旗帜坚定地插在了信仰和科学之间的三不管地带上——不管我们喜欢与否，他占领了一片知识的乐土。作为哈罗·沙普利的学生，这位对宗教深信不疑的人从来没有经历过两种截然不同的人类思维之间的冲突。他实践了由进化生物学家史蒂芬·J.古尔德提出的辩论和批评性的很多现代理念，认为科学和宗教是两种并不重叠的权威，虽然提出相同的问题，但在各自独立的领域中进行解答。我的观点是这个说法过于简单化了；有关物理宇宙的起源和有关引力作用的性质或亚原子粒子的行为等问题具有相同特征，使用科学方法就一定能找到答案。当我注视着浩瀚宇宙时，我愿意承认自己对那浪漫或是奇妙的宇宙充满着深深的敬畏感，这是宗教和科学经验都具有的核心部分，或许两者都能为自然探索提供灵感。

至少这是勒梅特的观点，在其杰出的天文生涯中，他将科学和宗教的双重视角作为探索知识之旅的指南。1923年，在鲁汶天主教大学上学期间，他被任命为牧师。随后勒梅特与他同时代的伟大物理学家和天文学家一起研究物理和数学，其中包括亚瑟·爱丁顿和哈罗·沙普利，他们从剑桥大学辗转到哈佛大学和麻省理工学院，直到1925年返回比利时之前，一直致力于爱因斯坦的广义相对论研究。

1925年，亚历山大·弗里德曼因伤寒去世，此前，勒梅特从来没见过这位伟人，更别提与他交谈和通信了。因此，勒梅特几乎肯定不知道弗里德曼发表的那篇晦涩难懂、描述动态且不断变化宇宙的文章。虽然与弗里德曼的研究主线相同，但勒梅特猜想宇宙中的物质分布都是均匀且各向同性的。同时，他也一直在为描述平稳统一宇宙学说的爱因斯坦方程求解。当然，他也得出了同样的结论：这个宇宙不可能是静止的——它或是膨胀的或是收缩的。1927年，勒梅特在布鲁塞尔举办的索尔维会议上见到了爱因斯坦，并将此结论告知爱因斯坦。他的陈述被那位伟大的科学家打断，“你的计算是正确的，但是你对物理的见解可真是糟糕透了。”但爱因斯坦错了。1931年之前，勒梅特一直在撰写一篇语言生动、通俗易懂的文章，提出爱因斯坦的理论意味着曾经存在过一个瞬间的创造——宇宙大爆炸。他在文中提到了“没有昨天的一天”，以及宇宙的形成源于一个“原始原子”。

1934年，普林斯顿的物理学家霍华德·珀西·罗伯逊将宇宙中的物质各向均一性代入爱因斯坦方程中，并对所有解进行分类整理，得出的正是哥白尼原理，即宇宙中没有一处是特殊的或重要的。这个模型包含趋向于描述一个膨胀或收缩的宇宙的物质，因此，也暗示了一个相当奇妙的事情——宇宙中可能已经存在“没有昨天的一天”。即使这些求解者本身就反对这种说法，但事实上，爱因斯坦方程在这些解的范围内包含了一个科学的创世学说。

爱因斯坦广义相对论及其在宇宙探索的应用，显示出一个令人振奋的事实，也诠释了物理的力量。该理论的灵感来自这样一个设想：一个人从房顶坠落，预示着宇宙中存在着创世的一瞬间。既不需要任何实验措施，也不需要进行什么观察，物体在应力场中总是以相同的速度坠落。这里有好多层的讽刺意义！通过独立思考寻求解决人类起源的深邃问题，这种想法几乎和亚里士多德学派一样：一小部分人向古典世界的崇高权威发起了挑战，例如布鲁诺、哥白尼和伽利略等人为了推翻权威理论做了很多努力。至少在勒梅特看来，这些似乎解释了宇宙的创世瞬间的方程，为创世神的存在提供了理论支持。这也似乎将我们带入了一个循

三角座星系（M33）

又名风车星系，是一个距离地球约240万光年的旋涡星系。

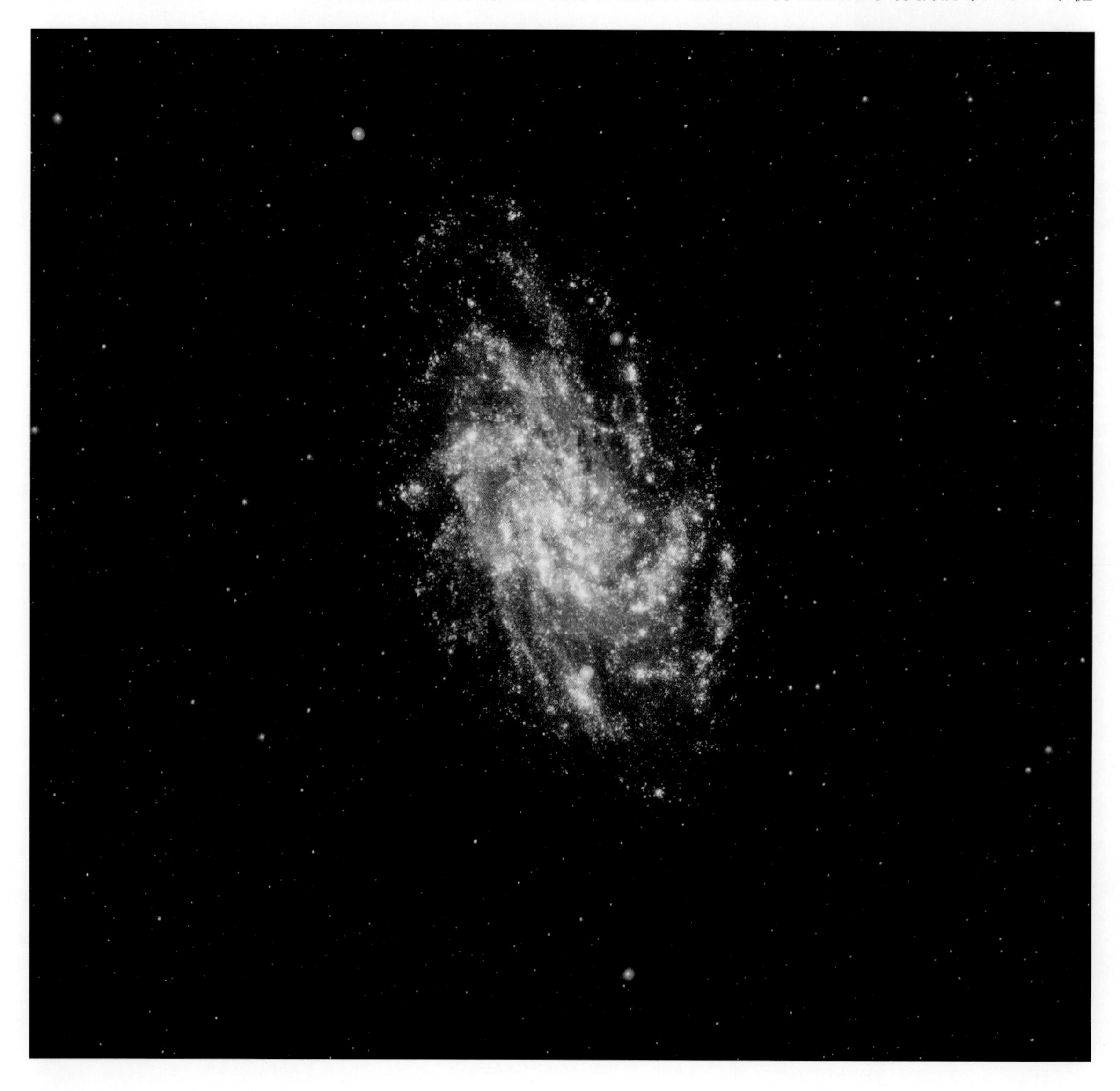

环，使我们回到博尔曼、洛弗尔和安德斯及其创世学说上来。确实，教皇皮亚斯十二世获悉这个新宇宙论时便说："科学真理从某种程度上慢慢发现了上帝，就好像上帝正守候在每扇被科学打开的大门后面。"令这位教皇十分懊恼的是，爱因斯坦乘坐着理性思维的飞毯纵横在这个由神学编织的时代，并且似乎已经用一个新的理论取代了原来的创世故事。

本星系群以外的星系

哈勃空间望远镜的图像展示了本星系群以外的远距离星系，它们仍然未被地球科学家所识别和探索。对于我们的后代来讲，揭开它们的神秘面纱仍是一个挑战。

为了完成我们对于各种理论的无尽探索，请允许我对这些要点进行简要的描述。宇宙膨胀理论的确需要实验来验证，事实上证据很快就出现了。1929年3月15日，埃德温·哈勃发表了一篇名为《河外星系距离与径向速度的关系》的论文，其中记录了他的观察结果，即本星系群以外的所有星系正在急速远离我们，而且星系的距离越远，远离的速度越快。这与爱因斯坦理论中预测的宇宙膨胀恰恰一致。1948年，阿尔法、贝特和伽莫夫发表了一篇著名的论文（这是物理学史上最耀眼的作者名单），文中假设我们的早期宇宙是非常热的稠密宇宙，那么就可以对宇宙中可观测的光化学元素丰度进行计算。现代的丰度计算方法非常准确，并与

天文观测结果保持高度一致。也许其中最具说服力的就是被称为宇宙微波背景辐射的宇宙大爆炸理论，1948年阿尔法和赫尔曼也曾对此进行过预测，1964年宇宙微波背景辐射被彭齐亚斯和威尔逊发现。后面章节中我们将对宇宙微波背景做大量论述；而现在，由于我们发现了宇宙仍以高于绝对零度2.7摄氏度的温度持续发热，足以得出最终结论，即使最具怀疑态度的科学家，也不得不承认宇宙大爆炸理论是宇宙形成的主流模型。

那么，一个棘手的问题，宇宙大爆炸本身原因何在？勒梅特原始原子的起源是什么？上帝真的是这么做的吗？20世纪标准的大爆炸宇宙论未能给出这些问题的答案，但21世纪的宇宙论做到了。针对“大爆炸之前到底发生了什么”这个问题的当前科学理解，我们稍后做进一步阐述，请允许我在这里先卖个关子。现代理论认为大爆炸之前宇宙经历了一段指数扩张期，被称为暴胀。在这段时间里，宇宙的活动状态与1917年德西特发现的对爱因斯坦方程的无物质场解保持一致。

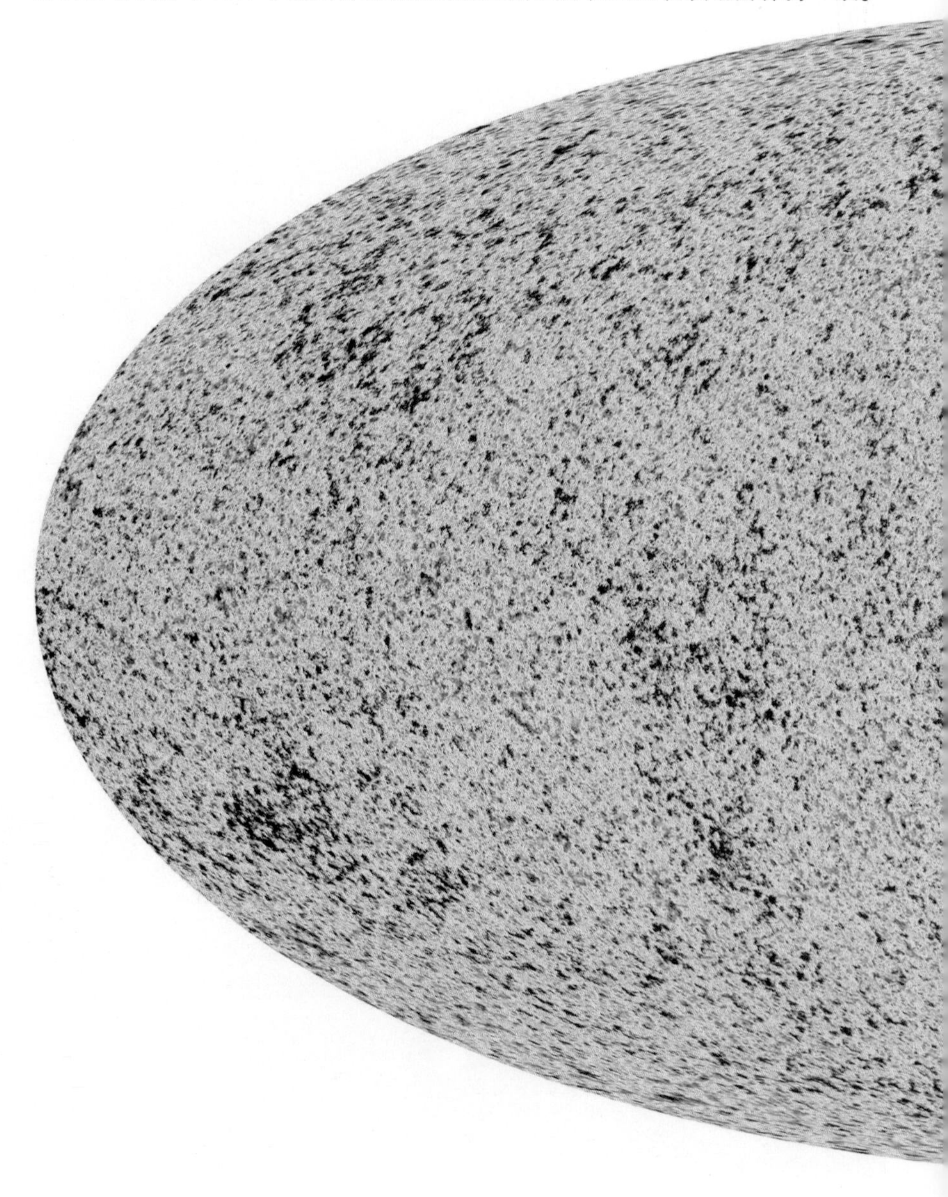

我们最古老的光

这张宇宙快照揭示了宇宙中最古老的光。天空中所传播的微小温度波动揭示了现在和未来的恒星与星系的存在。

这段快速膨胀期形成了我们如今观测到的物质在大尺度上的均匀且各向同性分布，这就是弗里德曼和勒梅特提出的更为简单的哥白尼理论假设对大爆炸之后宇宙形成的描述与观测到的数据保持高度一致的原因。宇宙中没有特殊空间，因为在早期暴胀过程中所有物质都被抛离。当暴胀停止时，引力场中被吸引的能量又被抛回到宇宙中，形成现在我们可以观察到的所有物质和辐射。暴胀场中的小型波动形成了星系，它们在天空中以数十亿的数量级均匀分布着，每个都包含无数个物质世界，无边无际，超越了我们的视线范围。按照勒梅特的说法，"伫立在完全冷却的灰烬上，我们看到太阳缓慢地衰落，我们试图召唤已然消失了的世界起源的光芒。" 我们的灰烬没什么特别，大小无关紧要，只不过是几万亿之一个星系中的几十亿之一个物质世界而已。不过，这已经变得越来越没有意义了，因为将观察的结果与理论有效地结合，我们已经能够发现我们的位置。乔尔丹诺·布鲁诺会多么喜爱我们的发现。

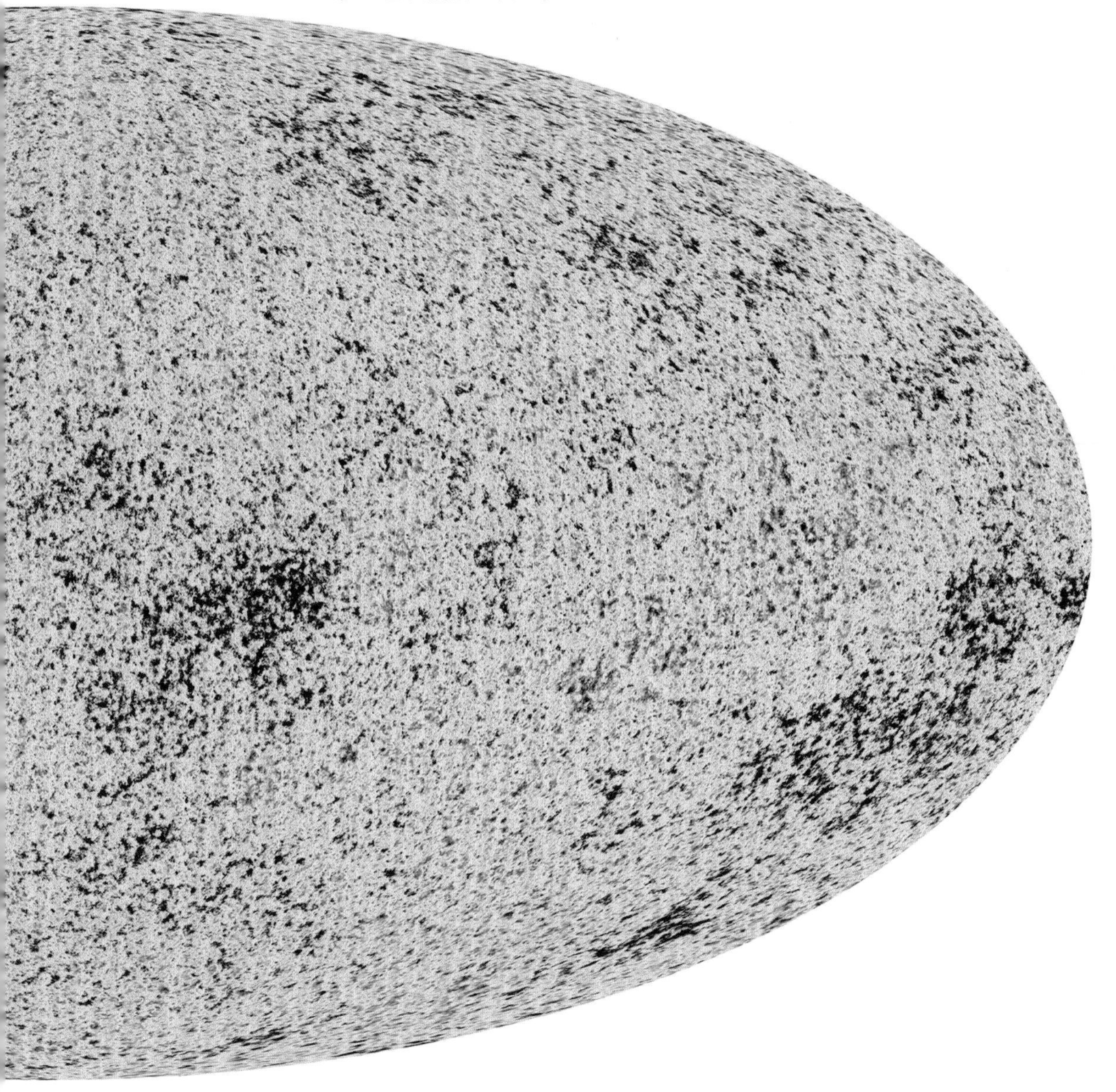

第 2 章
我们孤独吗?

有时候我认为我们在宇宙中是孤独的，有时候又觉得并非如此。无论如何，这个想法都令人吃惊。

亚瑟·C.克拉克

科学事实还是科学幻想？

有很多问题的答案会对人类文化产生深远的影响，关于我们是否孤独的问题就是其中之一。我们在宇宙中是独一无二的——对还是错？只有一个答案是正确的。然而，这个问题问得并不好，因为我们无法肯定地给出答案。即使是从理论上来说，我们也不可能探索整个宇宙，因为我们能观测到460亿光年的地方，在这之外宇宙还延伸到很远的地方。因此，这个问题永远无法得到确定的答案。事实上，如果宇宙的大小是无限的，那我们就有了答案！不，我们不是孤独的。不言自明，自然规律允许生命存在，那么无论多么不可思议，生命在宇宙中肯定出现了无限多次。这个说法本身非常有挑战性，我们在后文中会就其进行更详细的讨论，但这并不是我们真正想知道的答案。

一直以来，我都对外星人抱有浓厚的兴趣——就是那些坐着宇宙飞船飞来飞去的外星人——我还想和他们交谈。1977年的一个冬日午后，我和我父亲排在一条长长的队伍中，队伍绕着奥尔德姆市的欧登电影院围了一大圈。我和父亲在结着薄冰的水坑旁瑟瑟发抖地排着队，只为了去看《星球大战》。看完之后我们还不知疲倦地用乐高积木搭建千年隼号，这股热情持续了近10年。1979年的某个时候，我读到了一本介绍《异形》的杂志，于是转而拼诺斯托罗莫飞船，它需要更多块积木才能拼成。我在11岁的时候，就在学校周五电影社团的活动中观看了《异形》，这让我雀跃不已，电影也没让我失望。我意识到自己有多么喜欢宇宙飞船，却对那些有机生物兴味索然。每个人都应该在11岁时看《异形》！不管人们对它的评价如何，恐怖、科技和西格妮·韦弗【译者注：《异形》系列中女英雄艾伦的扮演者】都是灵魂的良药。

科幻小说是我想象力的家园，有一段时间我对天文学很感兴趣，虽然不知道原因，但觉得研究星星似乎很浪漫，是适合在圣诞前的寒冷夜晚带着露指手套和想象力去做的事。从《星球大战》到《星际迷航》再到《异形》，在我的脑海中，亚瑟·C.克拉克和艾萨克·阿西莫夫与帕特里克·穆尔、卡尔·萨根和詹姆斯·伯

克联系到了一起，并至今依然如此；科学事实和科学幻想在梦中是不可分割的整体。从事科学研究和想象远方的世界，这两件表面上南辕北辙的事其实是紧紧相连的，只是角度不同罢了。

所以，就“我们孤独吗”这个问题可以写出一部优秀的科幻小说，但它在科学世界中并不是一个好问题，因为宇宙实在太大了，我们无法探索其全部。但如果我们限制一下这个问题的范围，就可以给出科学的答案。“我们在太阳系中是孤独的吗”，我们正在积极地寻找这个问题的答案，方法是通过火星探测器和未来将前往木星和土星卫星的太空计划，这些星球上的环境有可能具备生命存在的条件。但即使在这个范围中，“孤独”一词仍然是有疑义的。如果宇宙中充满微生物，我们算是孤独的吗？如果你站在一个深深的洞穴底部，无法逃离这个洞穴，但是与千万亿个细菌为伍，你会觉得孤独吗？如果说不孤独是指有智慧生命——必须是能够建立文明、拥有感情、研究科学并对宇宙拥有感情的高等生物和我们共存，那么在太阳系内，我们已经有了答案。是的，地球是唯一拥有文明的星球，我们是孤独的。

那么我们能够将这个问题的范围在宇宙中拓展到多远呢？我认为要超越银河系，探索银河系之外的世界几乎是不可能的。银河系和我们最近的邻居星系仙女座星系，二者之间的距离超过200万光年，在我看来这是一个无法逾越的距离，起码在现有已知的物理规律之下是不可能的。但即使是在银河系之内，还有几千亿颗恒星，分布于将近10万光年的范围内等待我们去探索。因此，我们必须重新为这个问题组织语句，才有机会以科学的方法来审视它。这个问题应该是“我们在银河系中是唯一的智慧文明吗”。如果答案是肯定的，那么我们就处于一个像整个星系那么大的无法逃离的深洞中。对于11岁时仰望着深邃而充满无限可能的星空的我来说，这样的答案实在太令人失望了。也许在遥远的其他星系中有其他智慧生命，但我们永远无法得知他们的存在。另一方面，如果答案是否定的，这也会产生深远的影响。外星人会变成一个可以想象的科学概念；星际之间存在外星生命，他们有太空飞船、外星文化、宗教、艺术、信仰、希望和梦想，这些都等着我们去发现。这种可能性有多大？我们不知道，但起码我们已经提出了一个可以从科学角度来研究的问题——从目前已有的证据来看，银河系中存在着多少智慧文明？

火星上的运河？

美国业余天文学家帕西瓦尔·罗威尔的火星地图上绘制的线条被当时的人们认为是火星表面的运河。罗威尔认为，这些形状是由智慧生命建造的。

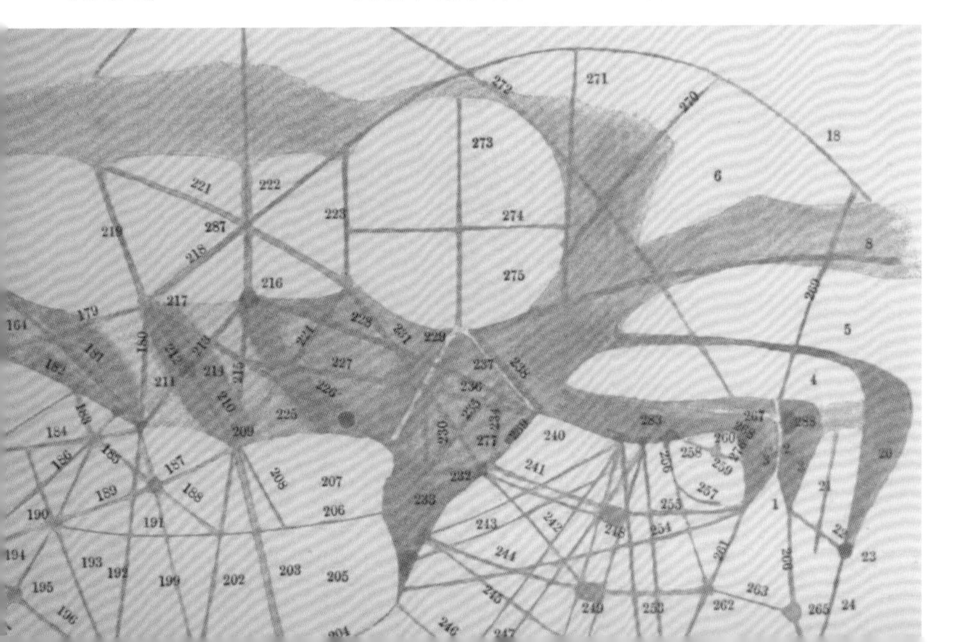

第一个飞碟

肯·阿诺德报告目击飞碟信件的原件，1947年7月12日他将此信寄给了美国空军情报处。

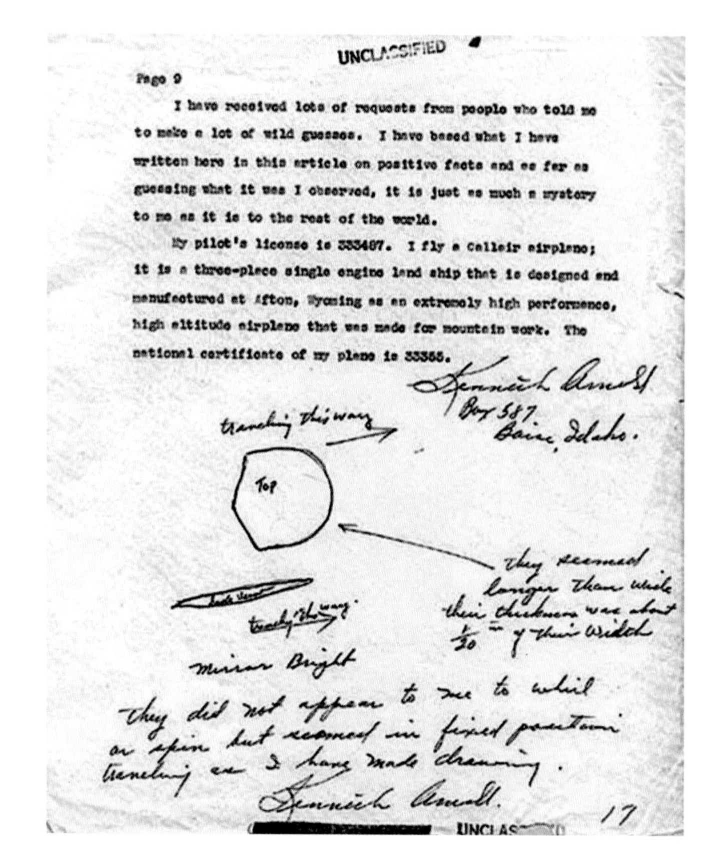

UNCLASSIFIED

Page 9

I have received lots of requests from people who told me to make a lot of wild guesses. I have based what I have written here in this article on positive facts and as far as guessing what it was I observed, it is just as much a mystery to me as it is to the rest of the world.

My pilot's license is 333487. I fly a Callair airplane; it is a three-place single engine land ship that is designed and manufactured at Afton, Wyoming as an extremely high performance, high altitude airplane that was made for mountain work. The national certificate of my plane is 33355.

Kenneth Arnold
Box 587
Boise, Idaho.

traveling this way

Top

they seemed longer than wide their thickness was about 1/20 of their width

Mirror Bright

they did not appear to me to whirl or spin but seemed in fixed position traveling as I have made drawing.

Kenneth Arnold.

17

UNCLAS

第一个外星人

1947年6月24日，肯·阿诺德，美国蒙大拿州斯科比市的一位业余飞行员，正在飞越世界上最危险的火山之一——瑞尼尔山。阿诺德是一位拥有数千小时飞行经验的老飞行员，这意味着他是一位可靠的目击者。回到机场之后，他声称自己看见9个物体在山脉上方的天空飞行，他描述说它们“像做馅饼的平底锅一样扁平”以及“像巨大的扁平碟子”。他认为这些物体正在组成编队飞行，速度高达1920千米每小时。媒体随即大肆报道此事——他们创造出“飞碟”这个词——几周之内世界各地发生了数百起类似的目击事件。7月4日，一位美联航的机组人员报告又看到了9个飞碟编队飞过爱达荷州的天空。4天之后，在新墨西哥州罗斯韦尔发生的一起事件成了一切UFO故事之源：美国空军确认他们发现了一个“飞碟”——一艘坠毁在地球上的外星飞船，但很快他们撤回了这则声明。

坦白地说，我相信UFO的故事。也就是说，我认为那些目击者无法辨认的飞行物体有一部分是的确存在的。但我从不认为那些东西是外星人操纵着的太空飞船。奥卡姆剃刀是科学界中一个重要的工具，但我们也不能高估它的作用；大自然是非常复杂且奇特的。根据经验法则，要理解某种现象，最明智的方法是采用最简单的解释，直到有证据推翻它。

有人认为否认外星人曾经到访地球的可能性是很不科学的，关于这一点，我最中意的回答是由物理学家、诺贝尔奖得主理查德·费曼于1964年在康奈尔大学

的先驱讲座上给出的。“几年前，我和一个门外汉聊到了飞碟——因为我是搞科学的，所以我对飞碟非常了解！我说：‘我不认为有飞碟。’对方说：‘飞碟到底有没有可能存在呢？你能证明它是不可能存在的吗？’‘不能。’我说，‘我无法证明这一点，它只是不太可能存在。’然后他说：‘你这么说太不科学了，如果你无法证明它不可能存在，那为什么要说它不太可能存在？’但这就是科学。科学的解释只能说什么更有可能或什么不太可能，而不是证明某件事永远可能或不可能。为了解释清楚我的意思，我只能对他说：‘听着，我的意思是从我对周遭世界的认知来看，我认为飞碟的目击事件更加可能是地球上已知智慧生命的非理性行为，而不太可能是地球外未知智慧生命的理性行为。’前者只是更加有可能而已，就是这样。”

暂且不论那些受伤的奶牛、麦田怪圈和在外星访客手中被侵犯的中西部民众的故事是否真实，这些早期的目击事件对文化的影响是真实存在的。美国很快陷入了媒体炒作出来的外星人热潮中，外星人被描述为坐着闪闪发光的飞碟，挥舞着肛门探针的生物（不相信弗洛伊德的人肯定会问，他们为什么不用核磁共振仪呢？）。在媒体上不断涌现的几十万篇有关飞碟的报道中，一幅由艾伦·邓恩所作的漫画登载在1950年5月20日的《纽约客》杂志上，引发了美国新墨西哥州洛斯阿拉莫斯国家实验室中一群科学家在午餐时间的讨论。

恩里科·费米是20世纪最伟大的物理学家之一。虽然他出生于意大利，但他最为人称道的成就都是在美国完成的。1938年，当墨索里尼的政治压迫越发严重

一堆垃圾？

1950年5月20日的《纽约客》杂志上艾伦·邓恩所作的漫画，指控在纽约市被越来越多人“目击”的外星人是偷走居民们垃圾桶的罪魁祸首。

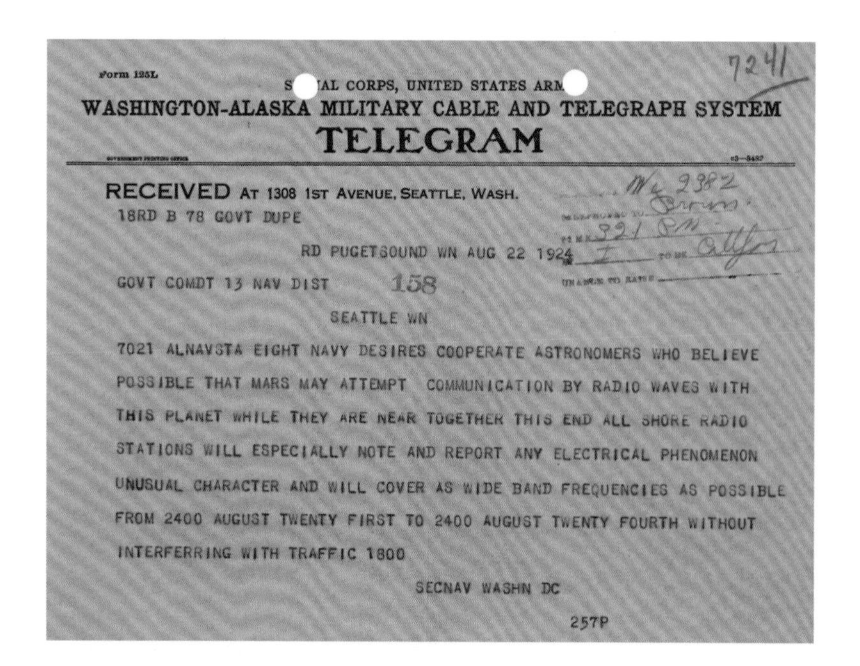
Form 125L

SIGNAL CORPS, UNITED STATES ARMY

WASHINGTON-ALASKA MILITARY CABLE AND TELEGRAPH SYSTEM

TELEGRAM

RECEIVED AT 1308 1ST AVENUE, SEATTLE, WASH.

18RD B 78 GOVT DUPE

RD PUGETSOUND WN AUG 22 1924

GOVT COMDT 13 NAV DIST 158

SEATTLE WN

7021 ALNAVSTA EIGHT NAVY DESIRES COOPERATE ASTRONOMERS WHO BELIEVE POSSIBLE THAT MARS MAY ATTEMPT COMMUNICATION BY RADIO WAVES WITH THIS PLANET WHILE THEY ARE NEAR TOGETHER THIS END ALL SHORE RADIO STATIONS WILL ESPECIALLY NOTE AND REPORT ANY ELECTRICAL PHENOMENON UNUSUAL CHARACTER AND WILL COVER AS WIDE BAND FREQUENCIES AS POSSIBLE FROM 2400 AUGUST TWENTY FIRST TO 2400 AUGUST TWENTY FOURTH WITHOUT INTERFERRING WITH TRAFFIC 1800

SECNAV WASHN DC

257P

无线电静默日

爱德华·W.艾伯尔，当时的海军军令部长，下令所有的海军观测站在1924年8月22日停止电波通信，以便监测任何可能由火星人发来的信号。

时，他与他的妻子劳拉（犹太人）离开了祖国。费米在整个第二次世界大战期间都参与了曼哈顿项目，一开始是在洛斯阿拉莫斯实验室，后来是在芝加哥大学，他在那里主持芝加哥一号堆，那是世界上第一个核反应堆。1942年12月，在一座废弃体育场下的壁球馆中，他主持进行了首次人工核连锁反应，为投向广岛和长崎的原子弹的研制铺平了道路。

在第二次世界大战之后，费米继续在芝加哥大学担任教授，但他经常到访洛斯阿拉莫斯实验室。在1950年夏天的一次访问中，费米和一些同事共进了午餐，其中有氢弹设计师爱德华·泰勒，还有曼哈顿项目中的老同事赫伯特·约克和埃米尔·科诺平斯基。午餐期间，话题逐渐转向了近期UFO的目击事件和《纽约客》上的漫画。费米提出了一个简单的问题，让轻松的聊天转变为了一场严肃的研讨："他们在哪里？"

费米的问题十分有力且具有挑战性，也是亟须回答的问题，它就是之后的费米悖论。银河系中有几千亿个恒星系统，我们的太阳系大概有46亿岁了，但银河系几乎和整个宇宙一样古老。如果我们假设生命是普遍存在的，那么起码在银河系的一部分星球上崛起的文明生命，应该已经远远超越了人类文明。为什么呢？我们的文明已经存在了大约1万年，而我们发展出现代科技的时间只有几百年。我们的种族——现代智人已经存在了大约25万年。相较于银河系的年龄，这只是弹指一挥间。所以如果我们假设，我们不是银河系内唯一的文明，那么起码一部分其他文明早在人类出现前的几十亿年就诞生了。但是他们在哪儿呢？星系之间的旅行，其距离也并非远得难以想象。我们人类从莱特兄弟发明飞机到登陆月球，只花了不到一个人一生的时间。下一个百年，我们能想象出人类会有怎样的进步呢？下一个千年呢？下一个万年呢？下一个千万年呢？即使是以现在能够想象到的火箭技术，100万年的时间也足够我们踏遍整个银河系了。费米悖论可以归结为：为什么经过了几十亿个世界、几十亿年的努力，依然没有谁做到过这一点。这是一个非常好的问题。

费米悖论

费米悖论指的是地外文明存在的可能性很高，而人类缺少与这些文明接触或其存在的证据这二者之间的矛盾。

侧耳倾听

MARCONI SURE MARS FLASHES MESSAGES

Regularity of Signals, London Expert Says, Eliminates Atmospheric Disturbance Theory.

WAVES TEN TIMES OURS

J. H. C. Macbeth Declares It Would Be Simple Matter to Arrange a Code.

William Marconi is now convinced that he has intercepted wireless messages from Mars, J. H. C. Macbeth, London manager of the Marconi Wireless Telegraph Company, Ltd., said at a Rotary Club luncheon at the McAlpin yesterday. Mr. Macbeth added by way of prediction, that should this prove to be so, it will be only a question of time before inventive genius and ingenuity in deciphering unknown codes will evolve a method of communication between the two planets.

Signor Marconi's announcement nearly two years ago that he had caught wireless signals with wave lengths far in excess of those used by the highest powered radio stations in the world aroused a storm of scientific controversy in this country and Europe. Numerous explanations were offered disputing the Martian communication theory, usually on the ground that the mysterious signals were caused by atmospheric disturbances.

Mr. Macbeth last night elaborated upon his Rotary Club address. What convinced Signor Marconi and other wireless experts and scientists that these messages came from another planet, he said, was the fact that the wave length is almost ten times that produced at our most powerful stations. Marconi, he added, could not accept the atmospheric or electric disturbance theory because his signals were intercepted regularly, regardless of other interference.

"The maximum length of waves produced by radio stations in the world today is 17,000 meters," said Mr. Macbeth. "Until Marconi conducted his experiments on his yacht, the Electra, in

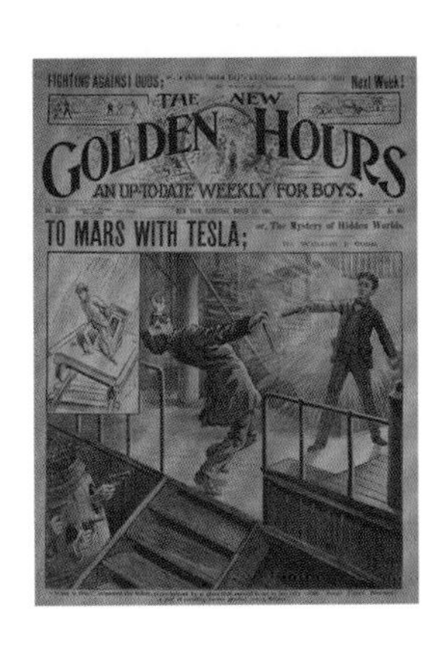

1924年中有那么3天，威廉姆·F.弗里德曼接到了一项非常重要的任务。弗里德曼当时是美军首席密码学家，他已经习惯了和国家机密打交道，但8月21日到23日，他被派去搜寻一种不寻常的信号。在这几天中，火星和地球的距离缩短到5600万千米，这是自1845年来两颗行星距离最近的时刻，下一次它们靠得这么近要等到2003年8月。这给了人类自无线电发明以来最好的机会，去倾听邻居们的声音。

为了充分利用这一次的行星大冲，美国海军天文台的科学家们决定进行一个野心勃勃的实验。他们在全美范围内展开行动，发起了一次“全美无线电静默日”的活动。他们让美国每一台无线电设备在每个整点时刻静默5分钟，持续36小时。这次活动旨在利用这个史无前例的无线电静默时间，以及一台装载在飞艇上的特制无线电接收器，趁火星“飞越”地球的时间监听任何来自这颗红色星球的、无论是有意还是无意的信息。

尽管世间有一些阴谋论的说法，但威廉姆·F.弗里德曼并没能解密出任何来自外星文明的信息，美国公众也很快厌倦了广播新闻总是在整点中断，不过这次实验的原理是很可靠的。关于我们可能监听得到外星人的信息这一想法，是在这次实验的30年前由物理学家、工程师尼古拉·特斯拉提出的。特斯拉认为，他所制造的无线电子传输系统能够用来与火星上的生物进行联络，随后他还展示了首次联系的证据。他的理论是错误的，但在《世界之战》发表一年之前的1896年，这种说法的确令人半信半疑。不只是特斯拉，当时还有很多名人都和他一样对外星人的存在抱有乐观的观点，包括长距离无线电传输技术的先锋古列尔莫·马可尼，他相信“倾听邻居的声音”将成为现代通信的一部分。到1921年时，马可尼正式宣布他截获了来自火星的无线电信息，如果他能解码通信内容，人类很快就能与对方开始通信。

此次实验的失败让寻找地外信号的活动暂停了一阵子，它消失在科学界的视野中，直到第二次世界大战后的飞碟热潮重现。重新让人们以科学的角度接受寻找E.T.（泛指外星人）行动的第一批科学家之一就是菲利普·

倾听邻居的声音

无线电的发明让很多人认为，我们很快就能和星际邻居进行交流了——火星是公认最有可能存在智慧生命的星球。

21厘米线

氢原子中含有两个粒子——一个质子束缚着一个电子。质子和电子都有自旋的性质，对这些特殊的粒子（即所谓的半自旋费米子，以恩里科·费米的名字命名）来说，它们只有两个状态，通常称为“自旋向上”和“自旋向下”。因此，在单个氢原子中只有两种自旋方向的组合，要么两个粒子的自旋方向一致——均为“自旋向上”或“自旋向下”，要么自旋方向相反——一个“自旋向上”，一个“自旋向下”。在自旋方向一致的情况下，原子具有的能量要比自旋方向相反时略多一点，所以当自旋从方向一致转为方向相反时，这一部分多出来的能量就由一个光子带着离开原子，形成波长为21厘米的光波。

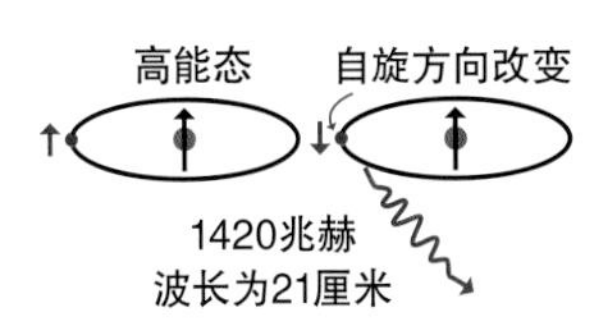

莫里森，他与费米一同共事过。虽然不知道他俩是否当面讨论过费米悖论，但在20世纪50年代中，莫里森肯定想过要针对悖论给出答案。所以在50年代末，莫里森与费米的另一位同事朱塞佩·科可尼一起发表了一篇著名且影响深远的论文，论述了利用射电望远镜监听地外信号的原理。《寻找星际交流》被发表在著名的《自然》杂志上，论文建议使用特殊的无线电频率——氢的21厘米谱线——对距离我们最近的恒星系统进行系统性的搜索。

莫里森与科可尼之所以选择氢的21厘米谱线，是因为它的频率是任何对天文学有兴趣的科技文明都会发现的。氢是宇宙中最丰富的元素，氢原子发出的无线电波正处在这个频率。如果我们可以用肉眼看到这种波长的光，夜空会是一片明亮。这也是天文学家会将射电望远镜设定在21厘米谱线的频率，以此测绘我们银河系内外尘埃和气体的分布的原因。如果一个科技文明希望被人发现，假设他们有射电天文学的知识，那么21厘米谱线就是传递信息的首选。

莫里森和科可尼的论文促使了现代最广受争议的天文计划的诞生，在论文发表后的一年之内，位于西弗吉尼亚州的绿岸国家射电天文台，就将口径26米的望远镜对准了两颗邻近的恒星——天仓五和天苑四——为了监听从恒星发射出的21厘米氢线射电中任何非自然的信号。这次观测就是众所周知的奥兹玛计划，以L.法兰克·鲍姆的《绿野仙踪》中的人物命名，该计划是由康奈尔大学年轻的天文学家法兰克·德雷克主持的。德雷克选择了天仓五和天苑四作为首批观测对象，因为这两颗恒星与我们的太阳非常相似，且距离我们也很近，分别只有10光年和12光年的距离。1960年，德雷克并不知道这两颗恒星周围是否存在行星系统，因为当时人们还没有探测到任何太阳系之外的行星。我们现在知道德雷克的选择是正确的，因为我们已经知道，天仓五拥有5颗环绕它运行的行星，其中一颗处于宜居带中（见第78页）。天苑四也有至少一颗气态巨行星，该行星的轨道周期大约是7年。经过了150小时的观测之后，德雷克一无所获，但对他来说，这只是他一生寻找地外文明的开始，这些研究被外界简称为SETI。

现在SETI已经是一个全球性的科学项目，科研人

第一次搜寻地外文明计划大会的与会者名单

彼得·皮尔曼
大会组织者
法兰克·德雷克
菲利普·莫里森
德纳·阿彻利
商人、业余无线电爱好者
梅尔文·卡尔文
化学家
黄授书
天文学家
约翰·C.李利
神经系统科学家
伯纳德·奥利弗
发明家
卡尔·萨根
天文学家
奥托·斯特鲁维
射电天文学家
朱塞佩·科可尼
粒子物理学家

天仓五

我们的太阳系

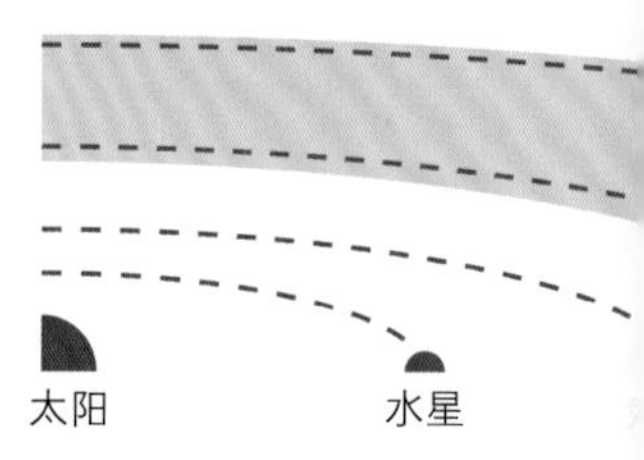

天仓五系统

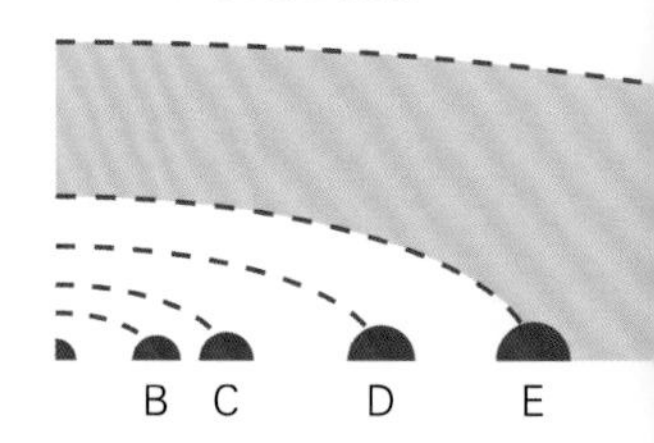

员分析的数据来自主要用于射电天文学的望远镜。该组织目前在旧金山帽子溪射电天文台，已经有了一系列专门用于探测地外文明信号的望远镜。这就是艾伦望远镜阵，以捐款3000万美元资助其建设的微软创始人保罗·艾伦命名，镜阵中有42台射电望远镜。它们能够以多个射电波段扫描大范围天空，其中就包括21厘米氢线。如果有任何地外文明真的尝试联系我们，只要他们的科技水平与我们相近，并且与我们的距离在1000光年以内，艾伦望远镜阵就能够接收到他们的信息。

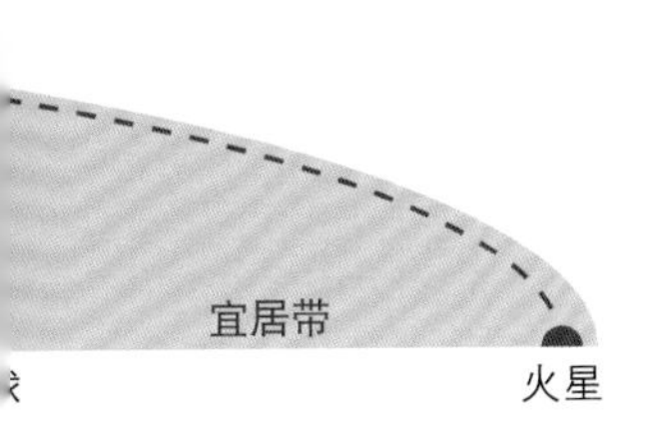

20世纪60年代早期，科学界对这个计划持怀疑态度，法兰克·德雷克也被视为一个怪人。科学研究中保持怀疑的态度是很重要的，但就像费米的观点一样，根据一些比较可靠的假设，再加上简单运算，就能显示出寻找E.T.的努力并不一定只是徒劳。的确，如果说我们的人类文明在一个包含几十亿个太阳的星系中都是绝无仅有或极其罕见的，这看上去太唯我了，愤世嫉俗者们很可能成为新的怀疑对象。所以，有一部分科学家能够理解提出大问题的重要性。德雷克与美国国家科学院的资深科学家彼得·皮尔曼一起，在1961年11月举办了第一次SETI大会（又称绿岸会议）。绿岸会议规模很小，但与会者的名单令人惊叹，他们自称“海豚社”。

菲利普·莫里森也参加了会议，还有1959年《自然》杂志上那篇开创性论文的联名作者朱塞佩·科可尼。我与科可尼有一些学术上的联系，他是一位著名的粒子物理学家，兼欧洲核子研究组织位于日内瓦的质子加速器的领导人。科可尼对最早用实验证明坡密子存在做出了很大贡献，在粒子物理学中，坡密子是一种在雷吉轨迹中的物体，我的大部分职业生涯都在研究它。著名且广受尊敬的天文学家奥托·斯特鲁维也参加了会议。斯特鲁维公开表示他相信地外文明的存在，也许是因为他刚刚提出了一种探测太阳系以外行星的方法（见第79页）。诺贝尔奖得主梅尔文·卡尔文也出席了会议，他最著名的成就是关于光合作用的研究，另外还有后来成为惠普公司研发副总裁的伯纳德·奥利弗、天文学家黄授书、通信专家德纳·阿彻利和开朗活泼的神经系统科学家兼海豚研究者约翰·李利。最年轻的与会者是一位27岁的博士后，他的名字叫卡尔·萨根。我非常乐于参加这次会议，虽然我可能会只顾着跟科可尼讨论坡密子。

德雷克方程

$$N = R_* \times f_p \times n_e \times f_l \times f_i \times f_c \times L$$

其中：

N

表示银河系内可能进行无线电通信的文明数量（即处于我们目前的过去光锥中）

R_*

表示银河系内恒星形成的平均速率

f_p

表示拥有行星的恒星比例

n_e

表示拥有行星的恒星中能够孕育生命的行星数量

f_l

表示在这些宜居的行星中真正孕育出生命的行星的比例

f_i

表示在有生命的行星上进化出智慧生命（文明）的比例

f_c

表示这些发展出科技、能够发射可侦测的信号，向宇宙宣告自己存在的文明的比例

L

表示这些文明向宇宙发射可侦测信号的时间长度（寿命）

为了准备这次会议，德雷克起草了一份议程，旨在激发与会者进行有条理的讨论。德雷克很清楚，如果人类要正式开始搜寻地外智慧生命，会议中的讨论必须是非常严肃的，才能为未来的研究提供一个指导框架。具体方法是定量而非定性地提出问题，将问题分解成一系列可以估计的、起码是能够用观测数据从理论上进行预测的可能数值。

德雷克将讨论集中在一个很明确的问题上，就是我们上文讨论过的：银河系中存在着多少我们从理论上能够与之交流的文明？德雷克的远见卓识让他将这个问题转化为一个简单的方程，其中包括一系列概率：银河系中百分之多少的恒星拥有行星？在围绕恒星运行的行星中，平均有多少适合生命生存？这其中又有多少行星上真正诞生了生命？如果诞生了简单的生命，它们又有多少可能进化为智慧生命？如果他们已经拥有了智慧，那么他们有多大可能会制造出射电望远镜，并用它来联系我们？将这些概率相乘，再乘以银河系中恒星的数量，你就能得到一个数字——银河系中曾经存在过的文明的数量。

然而德雷克所做的贡献还不止这些，因为他真正感兴趣的是我们现在可能与之通信的文明数量，这就要求加入一个更能让我们深思的变量——一个文明在发展出星际通信的科技之后平均的延续时间。如果一个文明在10亿年前出现，却很快消逝，那我们是无法与之对话的。有关一个文明的寿命问题在20世纪60年代早期也许比在今天更加现实，曼哈顿计划是许多伟大的物理学家的训练场，该计划结束之后一年不到就爆发了古巴导弹危机。用苏联最高领导人赫鲁晓夫对美国总统肯尼迪的话说，它将整个世界推向了“世界核战争的深渊”。对我以及对绿岸会议的与会者来说，一个文明会自我毁灭的说法既荒唐又不无可能。我们人类缺乏长期远见，并拥有愚蠢的自毁倾向，病态得无法和谐共处，这个问题后文再讨论！因此，将文明的寿命写进方程不仅在科学上是必需的，在政治上也是一招妙棋；面对这个问题，我们起码得停下来好好思考一下。

加上文明的寿命后，为了写完这个方程——别忘了这个方程应该能得出银河系中目前可能与我们接触的文明的数量——略微推敲一下，你就会发现，它还必须乘上银河系中恒星的形成速率。这一点也许并不是那么一目了然，但我相信你能说服自己，这是正确的做法，好好做一下功课吧。

完整的方程（即德雷克方程）见上页右侧。

当德雷克写下这个公式时，只有变量$R_\star$是有精确数值的。我们已经对银河系部分地区的恒星形成进行了详细的研究，数据表明其速率是大约每年诞生一颗新恒星。方程的其他部分在20世纪60年代时都是未知的，我们会在本章中根据这50年来的天文学和生物学研究，对它们进行详细讨论。虽然当时绿岸会议的与会者们缺少实验数据，他们依然对德雷克方程中的每一个变量争论不休。这就是德雷克方程的吸引力。虽然我们不能计量能够孕育出生命的行星数量，再粗略的也不行，但我们可以将人类在地球上进化的经验推广到整个太阳系，从而进行有根据的推测。简单的生命形态进化为智慧生命的概率是多少也是一个难以解答的问题，但我们知道，在地球上这个过程花费了30亿年，这也许能给我们一些线索。德雷克方程是一个宝藏，因为它为探讨和辩论提供了一个框架，聚焦在关键问题

射电天文学

雄心勃勃的平方千米阵(SKA)是跨国天文研究的一部分，提出的科学目标和技术指标都是为了下一代射电天文台。2012年，SKA委员会宣布，世界最大的射电望远镜将选址于南非和澳大利亚；这张图片是坐落于南非偏远的北开普省的望远镜阵。

上，为未来的研究指明了方向，这就是德雷克最初的意图。

最后，绿岸会议与会者经过专业研究，得出了一个公认的数字：银河系中目前大约存在10 000个文明。如果我们有足够的射电望远镜和进行系统性搜寻的决心，我们可能与他们展开沟通。有趣的是，菲利普·莫里森，这位曼哈顿计划的资深成员，认为科技文明的寿命可能非常短，以至于方程最终的结果很可能是零。不过他也说："如果我们不去寻找，成功的概率就是零。"

我在《人类宇宙》的拍摄期间有幸见到了法兰克·德雷克，我认为他是目前在世的最伟大的天文学家之一。德雷克喜欢收集并培育兰花，当我到访他的家中时，碰巧他的奇唇兰开花了。这种娇嫩而繁复的兰花每年只开花两天，能够在一次偶然的拜访中目睹它开花的概率非常之小。德雷克转头跟我说："这和SETI一样——我们知道自己必须坚持不懈地搜寻许多年，直到我们在正确的时间、正确的地点，发现它们。"奇唇兰的名字中有"希望"之意【译者注：奇唇兰的英文名为Stanhopea，其中包含"hope"（希望）一词】，承认这个计划有少许希望并没什么错。

从20世纪60年代到70年代，大大小小的SETI组织在世界各地不断发展壮大。苏联科学家们与当时的美国科学家们一样，将射电接收器对准了天空，希望能在一片噪声中侦测到地外信号。NASA的独眼巨人计划预计要投资100亿美元建造一个由1500个射电接收器组成的超级射电阵列，它能够监听距离地球1000光年以外处发出的信号。虽然这个计划一直没有付诸实施，但这个项目的规模显示出SETI是一项严肃的科学研究。到了70年代中期，各种各样的计划层出不穷，但没有一个能够侦测到哪怕一丁点儿显著的信号。这样的失败，加上人们在研究德雷克方程各个参数的工作上没有一点进展——人们连太阳系外是否存在大量的行星都不确定——让这项研究愈发显得徒劳无功。这不仅是因为接收器的寂然无声，还因为没人知道应该从哪里开始找，或是监听到信号的难度有多高。然而NASA没有因此失去信心，1973年俄亥俄大学的"大耳朵"望远镜经过优化调整，开始进行SETI的巡天工作并接收数据。

4年之后，在1977年8月18日，杰瑞·R.厄曼，当时为"大耳朵"工作的一位志

"Wow!"信号

厄曼著名的信号数据纸，数据显示出"大耳朵"所接收过的最强信号，它被称为"Wow!"信号，得名自厄曼在纸上的注解。

愿者在家门口迎来了一位访客。那是一个星期四的早晨，和往常一样，站在门口的是一位抱着一大堆打印纸的技术员。在那个时代，最先进的硬盘也只能储存几兆字节的数据，所以每隔几天就得有人去望远镜那里将数据打印出来，然后清空硬盘。厄曼将3天一份的数据放到了厨房的餐桌上，开始搜寻研究，摆在他面前的是数十页布满了几百个字母和数字的打印纸。

数字和字母代表了望远镜在不同时间接收到的信号强度，空格表示信号强度低，强度高的信号用0~9表示，更强的信号会用字母A~Z表示。"大耳朵"接收到的数据中，大部分都不含有字母，大堆的"1"和"2"记录了天空中通常的射电信号强度。然而在那个早晨，厄曼发现了一些不一样的东西。大约在美国东部标准时间8月15日晚上10点16分，一段极强的无线电脉冲进入了望远镜天线，其强度用字母和数字表示为6EQUJ5。这个信号持续了72秒，正好是地球自转扫过远方信号源所需的时间。这一点非常重要。如果它是由于地球上的干扰而产生的信号，基本上不可能出现这种形式的强度起落，除非它恰好精确模拟了地球的自转和望远镜在天空中的视场。信号的最强处以字母U表示，这是"大耳朵"所接收过的最强信号，比银河系中的背景辐射强度高了30多倍。同样令人生疑的是，这段信号的波长是21厘米——正是莫里森和科可尼在1959年《自然》杂志上的论文中所选择的氢线的波长。这是地外通信的蛛丝马迹吗？

信号源头

这幅插图标示了"Wow!"信号的源头位置。它来自人马座χ星团附近，是由红圈标出的两个位置之一发出的。

厄曼兴奋地在纸上圈出了这6个文字，并在旁边注上了"Wow!"，这就是现在广为人知的"Wow!"信号的由来。作为一位研究员，他继续寻找这个信号是否曾经再次出现。他翻找了无数份数据，但8月15日晚上10点16分的信号只是一次在背景噪声中的独立事件。这就成了一个问题，因为这个信号应该再次出现才对。"大耳朵"射电望远镜间隔3分钟就会扫描天空中的每个区域两次，所以3分钟后应该会出现类似"Wow!"信号的记录。但它并没有再出现。这并没有排除这个信号是从外星发来的可能性，也许在信号被探测到一分钟后，E.T.刚好把发信器关掉了。谁知道呢？

"Wow!"信号的来源被确定为天空中人马座的方向。斗宿五，一颗质量是我们太阳两倍的橘红色稳定恒星，是距离信号源最近的一颗明亮恒星，它距离我们有122光年远。自1977年8月起，人们多次使用世界上最灵敏的射电望远镜，尝试重新接收到那个信号。然而在许多小时的监听中，再也没有发现任何不寻常的信号。到了35年后的今天，这个问题依然没有得到令人满意的解释，但没有一位真正的科学家——无论他与SETI研究关系多么密切——会宣称这是地外文明通信的决定性证据。因为科学的结果必须是可再现的，而这个信号从来没有被再次观测到。到目前为止，"Wow!"信号仍然只是在一片沉寂的天空中的一个异常信号而已。它是一个梦想，在一片寂静中最微弱的一声低语。

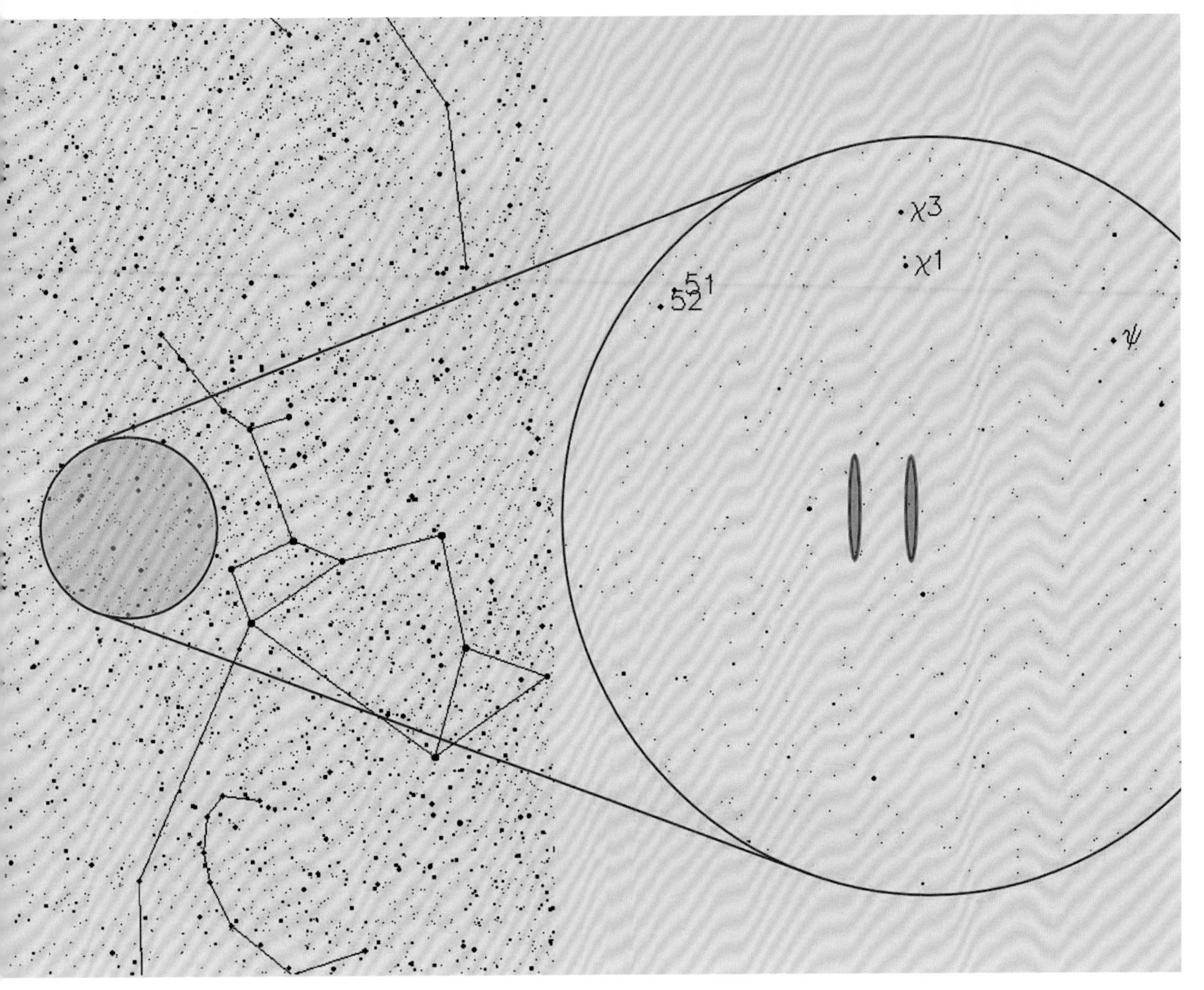

探测器原型机

这是1977年进行的旅行者计划中两台探测器的原型机，它是在美国加利福尼亚州帕萨迪纳市的NASA喷气推进实验室中制造的。1977年3月，工作人员对探测器进行了一系列测试，以检测它是否能够承受发射的压力。它通过了所有测试，于是人们开始进行旅行者号探测器的制造，它们会被送出地球，去探测外太阳系的气态巨行星木星、土星、天王星和海王星。

高增益天线

高增益天线反射镜
副反射镜
支撑架
低增益
S波段
高增益
S波段
副反射镜
高增益X波段
太阳传感器

旅行者号探测器

旅行者号探测器在飞出太阳系的旅程中探测了大多数外太阳系行星。每一次探测也是利用行星的引力牵引将探测器弹射出去。

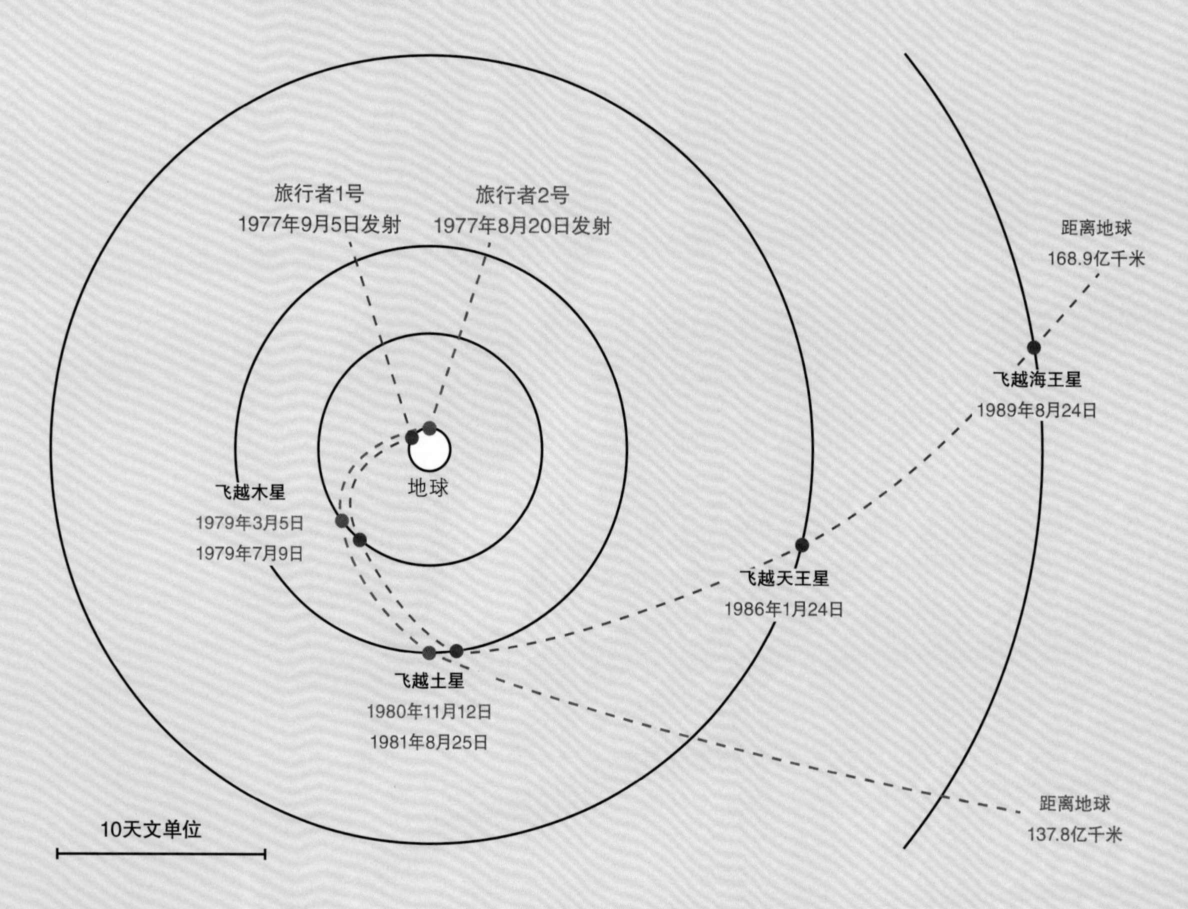

旅行者金唱片

这是来自一个渺小而遥远的世界的礼物，是通往我们的声音、科学、影像、音乐、思想和感受的钥匙。我们会努力生存下去，也许能够遇见你们。

美国前总统吉米·卡特

杰瑞·厄曼发现“Wow！”信号两天后，人类发起了一场精心计划的星际通信活动。在一个爆炸性的时刻，旅行者2号在肯尼迪航天中心的41号航天发射架上发射升空，两周后，它的姊妹旅行者1号升空。

旅行者号探测器的任务是利用行星交汇的罕见时机，研究外太阳系的气态巨行星木星、土星、天王星和海王星。我记得那次发射——当时我收集了一系列PG袋泡茶的茶牌，系列名叫“航天竞赛”，它们将行星之旅任务称为“最野心勃勃的无人航天计划”。这两台探测器利用当时刚刚被提出的引力加速理论，即一艘宇宙飞船在木星、土星和天王星附近获得加速，在10年内就能到达海王星。旅行者号探测器目前为止所获得的成果，我猜已经超越了其设计者最疯狂的梦想。它们传回了木星和土星神秘卫星的详尽照片，而旅行者2号的飞行路线令它成为唯一一艘到访天王星和海王星的探测器。1989年夏天，它拍摄到了遥远的冰态海卫一的照片。

2014年7月8日，在我撰写本书（英文版）的时候，旅行者1号是距我们最远的人造物体，距离地球超过127天文单位，地球发出的无线电波要花17.5小时才能被它接收到。也就是说，旅行者1号已经在太阳系的边缘，正向着星际空间飞行。这一和巴士差不多大小的探测器携带了足够的电力，能够一直与地球通信到2020年，之后，它会陷入沉寂。在那之后的40 000年中，它将流浪1.6光年，到达鹿豹座中的红矮星格利泽445。296 000年后，旅行者2号将到达夜空中最明亮的恒星天狼星。

旅行者号带着一个梦想孤单地飞出我们的太阳系——40年前开始的这一趟科研任务被后人赋予了不寻常的情感和希望。

旅行者金唱片就像漂流瓶中的一张纸条。这张镀金的铜质传统留声机唱片漂流在宇宙空间中，它携带

旅行者金唱片

我们对外面的世界所传达的信息。旅行者号探测器携带着这张留声机唱片，上面记录了能够反映地球生命的声音和图像。

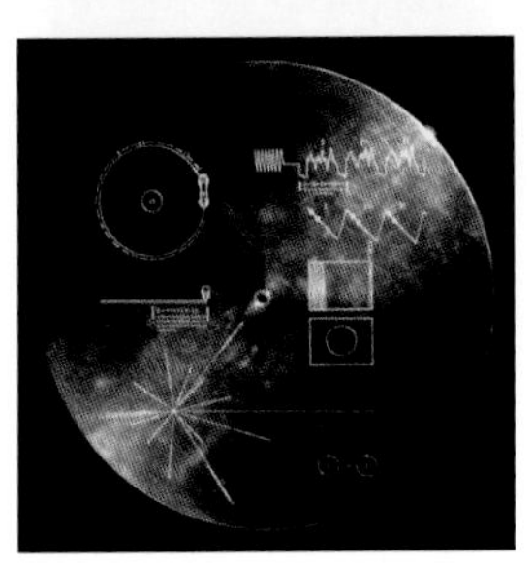

唱片上图示的意思

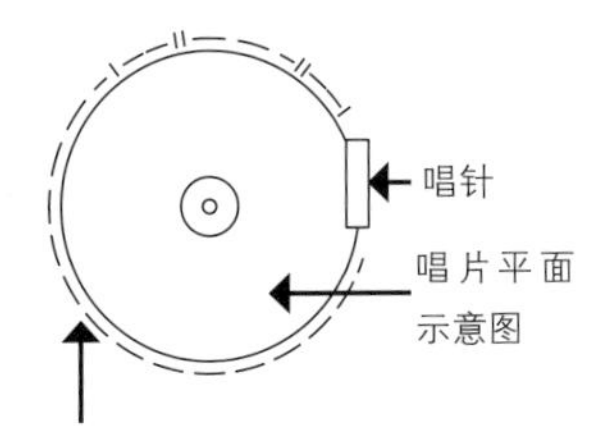

二进制编码，说明了转动唱片的正确速度（3.6秒）（|=二进制的1，—=二进制的0）以0.7x10⁻⁹秒为单位，即氢原子跃迁的时间周期

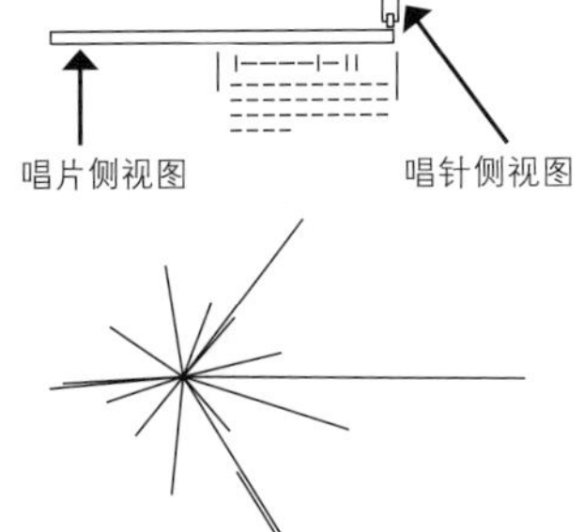

利用14颗脉冲星标示太阳的位置，二进制编码标示出脉冲星的频率

唱片中的录像

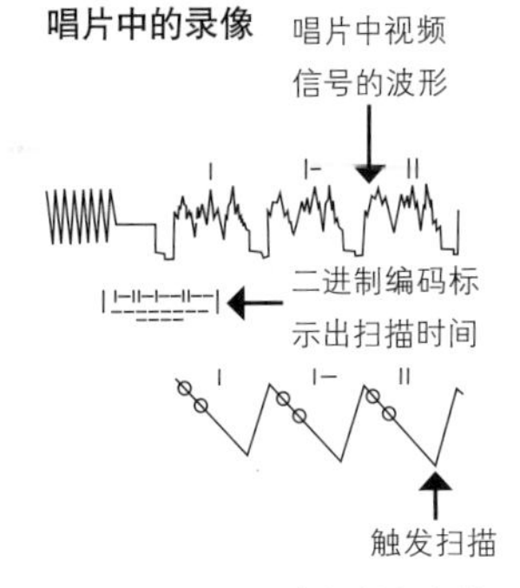

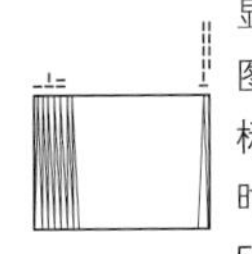

显示出扫描方向的图像帧。二进制编码标示出每次扫描的时间（每张图像都有512条垂直扫描线）

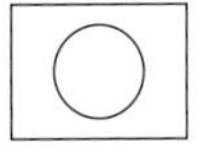

如果解码正确，第一张图片是一个圆

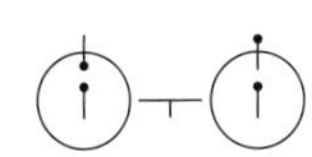

氢原子的两个最低能量，竖直带点的线标示质子和电子的自旋状态。从一个状态到另一个状态的转变时间是解读唱片盒上图示和解码图像的基本参考时间

了各种各样的录影、图像和信息。人们希望通过它，能让外星文明了解到我们是谁，我们知道什么，以及我们的星球是什么样的。唱片上记录了116张图片；30多张是科学图像，展现了我们的太阳系、我们的地球、DNA的结构、我们的身体结构、生殖和诞生。生理结构图片比其他类型的图片都要多，这也许反映出我们对外星人会长什么样这个问题十分着迷。为了迎合外星人的道德观，人们做出了最肤浅最无用的决定，裸体像没有被允许加入！虽然我觉得要推测外星人的思维很困难，但我禁不住想如果一个外星人拿起了这样一件展示人类身体的物件，他的脑子里会想些什么。"这种生物要怎么繁殖？也许是用他们手臂末端那10根晃荡着的东西？好恶心！"

唱片中包括了地球地形的细节，地球上各种各样的生物，然后是50张展现我们人类和文明社会的图像——从中国的长城到一家超市。最后的一批图片中是我们用以探索宇宙的科学仪器，从显微镜到望远镜，包括将旅行者号带入宇宙空间的泰坦火箭。唱片的内容由卡尔·萨根所主持的一个委员会精心挑选，其中还包含了音乐和声音，包括

55种语言的问候、反映“地球之声”的录音，以及1977年录制的90分钟的混剪音乐，从贝多芬到查克·贝里。萨根本还想加入披头士乐队的《太阳升起》，但EMI公司拒绝出让版权。我总觉得卡尔·萨根还是把这首歌收录了进去，作为对“地球公司”的嘲讽。这才是真正的萨根。

金唱片外的封面更加具有功能性，除了如何以$16\frac{2}{3}$转每分钟的速度放映图片和播放声音，以及如何制造一台播放机的操作指南外，上面还画着一幅地图，方便任何一个地外文明通过唱片找到我们的行星。这幅地图利用14颗脉冲星与太阳的相对位置，标明了我们的方位。这些脉冲星由其独一无二的特征来标示——每一颗都有独特且稳定的自转周期。唱片盒上最重要的内容是解锁这些信息的关键——一幅氢原子自转结构的示意图。氢原子的21厘米谱线是自然最基础且最普遍的属性，是能够让外星科学家们解开地球秘密的罗塞塔石碑【译者注：一块制作于公元前196年的花岗闪长岩石碑，用3种语言写成，是研究古埃及历史的重要里程碑】。唱片中还包含最后一条不可见的信息：唱片封面上电镀了一份纯铀238样本，这是一种半衰期为44.68亿年的同位素。这是旅行者号的时钟，是任何文明都能用来测定唱片年龄的方法，前提是他们相信放射测年法且不是神灵论者。话说回来，如果他们相信神灵，才有可能将裸体视为冒犯吧。

虽然人们为这张唱片花费了那么多心思，但旅行者号并没有驶向任何一颗特定的恒星；这两艘由人类制造的小小飞船很有可能永远也不会被外星人找到。广袤无垠的宇宙会吞噬旅人，旅行者号的科学家和工程师们当然知道这一点。然而，这并不是重点，仅仅是将这些镀金的信使送入太空本身就意义重大。这就像是我儿时关于星球大战的梦想在现实生活中实现了一样，星系中住满了生命，拥有无限可能。这是一种寻找其他生命的渴望，即使希望渺茫也要尝试去联系他们；这是一种不愿意一直孤单下去的渴望。金唱片虽然很可能是徒劳的尝试，但仍然充满希望：希望终有一日我们能终结自己孤单生存的现实，平息内心中因宇宙中长久的寂寥而产生的躁动。

宇宙中的朋友们，你们好吗？你们吃过了吗？有时间请来地球做客。

玛格丽特·苏·青，旅行者金唱片

唱片之内

图示是旅行者金唱片中所记录的图片的一部分，这116张图片是由康奈尔大学的卡尔·萨根主持的一个委员会精心挑选的。

1977播放列表

《F大调第二勃兰登堡协奏曲》
慕尼黑巴赫管弦乐团
《花的种类》
爪哇甘美兰管弦乐团
敲击乐
塞内加尔
俾格米女孩原创歌曲
扎伊尔
《晨星》和《邪恶鸟》
澳大利亚，原住民歌曲
《门铃》
墨西哥
《强尼·B.古德》
查克·贝里，美国
《男士家歌》
新几内亚
《鹤巢》
尺八演奏，日本
《回旋的嘉禾舞》
巴赫E大调第3组曲
《第14号夜后咏叹调》
《魔笛》，莫扎特
《战歌》
合唱，格鲁吉亚
排笛和鼓乐
秘鲁
《忧郁蓝调》
路易·阿姆斯壮，美国
风笛乐
阿塞拜疆
《春之祭》
斯特拉文斯基
《平均律钢琴曲集第二卷》
巴赫
《第五交响曲第一乐章》
贝多芬
《坏蛋德约出门了》
保加利亚
《夜曲》
纳瓦霍印第安人
《仙女围绕》
帕凡舞、三拍子舞蹈、德国土风舞及其他短曲调
排笛曲
所罗门群岛
结婚曲
秘鲁
《流水》
古琴，中国
印度音乐
印度
《黑暗是夜晚》
盲眼威利
《降B大调第13弦乐四重奏》
贝多芬

外星世界

只要事件发生的次数足够多，不太可能的结果也可能出现……所以银河系的几十亿颗行星中可能有许多都孕育着智慧生命。对我来说，这个结论很有哲学意味，我相信我们的科学发展至今，必须要将智慧生命的行为纳入考量，而非仅仅研究经典的物理规律。

奥托·斯特鲁维

现在让我们回到法兰克·德雷克的方程上，将它当作一个框架，系统地研究一下我们在宇宙中是否孤独的问题。回想一下，那个方程包含了一系列因子，当这些因子相乘后，就能得到银河系中目前可能与我们通信的文明的估计数量。1961年绿岸会议召开时，只有第一个因子——银河系中恒星的形成速度——有数据可循。将近半个世纪之后，我们知道的比当时的人们更多了。方程中的下一个因子是银河系中拥有行星的恒星比例——这是文明存在的先决条件。当然，一个文明可能并不会总待在它的母星上，我们会在后文讨论这个可能性。但一个行星要孕育生命，并令其进化到能够建造宇宙飞船的水平，有一些条件是不可或缺的。

我们认为宇宙是无限的……其中就存在着无数个和我们相似的世界。

乔尔丹诺·布鲁诺，1584年

开普勒62

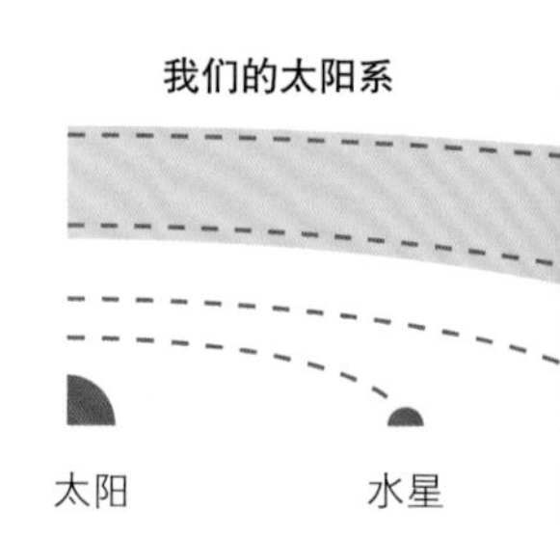

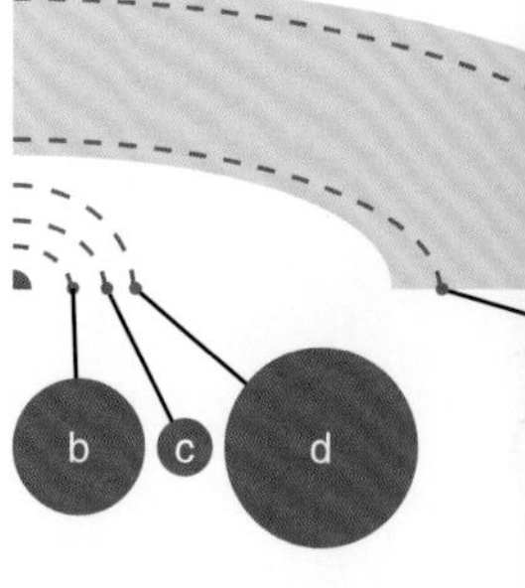

宜居带

球

火星

e

f

许多个世纪以来，人们一直在推测外星世界的模样。早在哥白尼将我们的太阳系拉下宇宙中心的神坛时，人们就很自然地假设天空中起码有一部分恒星拥有行星系统。虽然自乔尔丹诺·布鲁诺开始的每一位头脑正常的天文学家似乎都得出了这个常识性的结论，但我们对其他行星仍然一无所知，直到我出生时，这仍然只是一个基于科学的猜想。恒星之间遥远的距离和技术上的限制令我们止步于太阳系，无法走得更远。19世纪，有很多天文学家宣称自己观测到了远处的行星，但后来都被证明是伪造的。

如今的情况已经截然不同，人们知道夜空中到处都是行星。较为迷人的一处在开普勒62周围，开普勒62与太阳相比体积略小、温度略低。它位于天琴座中，距离地球约有1200光年远。这个系统被很多人研究过，它起码有5颗行星。其中的两颗行星——开普勒62e和开普勒62f尤其有趣，因为它们和地球很相似，不仅大小相近，距离恒星的距离也差不多。这些行星沐浴着开普勒62的阳光，如果它们还有合适的大气层环境，就能在其地表上产生液态海洋，我们在后文会讨论这一点对生命存在的重要性。

我们能够发现太阳系外行星，要归功于天文仪器精度的迅速提高，无论是空间中的，还是地面上的，它们令我们得以在恒星的耀眼光芒中，找到在阴影中运行的行星。想象一下，如果我们从离地球最近的恒星系统南门二上回头观测我们的太阳系——该系统距我们有4.37光年，其中有两颗类似太阳的恒星，一颗比另一颗略微大一些，它们互相绕着对方运行，周期大约是80年（红矮星比邻星也许被这个系统的引力束缚，它们3个形成了一个松散的三合星）。如果从这个40万亿千米以外的系统上用肉眼回望地球，我们的太阳看上去就和其他的单颗恒星一模一样。观测太阳系外行星不是件容易的事，因为行星们又小又暗，几乎不可见，被掩盖在它们所环绕的恒星的光芒中，直接成像一直都是一个很大的技术问题。

为了摒除恒星光芒的干扰，人们必须利用极其灵敏的观测技术，研发间接的观测手段。1992年4月21日，在波多黎各阿雷西博天文台工作的射电天文学家亚历山大·沃尔兹森和戴尔·弗瑞尔首次发现了太阳系外行星存在的确凿证据。他们在一颗距离地球1000光年、名叫PSR 1257+12的脉冲星附近寻找行星，使用了一种精密的间接观测手段，叫作脉冲星计时。脉冲星是旋转的中子星，是宇宙中最奇异的天体之一。PSR 1257+12拥有比太阳多50%的质量，但它的半径只比10千米多一点。它其实就是一颗巨大的原子核，绕着自己的自转轴以0.006 219秒每周的速度自转，即9650转每分钟。我们能精确地说出脉冲星的自转速度，你也许能猜测到，脉冲星就像灯塔一样释放无线电波，而我们可以通过精确测量两次脉冲的时间间隔，得出脉冲星的自转速度。沃尔兹森和弗瑞尔提出，如果有一个质量足够大的行星围绕脉冲星公转，重力拖曳作用就会改变其无线电脉冲的到达时间，其中的差异可以测量出来。事实也的确如此，他们在PSR 1257+12周围找到了两颗行星，并测得了它们的质量和轨道。行星a的质量是地球质量的0.02倍，它绕恒星公转一周的时间是25.262天。行星b的质量是地球质量的4.3倍，它绕恒星公转一周的时间是66.541 9天。紧接着，第三颗行星也被发现了，它的质量是地球的3.9倍，公转周期是98.211 4天。脉冲星天文学的确是一门精确的科学。

开普勒62f的想象图，开普勒62e是左侧的晨星

这是艺术家关于最小宜居行星的想象图，和我们的太阳系一样，开普勒62有两颗宜居行星。开普勒62f的直径大约比地球大40%；而开普勒62e比地球大60%，在宜居带内边缘运行。

宜居带

我们知道，生命进化中最重要的条件就是液态水，如果液态水能存在于一颗行星的表面，这颗行星必须处在恒星系统的中间部分，而且还要离恒星足够远：过于靠近恒星会令行星过热，所有水分都会蒸发到宇宙中；而过于远离恒星的话，行星表面会过冷，水只能以冰的形式存在。这个过热/过冷的理论涉及的就是所谓的古迪洛克带。古迪洛克带的位置与宽度还取决于恒星系统中央恒星的大小和温度——较大较热的恒星会有距离更远的古迪洛克带，而较小较冷的恒星的古迪洛克带则会靠恒星较近。只要知道恒星的大小，我们就可以利用赫罗图（见第91页）计算每个恒星系统的古迪洛克带，这能帮助我们确定我们观测的行星上是否可能存在液态水，是否是可供生命进化的候选星。

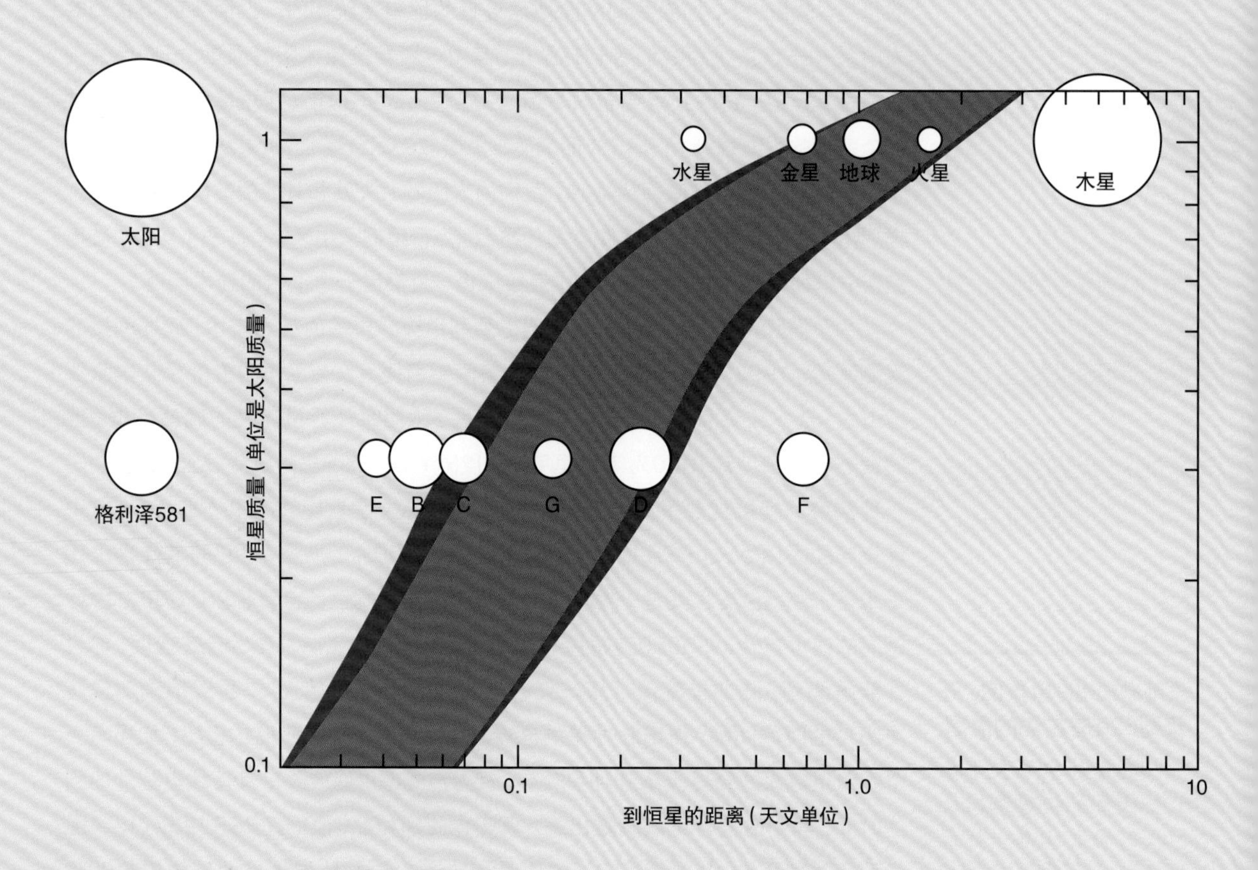

这是一次历史性的观测成果，但SETI对此并无多大兴趣，因为脉冲星这种狂暴天体周围的环境极端恶劣，生命是绝对无法在其中生存的。然而，这是一个确凿的证据——人类第一次在我们太阳系以外发现行星，也是个意外之喜。

为了在类似太阳的恒星周边寻找类似于地球的行星，人们必须研发出截然不同但同样精妙的观测手段。其中的一种是视向速度法，一颗恒星在周围有行星围绕它公转时，它在恒星系统中的位置并不是恒定不变的。实际上，恒星和行星会一同绕着它们的公共质心公转。对只有一颗恒星的恒星系统来说，其质心肯定在恒星内部，因为恒星本身就占据了几乎所有的质量，但当我们在地球上观测时，恒星还是会绕着它的质心左右晃动。

这种行星引起的晃动十分微小，但仍然可以被测量出来。在我们的太阳系中，木星就令太阳向前和向后晃动，晃动的速度以12年为周期变化，变化幅度约为12.4米每秒。地球对太阳的影响相对来说非常小，它只能以一年为周期，让太阳的速度每秒变化0.1米。

20世纪50年代，未来的绿岸会议先锋奥托·斯特鲁维认为，这种行星引发的晃动可以用多普勒效应测量。当恒星向地球靠近时，它的光会向着光谱上的蓝色区域移动；而当它远离地球时，光会向红色区域移动。通过测量被恒星大气层中的化学元素所吸收的光的特定频率（即颜色），并比较它与地球上测量到的固有频率的位移关系，我们就能确定一段时间内恒星的前后运动，这就能够用来计算行星的公转轨道周期并估算它的质量。如果恒星的行星不止一颗，恒星的运动就会更加复杂，但由于行星的公转轨道周期是固定的，所以不同的行星对恒星的影响是可以分别计算出来的。

多普勒法

奥托·斯特鲁维（1897—1963）出身于天文世家，他的父亲、叔叔、祖父和曾祖父都是著名的天文学家。1944年，他由于在恒星光谱学上的成就，获得了英国皇家天文学会金质奖章，成了他家族中第4位获得这枚奖章的人。

太阳圈模型

这个磁流体动力学模型显示出太阳圈（中间的蓝点内）与周围从左向右运动的星际物质的相互影响。

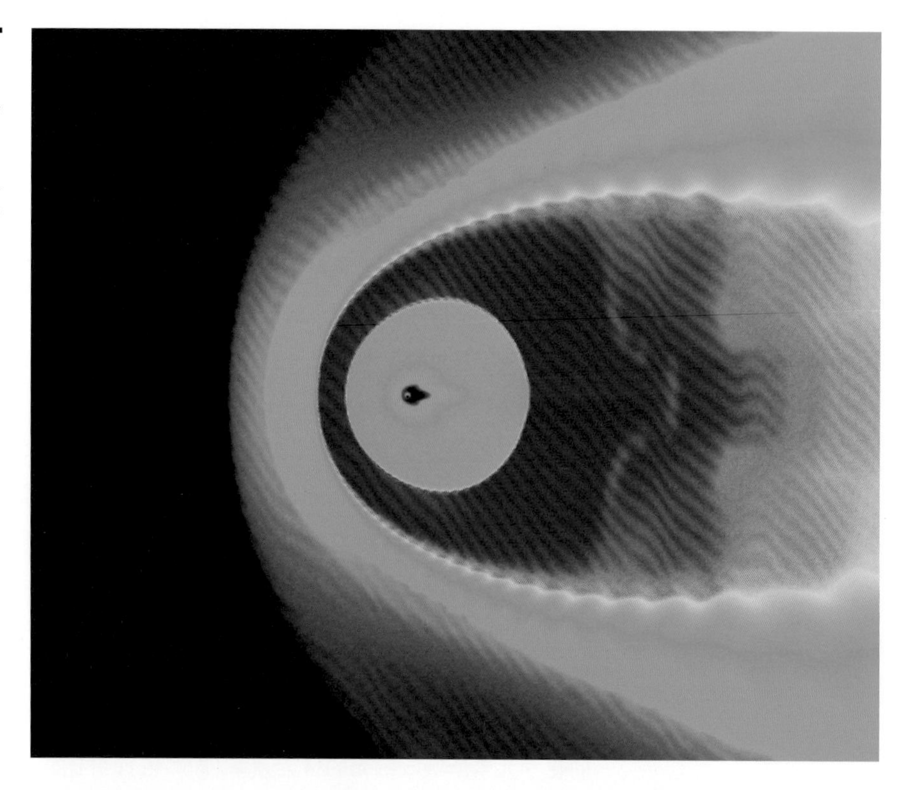

斯特鲁维是第一批公开宣称相信地外智慧生命存在的著名科学家之一。20世纪50年代，测量红移和蓝移的光谱仪只能精确到几千米每秒。在绿岸会议时，他只能预测自己的方法有朝一日能够证明自己的猜想，证明许多恒星都有行星系统。斯特鲁维没能亲眼见到他的测量法付诸应用，他在绿岸会议召开两年后就去世了。很久以后，科技才赶上了他的雄心壮志。1995年，瑞士的两位天文学家米歇尔·麦耶和迪迪埃·奎洛兹，利用法国上普罗旺斯天文台测得了行星引发的多普勒效应。他们发现距离地球50.9光年的类太阳恒星飞马座51拥有一颗围绕其公转的行星。

这颗行星被命名为飞马座51b，但它还有个昵称叫柏勒洛丰，得名自希腊神话中骑上有翼飞马的英雄。这是一次历史性的发现，此后人们对柏勒洛丰进行了精细的观测，但它并不是第二个地球。它是一个环境极其恶劣的世界，环绕它的母星运行一圈仅需4天，这令它与母星的距离要比水星离太阳还要近。与水星不同的是，柏勒洛丰是一颗质量为地球150倍的气态巨行星，地表温度高达1000摄氏度。虽然它的质量只有木星的一半，但它的半径可能比木星还大，因为地表的高温令其膨胀。这样奇异的行星被称为热木星——足够大，也足够靠近它的母星以令其产生明显的晃动，这也是早期行星搜寻者会最先发现这一类行星的原因。

第一颗类地行星的发现是在2007年，斯蒂芬·奥德利和他在智利欧洲南方天文台的团队宣布，他们发现了环绕红矮星格利泽581运行的一颗行星，距离地球只有20光年远。这是那个系统中被发现的第二颗行星了，但格利泽581c登上了全球报纸的头条，因为它和地球非常相似。这颗行星是一颗岩质星球，质量是地球的5倍，与母星的距离也正好在合适的范围内，地表可能有液态水；科幻小说中的

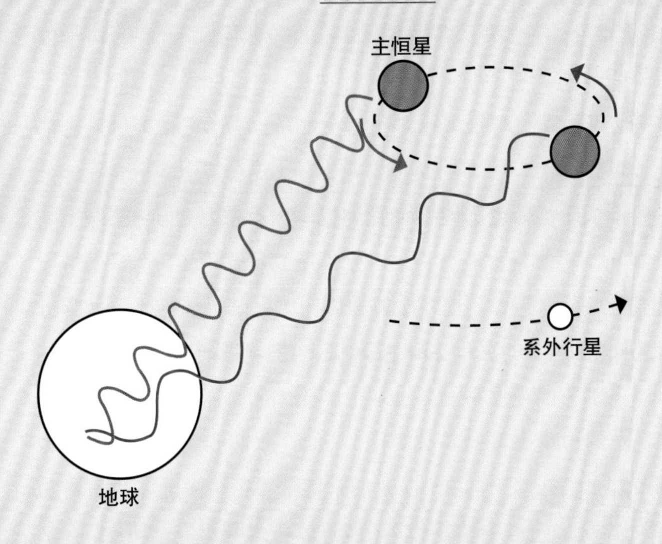

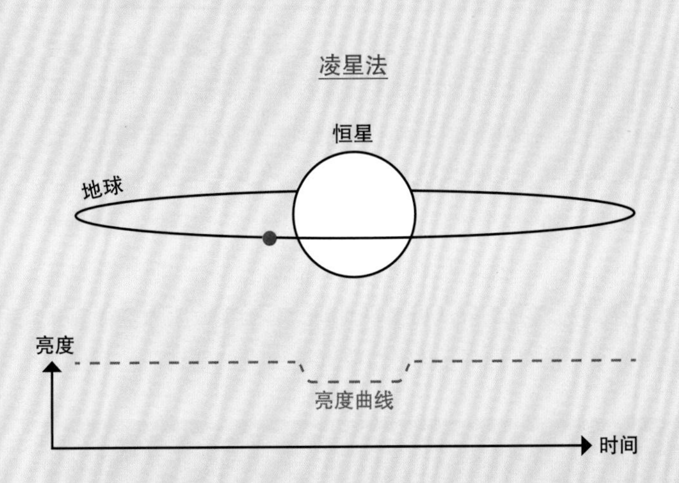

寻找系外行星

现今天文学中最令人兴奋的一个领域就是寻找其他恒星周围的行星——它们被称为系外行星，有可能是地外智慧生命的家园。一直到最近，这类研究才取得了进展，因为行星的光芒太过暗淡，从遥远的星际彼端几乎无法看清。现在，利用新型仪器，我们能够探测系外行星的蛛丝马迹，主要的技术有两种：视向速度法和凌星法。利用这些技术，人们已经在数百颗恒星周围发现了单颗行星甚至行星系统。这些系外行星的质量小到地球的几倍，大到相当于25颗木星。

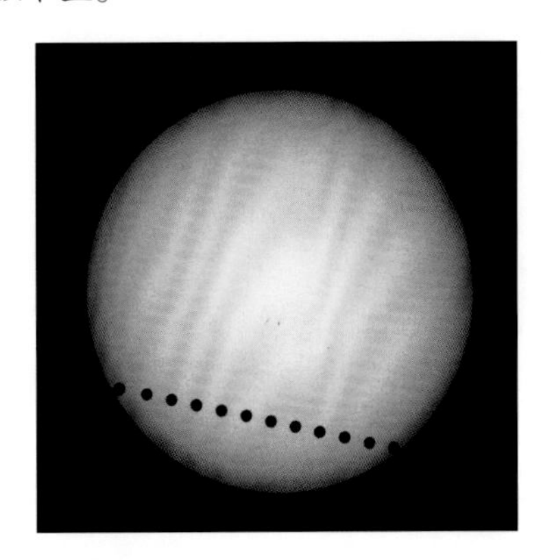

流量：1.000　0.995　0.990

相位（小时）：−4　0　4

	开普勒4b	开普勒5b	开普勒6b	开普勒7b	开普勒8b
公转周期（地球日）	3.2天	3.5天	3.2天	4.9天	3.5天
相对于地球质量的倍数	4.31	18.8	15.0	16.9	18.3

梦想终于变成了现实。更进一步的研究发现，格利泽581c可能并不具备孕育生命的必要环境，但在2009年3月，寻找第二颗地球的科学家们得到了精密的科学仪器，并用它测得了海量的新数据。

开普勒空间望远镜改变了我们对银河系中行星分布的认知，它并不是一台搭载了各种探测器、寄托了无数种雄心壮志的通用型望远镜。这台望远镜只为了一个目标而制造：寻找类地行星。开普勒望远镜不会受到地球大气层扰动，它搭载了高精度的光度计，能够测量10万多颗恒星的光强，这些恒星都足够稳定，能够维持周围行星上的生命。开普勒望远镜寻找行星的方法被称作凌星法。当一颗行星穿过恒星盘面时，从地球上观察到恒星的亮度会略微降低一些。开普勒的光度计极其灵敏，它能够测量出小于0.01%的光度变化（如果用准确的天文术语，我们应该说视星等变化）。望远镜观测到恒星亮度的多次变化，就能让我们测量行星的公转周期，而由亮度变化的细节加上公转轨道的知识，我们就能估算行星候选体的质量和大小。凌星法在寻找系外行星的过程中特别有用，但这项技术并不完全可靠，经常出现误报。一旦它找到了一颗可能的行星，就会将其位置传送给地面上的望远镜，做进一步的观测和分析，如果后者也确认了，那么才能正式宣布发现行星。开普勒望远镜从2009年5月正式运行以来，已经利用凌星法找到了许多颗行星。到我撰写本书（英文版）的2014年7月为止，NASA的系外行星档案中有1737颗被确认的行星，其中超过一半是用开普勒望远镜的数据发现的。这个数字十分惊人，因为开普勒望远镜能够探测的行星系统只占整个银河系的很小一部分。开普勒望远镜的视场只占天空中0.3%的区域，即天鹅座、天琴座和天龙座的一部分，而就算是在这一小块区域中，它也只能探测到会正好从母星和地球之间穿过的行星。而在大多数情况下，行星轨道平面的指向不理想，开普勒望远镜就没法看到任何行星。

恒星育儿所

大大小小的恒星有各自不同的颜色。在秘鲁，我们复制了一个星系，以此来研究什么样的恒星有可能孕育生命。

格利泽581c

格利泽581c（右图）由于具有与地球相似的性质而登上了新闻头条。这是一张由计算机生成的对比图，它的质量是地球的5倍，距离我们的地球有20.3光年远。

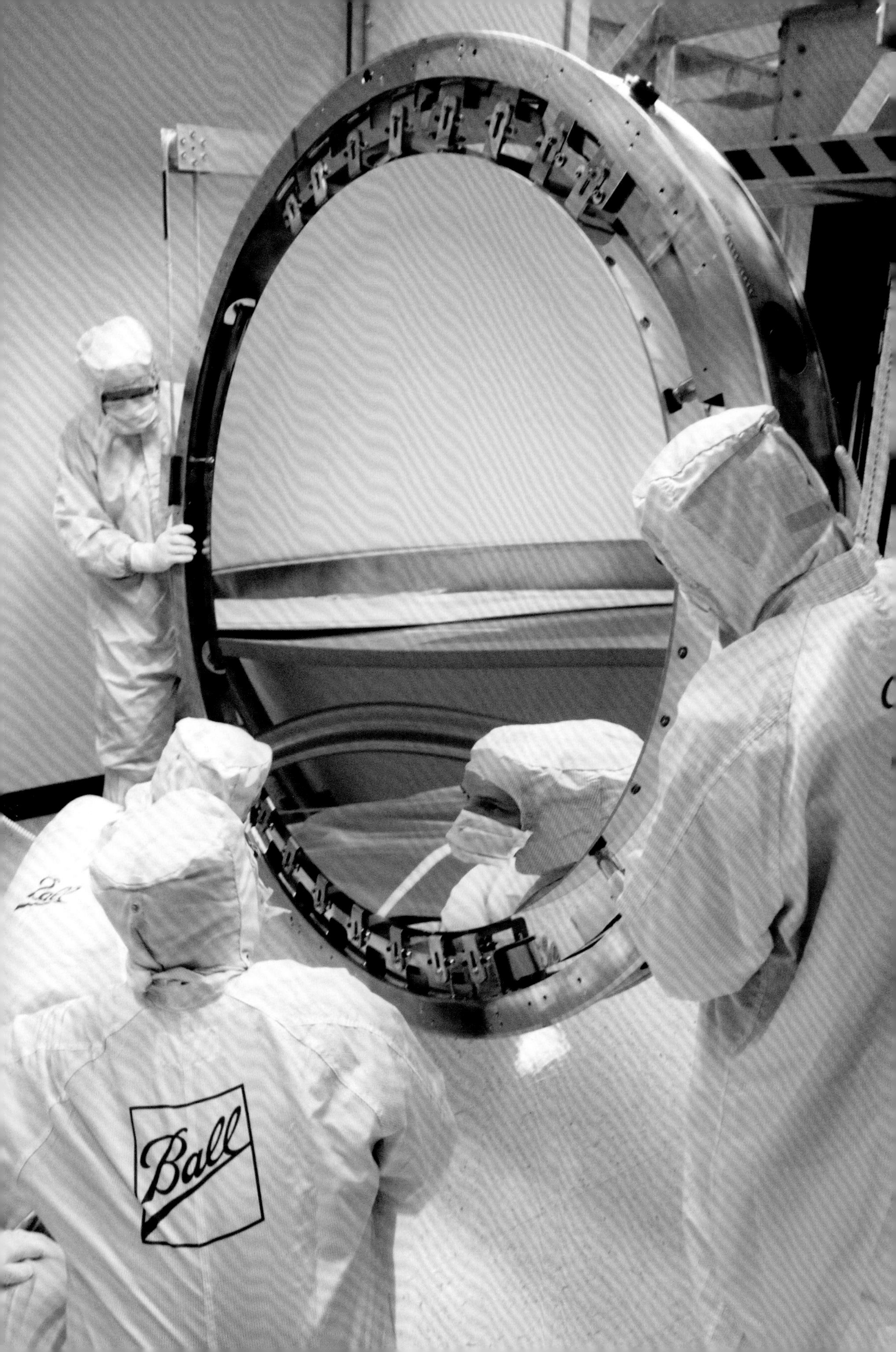
Ball

遥望星空

（对页）技师们正在检查开普勒空间望远镜的主镜片。开普勒空间望远镜改变了我们对银河系中行星分布的认识。

此外，开普勒望远镜只运行了4年，因为它必须观测到多次凌星现象才能测算轨道周期，所以它还看不到公转周期大于4年的行星，比如我们太阳系外侧的行星。最后，开普勒望远镜只能看到距离我们大约3000光年以内的恒星，而我们的银河系直径有100 000光年。所以，开普勒望远镜的数据仅仅包含了银河系内行星系统极小的一部分。那些观测不到的数据可以用统计学来弥补。当我们彻底研究了这些数据后，我们就得到了基于观测的可靠数据，可以放进德雷克方程了。拥有行星系统的恒星比例接近百分之百！平均来讲，银河系中的恒星，每颗都拥有起码一颗行星，所以我们可以自信地将第二个因子填入方程：$f_p=1$。

开普勒望远镜本应一直运行到2016年，但现在其技术故障已经导致望远镜停止了寻找行星的工作。即使如此，还有巨量的观测数据正在处理，而这些数据表明开普勒望远镜可能收集到了3000多颗围绕恒星公转的行星的证据。

这对SETI支持者们是个大好消息，但在寻找地外文明的过程中，行星的数量并不是真正的关键因素，真正有决定性的因素是，这些行星中有多少是适合生命生存的。这就是德雷克方程的下一个因子n_e，它表示每颗恒星的行星中平均有多少颗是适合生命生存的。这个问题有时会被称为古迪洛克之问：这数十亿颗行星中，有多少不过热也不过冷，正好适合生命在它们的地表上生存？

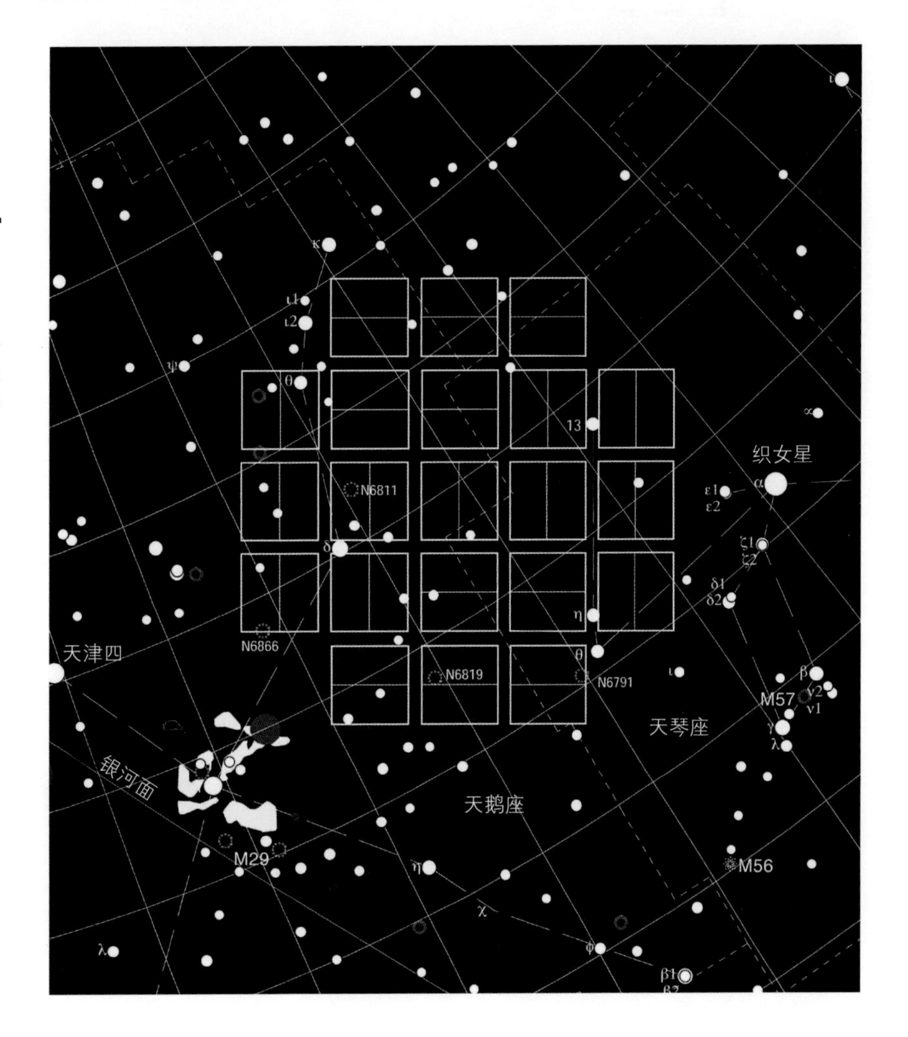

开普勒空间望远镜的视场

这幅星图显示了天鹅座和天琴座，用方块标出的区域是望远镜的视场，其中包含了10万多颗恒星。

4 Be
12 Mg
2 He
10 Ne
20 Ca 21 Sc 22 Ti 23 V 24 Cr 25 Mn 26 Fe 27 Co 28 Ni 29 Cu 30 Zn
34 Se
38 Sr 47 Ag 48 Cd 49 In
57-71
82 Pb
89-103
58 Ce 59 Pr 60 Nd 61 Pm 62 Sm 63 Eu 64 Gd 65 Tb 66 Dy 67 Ho 68 Er
90 Th 91 Pa 92 U 93 Np 94 Pu 95 Am 96 Cm 97 Bk 98 Cf 99 Es
?

Liver
of Intestines

生命的元素

有液态水覆盖的广袤区域，适合进化出复杂有机分子的环境，以及能够维持新陈代谢的能源。

NASA，2008年

为什么地球上有生命？我们的星球上有什么因素令它成了生命的摇篮？2008年，NASA邀请了一群科学家，以我们现今已知的知识，来确定一颗行星上有哪些最基本的性质，令它可能产生生命。最先被列出的是液态水——每一位生物学家都会认为这是生命必需的一种元素。水是非常复杂的液体，简单的H_2O分子通过氢键松散地连在一起，组合出无比复杂的形式。水分子就是一个基础的“脚手架”，在这个框架中产生了生物，水分子运载着其他分子，并将它们引导到正确的地方，参与化学反应。水是一种极佳的溶剂，在很大的温度范围和压力范围内，它都能维持液态。有人说，如果我们不理解水的话，就永远不能理解生物学，这说明了水在地球生命化学中扮演着重要角色。幸运的是，宇宙中充满了水。氢是最常见的元素，在宇宙物质中它占有74%的质量。氧是含量第三的元素，大约有1%。这两种活跃的原子只要相遇，就会链接起来形成水。水已经在宇宙中存在了120亿年，这一点我们已经有观测上的证据。2011年7月，人们在一个叫APM 08279+5255的活动星系周围找到了一个巨大的水库。那里所蕴含的水是地球上海洋的140万亿倍，它距离我们有120亿光年远，在大爆炸后20亿年就形成了。水对生命是不可或缺的，而幸运的是，水在宇宙中也是随处可见的。

然而，地球在太阳系中是独一无二的，因为目前为止只有地球的地表环境能够让水以3种形态存在：固态、液态和气态。地球的两极地区和高山山顶有冰盖。在大气中，水蒸气形成了云朵，继而以雨和雪的形式下降到地面，沿着河流流回覆盖着70%地表面积的海洋。火星上也有水存在，但在那个寒冷的红色行星上，水只能以冰的形式存在于两极地区，而火星的地下深处也许存在地下液态湖。金星上也许曾经有过水，但由于它与太阳的距离太近，很久以前金星上失控的温室效应就将它的原始海洋蒸发到了宇宙空间中。这似乎就显示出，地球与太阳的距离是它适合生命生存的决定性因素。如果将地球拉向太阳，地球上的温度就会上升，海洋蒸发进入大气，如果太热了的话，水分子会逃逸到宇宙中，地球就会像金星一样变成一个干旱的星球；如果将地球拉向火星的方向，温度就会下降，直到地表的水都结成冰。

这个理论看上去很有道理，如果希望能找到有生命的星球，只要寻找与母星的距离和地球差不多的行星。但这也许将问题过于简单化了，因为生命诞生的条件要比这复杂得多。行星地表的环境受制于很多

最热的阶梯

这是一个自然形成的坑洞，镶嵌在安第斯山脉的石灰岩层中。在600~500年前，印加人将其改造成了一圈圈的阶梯。人们认为这里曾经是一个原始的农业研究站，因为每一层岩层都有一定范围内的微气候，每一种微气候都对应一种适合在其中生长的作物。这真是个拍电视的好地方。

因素，与母星的距离只是其中之一。行星的质量决定了它对自己大气中的分子所能施加的引力，也决定了哪一种大气分子能够在特定温度下留在星球上。这一点非常重要，因为行星的大气对于决定地表温度有着至关重要的作用。金星离太阳虽然比水星更远，但它的地表是太阳系中除了太阳以外最热的，这是因为金星的大气中充满了温室气体。而另一方面，月球由于质量太小，几乎没有大气层，所以虽然它到太阳的距离与地球一样，但它的地表温度会从白天的120摄氏度一直降到夜晚的零下150摄氏度。NASA的月球勘测轨道飞行器测量到了太阳系中最低的温度，位于月球北极的陨石坑边缘的零下247摄氏度。由于月球的自转轴几乎与它的公转平面垂直，那里从未受到过阳光的照射。大气的化学组成也会部分受到行星地质情况的影响；在地球上，大陆板块运动在控制大气的二氧化碳含量中扮演着重要角色。二氧化碳是一种温室气体，这种气体的浓度升高，气温就会上升。大气中由火山喷发产生的二氧化硫能够冷却行星的地表，因为含硫酸气溶胶能够将阳光反射回宇宙。1991年6月皮纳图博火山喷发，其后的3年中地球表面的温度下降了近1.3摄氏度。另外我们也不能忘记，生命本身也会急剧地改变行星的大气组成。地球今天的大气是生命活动的产物：在植物进化出光合作用以前，大气中只有非常稀少的氧气，而植物对去除大气中的二氧化碳起到了重要的作用，并最终将其锁在生物体内。行星的质量、自转轴、轨道、地质和大气成分都会互相产生复杂的作用，共同决定地表平均温度和大气压力，这最终会决定液态水是否能在地表上存在。如果这个星球上真的诞生了生命，生命的影响也要考虑在内。

水循环

图为印加恐怖谷中的古老盐矿。冰雪融化形成了水，水蒸发之后留下了盐。这是水的三态的一个例子——固态的冰、液态的水和气态的水蒸气。

赫罗图

恒星的大小和表面温度是计算公转的行星要离恒星多远才能维持液态水的关键因素，一颗恒星的大小和表面温度在其生命的不同阶段会产生变化。古迪洛克带会逐渐远离恒星，因为恒星表面温度会随恒星年龄的增加而升高。

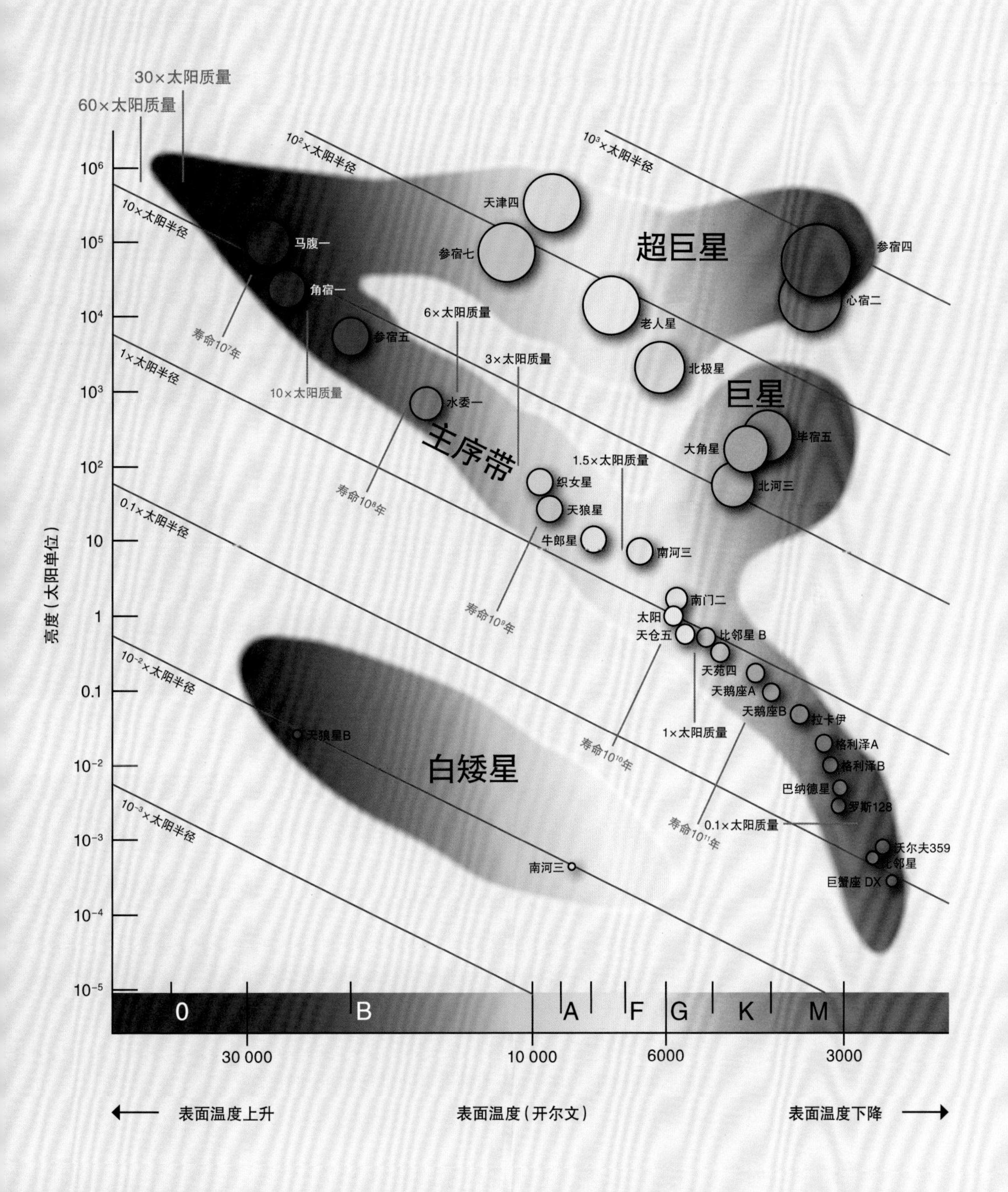

在行星本身的因素之外，决定行星上能否产生生命的一个至关重要的因素就是它的母星，而每一颗恒星都各不相同。银河系中有2000多亿颗恒星，其中最大的被称为超巨星，它的直径是太阳的1500多倍。如果这样一颗恒星在我们太阳系正中央的话，它会把木星都吞噬掉。另一个极端是小小的红矮星，它们的直径大到太阳的一半，小到太阳的1/10。到我写本书（英文版）时，人类所知的最小的恒星叫作2MASS JO5233822–1403022，它的亮度只有太阳的1/8000，体积比木星还小（但密度比它高）。

与物理学几乎所有的知识一样，想搞清楚这些大大小小的恒星，最好的方法就是画一幅图。天文学中最著名的图就是赫罗图（见前页），它的名字来自于天文学家埃希纳·赫茨普龙和亨利·诺利斯·罗素，两人在1911年分别绘制了这张图。他们画出了恒星表面温度（直接关系到它们的颜色——较热的恒星是蓝色或白炽色的，而较冷的恒星是红色的）与它们亮度的关系。一见即知，这些恒星不是随机地分布在图上的。它们中的大部分都落在从右下到左上的一条斜线上，这条线被称为主序带。我们的太阳是黄色的，位于主序带的中间。在这条线上的所有恒星产生能量的方式都是一样的——在核心中将氢原子聚变成氦原子。虽然这些恒星的质量、寿命和行星系统的宜居性各不相同，但你都可以叫这些恒星“标准星”。

主序带之下暗藏的基本物理规律其实很简单，宇宙中几乎到处都存在着氢和氦，而恒星就是一团氢原子和氦原子云，并且在自身重力下开始坍缩。当气体云坍缩时，它的温度就会上升。这并没什么大不了的，任何气体在被压缩时都会升温——你可以试一试给自行车轮胎打气。最终，这团不断坍缩的气体在温度上升到一定程度后，带正电的氢原子克服了它们互相之间的电磁斥力，经过核反应后融合到了一起，形成了氦原子。这个过程会释放出巨大的能量，愈发加热了这团气体，加快了核反应的速度，并持续给气体加热。炙热的气体会膨胀，最终巨大的向内的重力和被核反应加热的气体产生的向外的压力达到一个微妙的平衡。这就是太阳目前的状态，它每秒要将6亿吨的氢原子转换成氦原子，以此抵消向内的重力。对质量较小的恒星来说，这种平衡会在较低的温度下达成，因为它向内的重力比较弱。表面温度较低的恒星，颜色就会比我们的太阳更红，亮度也会更低。这些暗淡的红色恒

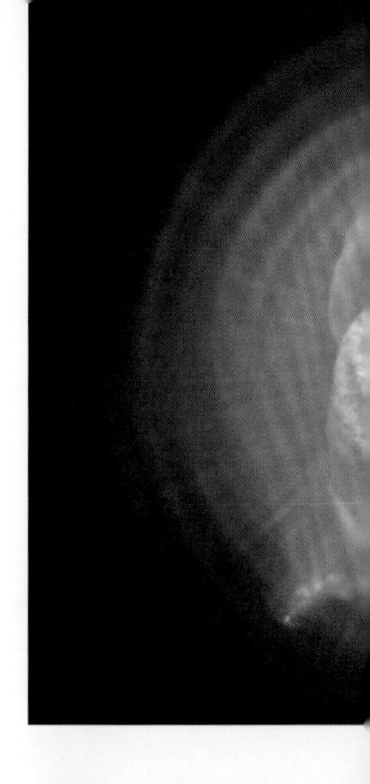

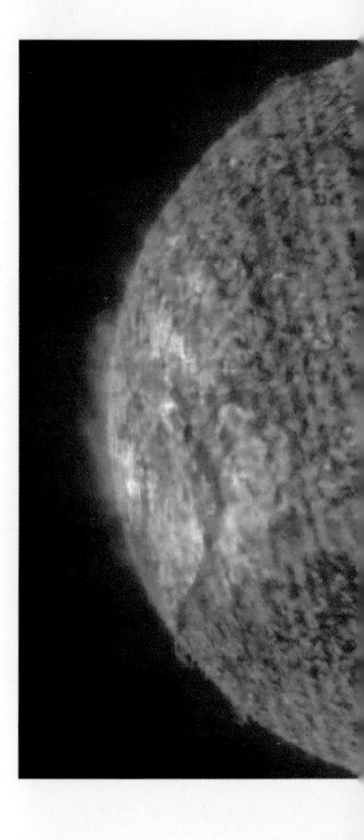

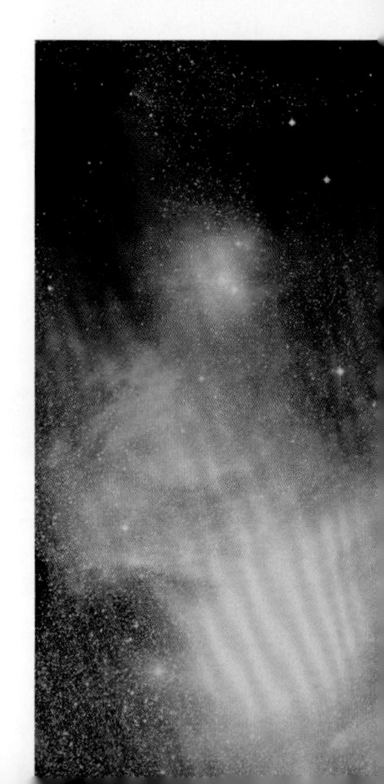

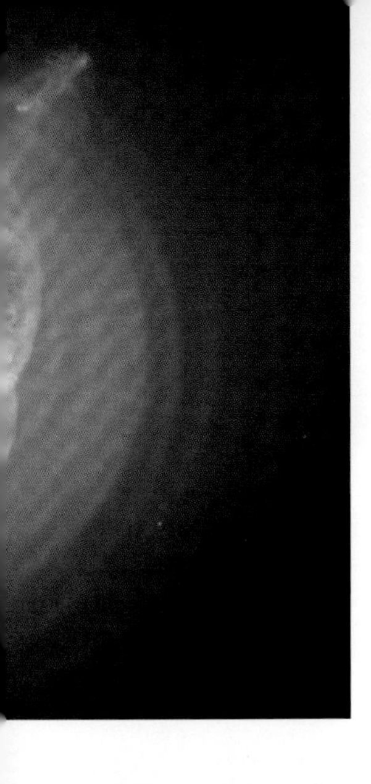

星位于图的右下角，被称为红矮星。我们已经提到过一颗红矮星了，就是离我们最近的一位邻居，比邻星。红矮星在主序星中的寿命也是最长的，就是因为它们为了与重力达到平衡，必须以较低的速度燃烧燃料。

主序带的另一端是蓝色的大质量恒星。它们的质量至少是太阳的10倍，向内的重力更大，它们不得不飞速燃烧更多的燃料，以抵抗坍缩。这让它们非常热，因此呈现蓝色，但也因而寿命很短。体积最大的主序星在1000万年以内就会耗尽核燃料，到那时它们就会离开主序带，成为红巨星。红巨星，比如著名的猎户座参宿四，其实是走向寿命终点的恒星。它们核心中的氢原子已经耗尽，只能将氦原子聚变成更重的元素，比如碳或氧。这些恒星就是你我身体中大部分重元素的来源。在与重力做这种徒劳无功的拉锯时，它们的核心变得非常热，令其外层结构开始膨胀并冷却。这就是为什么红巨星会位于赫罗图的右上方。它们体形巨大，因此非常明亮，但较冷的表面让它们显现出深红色。红巨星只能存在几百万年，之后它们就会耗尽核燃料，那时它们就会抛出外层结构，形成大自然中最美丽的一幕——行星状星云。这些星云中富含碳和氧，它们会把生命的基本原料播撒在宇宙中，你身体的组成成分很可能就是50亿年前某个行星状星云的一部分。星云的中心，逐渐变冷变暗的恒星核心，最后成为白矮星。这些恒星位于赫罗图的左下角。

银河系中还有许多其他的奇特恒星，比如蓝色超大质量恒星——天津四，它温度极高、亮度极亮，是开普勒望远镜视场里在天鹅座中最明亮的恒星。它的亮度大约是太阳的20万倍，质量是太阳的20倍。但它燃烧核燃料的速度也非常快，预计在几百万年内就会变成超新星爆发，然后成为一个黑洞。

因此，赫罗图是理解恒星演化的关键，其中的信息对寻找行星的科学家们也至关重要。那些不在主序带上的恒星基本上不可能为其行星系统提供适合生命生存的环境。它们不是亮度高、寿命短，就是命途多舛、动荡不安。主序带中的恒星都是稳定的、燃烧氢原子的恒星，这些恒星才拥有我们要求的稳定性。但即使是在主序带中，大部分质量较大、亮度较高的恒星，其寿命可能也太短，来不及让行星上产生生命。在地球上，生命存在了30多亿年之后，一直到5.5亿年前才有

猫眼星云

这张照片是由NASA的哈勃空间望远镜所拍摄的，显示出一颗濒死的恒星在抛出自己的外层结构时产生了令人惊叹的美妙景观。

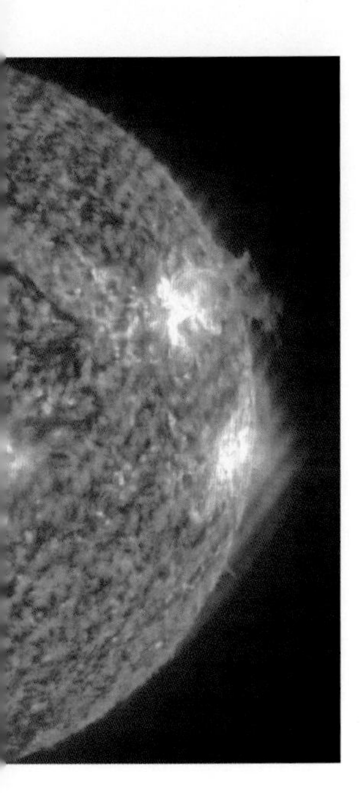

孕育生命的恒星

一颗主序带上的稳定恒星能够为行星提供热和光，维持行星上的生命，就像地球一样。

超巨星

心宿二——图中左下所显示的白色恒星——它是最广为人知的超巨星之一。

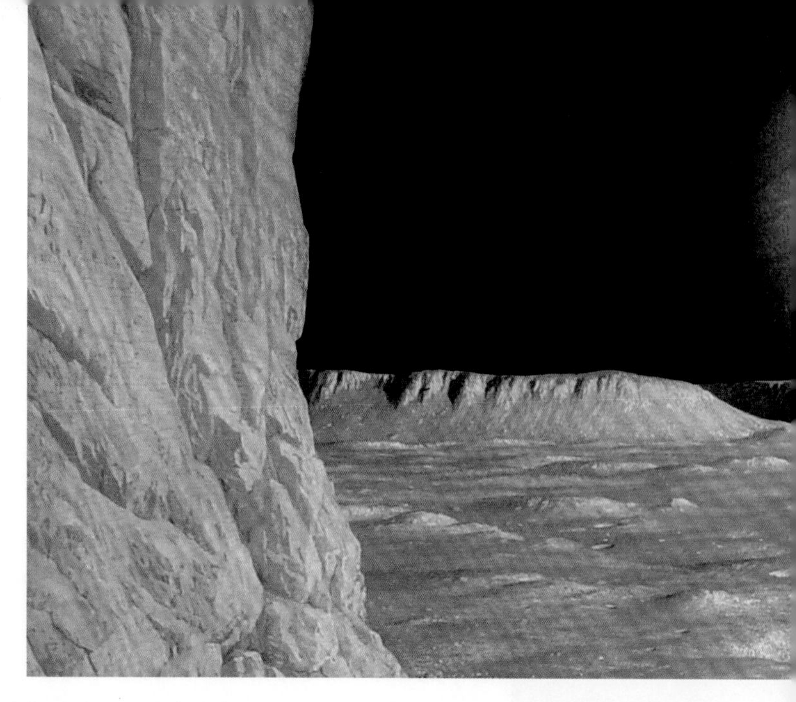

古迪洛克带之外

图为从木卫二上看到的木星，木卫二上的地下液态水中可能存在生命。

复杂的有机生物诞生，这被称为寒武纪大爆发。我们会在后文讨论地球上生命诞生的历史，现在我们先来科学地猜想一下，寿命远远少于10亿年的恒星不太可能让它的行星产生智慧生命。这就将主序带左上方的蓝色恒星排除了。即便是我们熟悉的天狼星，这颗质量只有太阳两倍，却是夜空中最明亮的恒星，估计也会被排除出去，因为在主序带上它的预期寿命最多只有10亿年。因此，主序带上现在只剩下质量是太阳两倍以内的恒星，它们是候选星，有可能拥有孕育复杂生命的行星系统。

要能够孕育生命，恒星可能还有一个质量下限，不过这还是一个正在研究的领域。银河系中大约80%的恒星都是红矮星，我们已经知道它们很多都拥有自己的行星系统。红矮星的预期寿命可能长达数万亿年，它们的寿命不再是什么问题。虽然红矮星精打细算地燃烧燃料，但它们的光能输出大多不稳定、经常变化。黑子会在很长一段时间内令它们的亮度降低一半，而突发的耀斑可能令它们的亮度在几天甚至几分钟内翻倍。因此，红矮星周围轨道上的行星所接收的光和辐射就会发生大幅剧烈的变化。此外，由于红矮星的光能输出少，暂且不论行星大气的成分，它们要想让自己温度足够高、保持地表上有液态水存在，就得离恒星非常近，而当行星的轨道离恒星很近时，它们会发生潮汐锁定，即一个半球永远面向恒星，而另一半球永远面向黑暗的宇宙。我们之所以只能看到月球的同一个半球，也是出于同样的道理——邻近行星公转的卫星或邻近恒星公转的行星都无法避免潮汐锁定效应。这就会导致红矮星周围的可能宜居行星上的气候变得很奇特：部分地区会出现永昼，而另一部分却是永夜。

撇开这些问题不谈，最近的计算机模拟显示，红矮星的行星如果拥有厚厚的、能隔绝外界的大气层以及深深的海洋，它们就有可能保持稳定的地表环境，其上的生命也有足够的时间在这些（对我们来说）很奇特的环境中慢慢进化。疑问仍然存在，位于赫罗图低质量端的红矮星能否成为拥有生命的太阳系的候选恒星呢？

我们还能做什么？如果我们用保守的方法，将注意力集中在主序带上与太阳相似的橙黄色恒星上，我们可以研究开普勒望远镜的观测数据，起码能从理论上估算

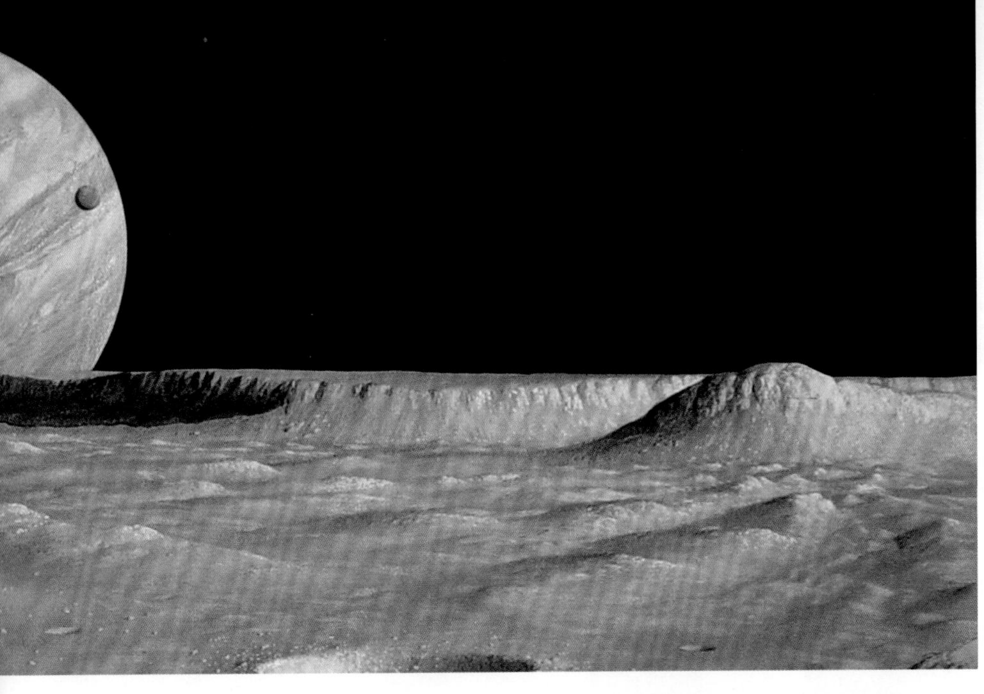

银河系中有多少所谓的F、G和K型恒星会拥有运行在适合轨道上、地表上有液态水的岩质行星。这些行星的轨道要在所谓的宜居带内，这就是我们想要测量并代入德雷克方程中的数字。人们已经估算出了这个数字，而结果令人大跌眼镜。在最近的一次研究中，开普勒望远镜的数据中有10颗行星被认定为与地球相似，即它们有合适的质量和化学成分，在合适的轨道上围绕母星公转，而它们的母星是主序带上的F、G或K型恒星，它们地表上的液态水能够存在很长一段时间。运用统计学的方法，改正因行星系统相对地球指向、开普勒望远镜无法看到公转周期较长的行星等原因造成的统计偏差，我们可以较为确定地估算出在开普勒望远镜的视场中，大约有1万颗可能孕育生命的类地行星。继而我们可以得出，银河系中所有的F、G和K型恒星中，大约有1/4拥有可能孕育生命的行星围绕它们公转，这就等于有100亿颗宜居行星。如果我们认为红矮星周围的行星上也可能拥有生命的话，这个数字还会翻倍。

关于恒星周围的宜居带，还有一点需要提及。在我们的太阳系中，目前公认的是金星、火星和地球都处于宜居带中，但生命还会存在于其他地方。木星与土星的几颗卫星也和行星的大小差不多，这些类木行星的卫星，包括木卫二和木卫三以及土星的巨型卫星土卫六、体形较小但更活跃的土卫二，都有可能拥有存在着液态水的地下海洋或地下湖。人们认为木卫二很特别，它是地球以外最有可能存在生命的星球，虽然它并不处在太阳周围的宜居带中。如果我们承认，像行星般大小的卫星能够扩展恒星周围的宜居带，那么银河系中能够孕育生命的星球数量将会大幅增加。

绿岸会议召开50多年后，德雷克方程中的前3个天文学因子已经通过实验数据得到了结果，这对SETI来说是个令人鼓舞的成就。当然，这其中还有很多不确定性，谁都可以从学术文章中找到对数据的另一种解读。然而板上钉钉的是，银河系中潜在的生命家园的数量，起码是以亿来计算的——更有可能是数十亿。从天文学的角度来看，银河系中应该是到处欣欣向荣的。德雷克方程中接下来的3个因子是有关生物学的，它们关注的是一个能够孕育生命的行星上真正产生生命的可能性、简单生命向着复杂生命形态进化的可能性、智慧生命能够建立科技文明的可能性。现在我们开始讨论这3个难以解答的问题。

起　源

地球形成于45.4亿年前，前后误差700万年，它是在围绕年轻的太阳公转的一团扁平的尘埃盘中形成的。地球在刚刚形成的几亿年中，根本不适合生命生存：地球上温度极高，且到处是火山，还经常遭受小行星和彗星的撞击，而且它起码还与其他行星撞击过一次，正是这次撞击导致了我们地球自转轴目前23.5度的倾角以及月球的形成。

渐渐地，太阳系变成了一个更加稳定的系统，地球也冷却下来，地表上出现了液态水。目前有证据表明，早在44亿年前地球上就存在液态水，可以肯定的是，在38亿年前的后期重轰炸期末期，我们的地球已经是一颗蓝色的星球，而就在这段时间内，我们已经找到了生命存在的最早证据。由微生物参与形成的沉积结构于2013年在澳大利亚西部皮尔布拉地区的偏远地区被发现。它们被发现的位置是34.8亿年前太古宙早期的沉积岩层，在现在的海岸线、河岸线或湖岸线上我们也可以找到类似的结构，它们是在微生物席与水流带来的沉积物的相互作用下形成的。它们的存在证实，当时已经有了复杂的微生物生态系统，很可能是在温暖潮湿、没有氧气的早期地球环境中，生长出来的一层紫色的软泥状物质，其中的厌氧菌向大气中释放着刺鼻的含硫气体。早期的地球对我们的眼睛和鼻子可不太友好啊！

目前有间接证据证明，起码在35亿年前，最早在37亿年前，地球上就有了生命。地质学家们在格陵兰岛西部，研究了伊苏阿上地壳带中最古老的沉积岩，并分析了沉积岩中的碳同位素比例。较重的碳–13与更常见的碳–12之间的比例，可以用作一种生物指标，因为有机生物在新陈代谢过程中更多会使用较轻的碳–12同位素。自然产生的碳元素中，大约98.9%都是碳–12，如果它的浓度在某个沉积岩中特别高的话，就能证明是生物活动留下了这些碳–12。

这些证据能够说明其他星球上自发产生生命的可能性吗？这里的问题是，地球只是一个样本而已，将其推广为肯定的结论是不正确的。观察地球早期历史中生命的起源过程是很有趣的——似乎当环境条件变得适合生命生存时，生命就立即出现了。地球刚刚成形后的5亿年被称为冥古宙，以希腊神话中地狱的神祇命名。冥古宙期间充满二氧化碳的大气、火山遍地的地表和来自宇宙的频繁天体撞击，使生命很可能无法在地表上生存。从40亿年前的太古宙时期开始，在太阳系后期重轰炸期的恶劣时期过后——得出这个时间点是因为月球上最古老的岩石只有38亿岁——地球变成一个更加稳定的行星，这个时间正好与生命出现的时刻吻合。因此，地球上的生命很有可能是在地球成形、环境稳定下来之后就立即出现了。如果这个假设正确，我们可以激进地假设，可能孕育生命的行星上，产生生命的可能性——德雷克方程中的f_l——数值接近100%。当然，这只是一个推测值，如果我们能够在火星、木卫二或太阳系中任何曾经或现在拥有大范围地表或地下液态水的天体上发现独立产生的生命，我们就能更加确定地估算这个数值。这是人类探索火星和外太阳系中的各个卫星的最重要动机。

太古宙时期的地表

34.8亿年前，太古宙时期地球的样貌。

地球生命简史

对德雷克方程的分析到了这个阶段，形势看起来似乎对寻找外星人的科学家们很有利。银河系中存在着数十亿颗宜居行星，将地球上早期生命诞生的过程作为线索（不能说是证据）来推断，只要行星有合适的环境，都能产生生命。然而，方程的下一个因子就没那么乐观了。我们现在要估算f_i，已经有生命存在的行星上能够进化出智慧生命的比例；以及f_c，智慧生命能建立起科技文明并拥有星际通信能力的比例。与生命起源的问题一样，我们现在仅有的证据就是地球上生命起源的历史，所以现在让我们总结一下已知的知识。

今天地球上生存着的生物，能够追溯到的史上第一个祖先被称为LUCA——共同祖先。这4个字的含义不容小觑：因为现今地球上的所有生物都是基于相同的生物化学原理组织构成的，包括DNA，我们能够断言，所有生物都互相联系，并有同一个祖先。即使是当你追溯自己的血缘时——到你的父母、祖父母、曾祖父母等——你也会循着一条不间断的血缘线，最终回到LUCA上。地球上很有可能出现过其他类型的、基于不同生物化学原理的生命，但我们没有证据证明这一点。与今天的生物相比，你也许根本认不出这位LUCA——它可能甚至都没有细胞结构，而只是一些出现在深海热液出口附近的岩石室中的蛋白质和自我复制分子的生物化学反应而已。它的结构肯定要比已知的最古老的微生物席更加简单，但在你的基因中，肯定有某个地方是从它身上跨越了漫长的地质时间传承下来的，如果你有孩子，你就会将这段40亿年的基因组遗传给他们。

我们的任务是估算LUCA能进化成有能力建立文明的有机生物的可能性有多大。当然，这种估算并不精确，我们只有地球一个样本，无法做出准确的科学结论。我们能确定的只有已经发生的事，最多只能在历史长河中回溯我们的血缘，尝试沿着时间线找出其中可能的瓶颈。

我们的种群，现代智人，最早是在大约25万年前在东非大裂谷出现的。由于现代智人是至今为止唯一一个建立了文明的物种，所以如果我们要估算f_c，就应该研究我们从较早期的人族中进化的可能性。总而言之，现代智人的出现肯定是很偶然的，这似乎取决于很多因素，例如大裂谷的地理位置和地球公转轨道的周期变化。但想象一下，即使我们人类没有出现，可地球上存在着很多相对智能的动物，只要给它们足够的时间，在未来的某个时间，有可能会有另一个物种经过了长时间的进化建立文明。当然，这只是我的个人观点，你在读完了本书之后应该总结出自己的想法。虽然我们人类的出现是极其幸运的，考虑到地球上已经存在的极丰富的生物多样性，以及地球未来的数千万甚至数亿年的稳定环境，我认为从灵长类到人类的进化并不是建立科技文明过程中最重要的瓶颈。我认为我们应该把注意力放到更广阔的时间范围中去，寻找地球上的生命从起源到第一种智慧动物出现之间的瓶颈。我们人类是哺乳动物，哺乳动物最早出现于2.25亿年前的三叠纪。恐龙也是在这个时期出现的，它们是主龙类的亚类，与鸟类和鳄类有血缘

东非大裂谷

纳特龙湖，位于坦桑尼亚的东非大裂谷，是现代智人的诞生地。

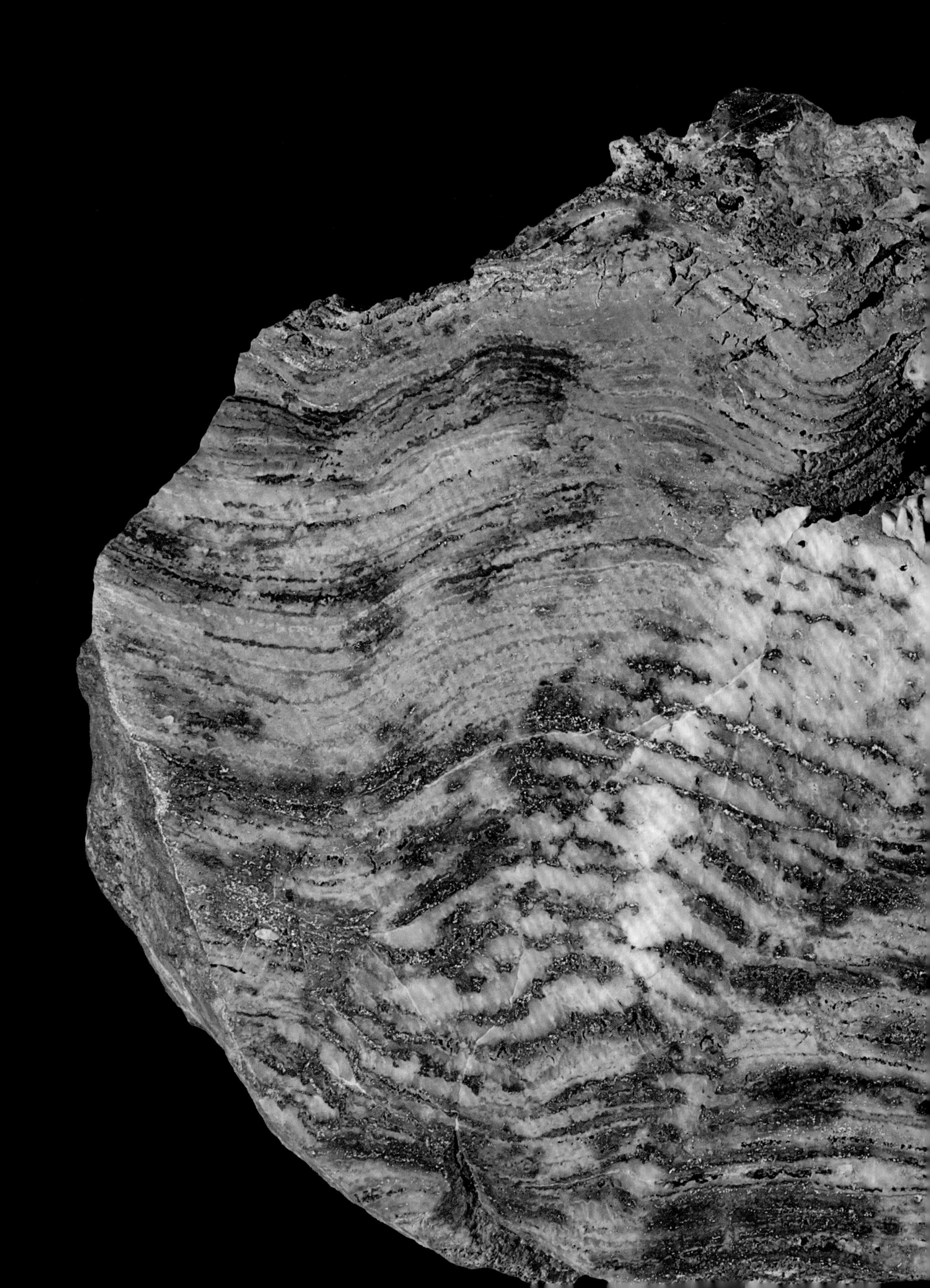

古生物

层叠石是一种沉积结构，它是最古老的地球生命的证据；这块层叠石中的化石可以追溯到350万年前。

关系。大量的高等动物存在的证据出现在5.3亿年前，这正是被称为寒武纪大爆发的生物多样性爆发时期。最早的多细胞有机生物化石被称为埃迪卡拉生物群，存在于6.55亿年前。当时许多有机生物都长得像海绵或软体动物，如今的后代一点也不像它们。一些埃迪卡拉生物的化石有类似动物的身体结构和已分化的头部，但由于这些生物身体柔软，现存的化石稀少，人们对它们的了解也十分匮乏。现在没有证据表明，6.55亿年前的地球上有多细胞生物。

从寒武纪大爆发后5亿年到今天，从地质学上来讲，这是相对短暂的一段时间，但在此期间生命的形态似乎变得前所未有的复杂。这只是一个粗略的简化总结，我们并不是在说进化是生物向着智慧生命前进的必然过程。然而有人可能会坚持说，从寒武纪大爆发之类的事件就能看出，生命进化获得智慧是必然的结果，但也有很多科学家强烈反对这一观点。

从LUCA出现到寒武纪大爆发经过了很长一段时间——30多亿年——如果我们想要寻找智慧生命出现的障碍，就应该研究复杂的多细胞生命出现前的那段漫长的时间。为什么地球上的单细胞生物“单”了那么长时间？大部分生物学家会指出，两次至关重要的进化革命是寒武纪大爆发的必要条件，但还需要其他条件。第一次革命是产氧的光合作用，一个充满氧气的大气应该是复杂生命进化的先决条件。现今，所有的多细胞生物都要呼吸氧气。这并不是一个偶然或是生物学上的侥幸事件，这是化学。我们通过氧化作用获取存储在食物中的能量——这是一种化学反应，在有氧气参与的情况下转化率在40%左右。食物也可以被其他元素（如

硫）氧化，但那些反应的转化率一般只有10%甚至更低。如果要保证食物链的循环，即掠食者吃猎物、它们的猎物吃植物等，那么氧气就应该是必需的元素。没有氧气的话，掠食者能获取的能量将在食物链的每一个环节都减少90%。这不是说缺少氧气的行星上会充斥着像羊或牛那样的食草动物，但肯定没有像猫科、鲨鱼或人类这样的掠食者。掠食者和猎物之间此消彼长的竞争是进化的最大动力，驱使着地球上的生物向着高等生物进化。无论你是掠食者，还是猎物，你的眼睛、耳朵和头脑都会成为你的生存优势。如果由于能量转化率的原因，导致这种捕食行为不复存在，那么高等生物出现的概率就小得多，甚至不会出现。

光合作用在很早以前就已经出现。在澳大利亚西部发现的有35亿年历史的微生物席结构由细菌组成，它们很可能是早期的光合作用生物，利用太阳光从硫化氢分子上夺取电子，并将电子用于和二氧化碳发生反应，产生糖分。它们不会用像叶绿素那样复杂的色素进行光合作用，所以和今天地球上郁郁葱葱的植物完全不同，它们更可能是利用与叶绿素同族但更简单的分子卟啉。卟啉是自然产生的，人们在月球岩石和星际空间中都找到了它的前体。生物就像是电路一样——它们需要电子流为新陈代谢提供能量，有了太阳光，再加上自然产生的分子可以让细菌捕获光能传递电子，所以在地球生命史中，原始的光合作用很早就已经出现，这也是很容易理解的。

由于利用太阳光作为光合作用的能量具有天然的优势，一部分原始的细菌利用光合作用做些其他的事也在意料之中——它们会合成一种叫作三磷酸腺苷（ATP）的分子，这是生物能量储存系统的关键。ATP是一种所有生物都拥有的分子，所以它一定具有很悠久的历史了，也许可以一直追溯到LUCA和生命起源之时。

叠层石：罕见的光景

全世界的叠层石数量因人类放牧的影响正在急剧减少，这些叠层石样本在澳大利亚西部的哈梅林湾海洋自然保护区中得以保留。

现代植物和藻类应用的光合作用是上述两种光合作用的混合过程，但其中有一个很重要的变化。最关键的一点是，该过程不再是从硫化氢分子中夺取电子，而是从水分子中夺取电子。这两种略微不同的光合作用结合在一起，利用太阳光从水分子中夺取电子，是进化史上一次伟大的飞跃，并直接让地球的大气中充满了氧气。这一过程被称为产氧光合作用，早在25亿年前生物就进化出了这一能力。我们之所以知道这一点，是因为地球在这个时候开始生锈，形成了被称为条状铁层的橘红色氧化铁岩层，表明当时的大气中充满了大量的自由氧气。氧分子很不稳定，是极其活跃的气体，所以当时肯定有生物持续稳定地向大气中释放氧气，所以在地外行星上寻找生命的天文学家们将检测到含氧大气层作为找到光合作用的标志。产氧光合作用是一个极其复杂的过程，分子间作用的机理被称为Z型反应体系，科学家们直到最近几年才理解了这一作用过程的细节。仅是产生糖分的部分，即光系统II，就包括46 630个原子。这个系统中的一部分——释氧中心（直到2006年才被发现）——会将水分子置于适当的位置，然后剥夺它们的电子。因此，在过去的十几亿年中，较原始的光合作用结构都没能结合在一起形成释氧Z型反应体系，这也是可以理解的。

然而，除了生命进化出产氧光合作用所需的漫长时间以外，还有证据显示出进化上的另一个瓶颈。今天，所有的绿色植物和藻类通过它们体内的叶绿素

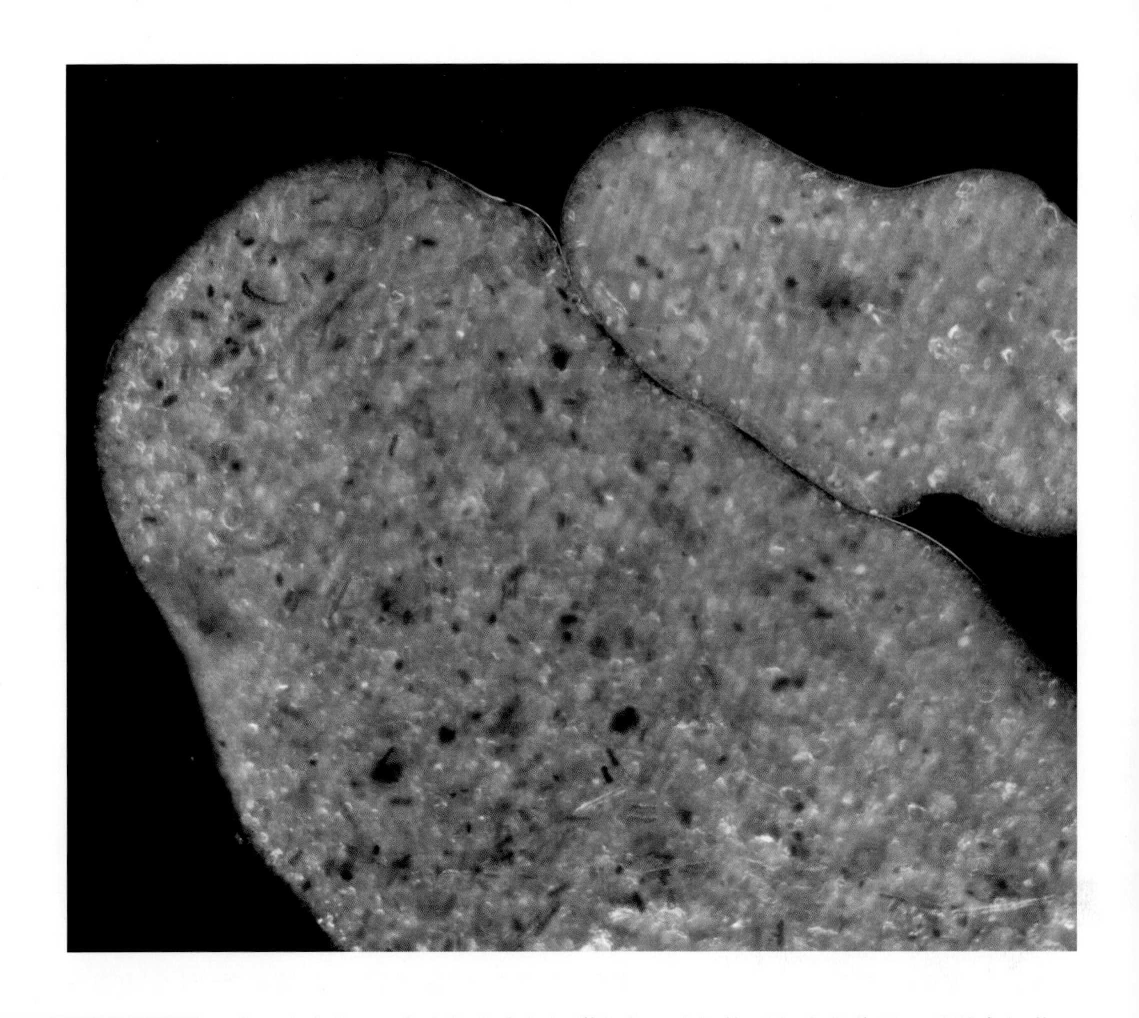

内共生

在巨型阿米巴原虫（多细胞阿米巴原虫）体内可以看见与其共生的细菌。

进行光合作用，为我们的大气提供氧气。叶绿体看起来很像是一种游离细菌，因为很久以前它们确实如此。最初的情况可能是一个属于蓝菌门的早期光合作用细菌被另一个细胞所吞噬，两者开始共同协作，进行从水分子上剥夺电子并用来产生ATP和糖分的复杂过程，最终释放这一过程的废弃产物：氧气。这种一个细胞吞噬另一个细胞并互相融合的行为被称为内共生，这是某些细胞的特殊能力，让不同有机体在漫长的时间长河中进化出来的能力通过融合得到质的飞跃。但关键是，今天在地球上存在的所有进行产氧光合作用的生物，使用的都是Z方法，这意味着它肯定只进化了一次，而这次进化最有可能是在25亿年前的蓝藻细菌上发生的。这次对生物极其有利的进化，被地球上不断涌现的每一种植物和藻类所利用，它们向大气中大量释放氧气，为寒武纪大爆发创造了条件。这次大爆发令地球上充满了数不清的形态各异的美丽生物。如果我们要寻找进化的瓶颈，那就是这个了。

但一个细胞究竟是怎样“学”会吞噬另一个细胞并存活下来的呢？内共生到底是如何出现的？在寒武纪大爆发的另一个先决条件——真核细胞身上，我们也许能找到线索，甚至是更大的瓶颈。所有的多细胞生物都是由真核细胞（即拥有一个细胞核和一组有着不同功能的细胞器的细胞）组成的。所有生物体内的真核细胞都十分相似，如果由一位对地球一无所知的外星科学家来观察，他会立刻发

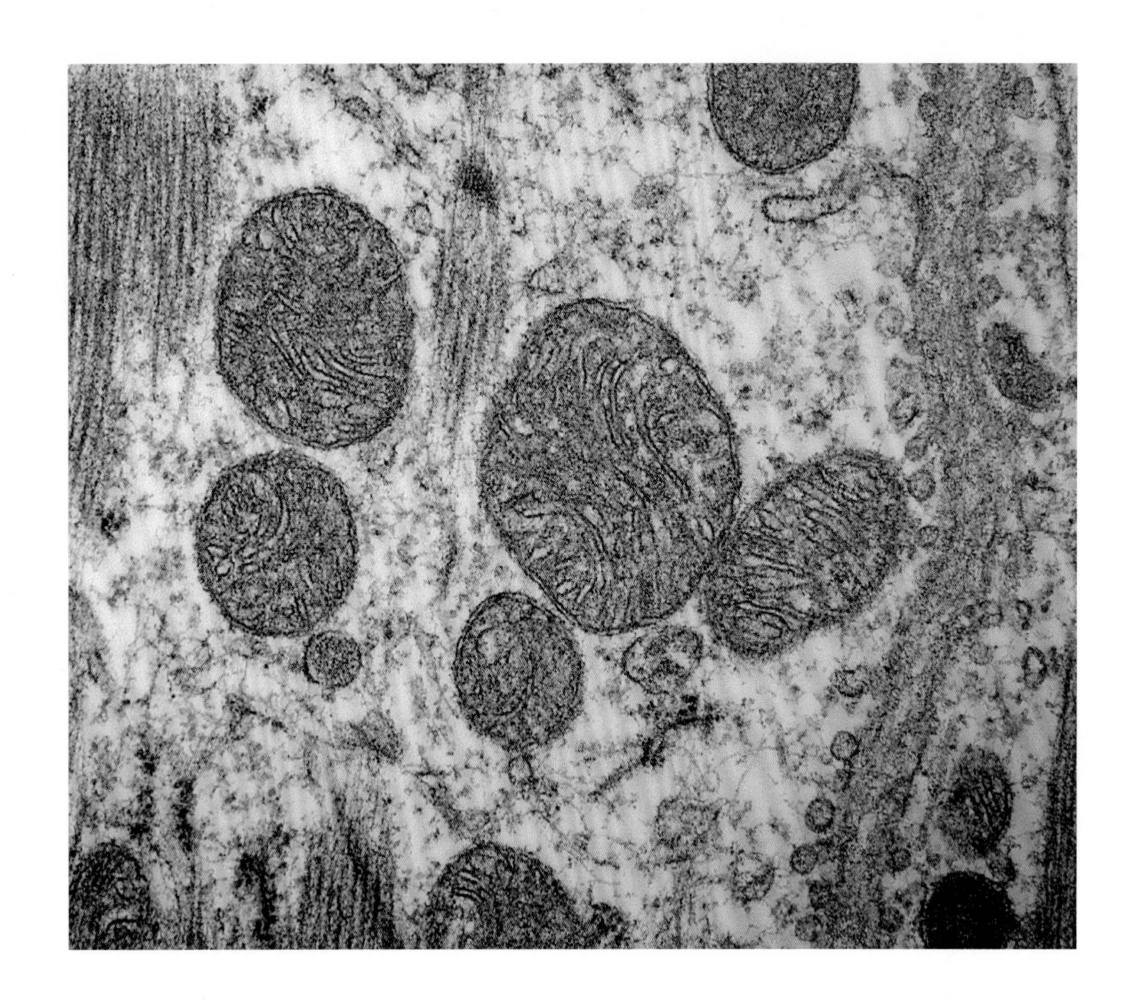

线粒体

这些看上去温和无害的圆圈其实是细胞的发电站，它们通过制造ATP为你提供了80%的能量。

现人类的真核细胞与一片草叶上的真核细胞有着紧密的关系。目前人类已知的最早的真核细胞大约是在20亿年前出现的，在那之前，结构更简单的原核细胞是地球上唯一的生物。细菌和古生菌这两个单细胞生命的家族至今依旧生生不息，它们统称为原核生物。我们之所以说它们结构简单，是因为它们没有真核细胞体内那种巨大且各司其职的细胞器，虽然它们会进行一些至关重要且极其复杂的生物过程——光合作用就是一个极好的例子。

真核细胞和原核细胞之间最大的区别就是真核细胞拥有细胞核，其中包含了大部分DNA。然而，在地球生命的进化历史中，存在于细胞核之外的那一小部分DNA才告诉了我们更多的故事。几乎所有真核细胞都含有一种叫线粒体的细胞结构。"几乎"这个词在生物学中被广泛使用，因为生物学和物理学不同，书本中的理论总是会被一个或两个例外所打破。大部分生物学家相信，即使某种真核细胞现在没有线粒体，它们以前也应该有，所以我们可以说，线粒体的存在是有普适性的。线粒体是细胞的发电站，它们的工作是制造ATP。你体内的能量中有大约80%来自于ATP，它由线粒体制造，没有它你也将不复存在。它们进化起源的线索被储存在它们的DNA中，而它们的DNA又被储存在细胞回路中，与细胞核内的基因物质分开储存。细菌也会将自己的DNA储存在细胞回路中，这并不是一个巧合，因为线粒体曾经是一种游离细菌。

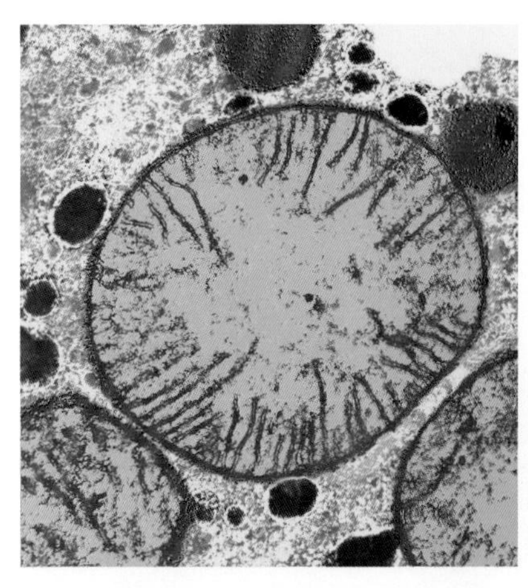
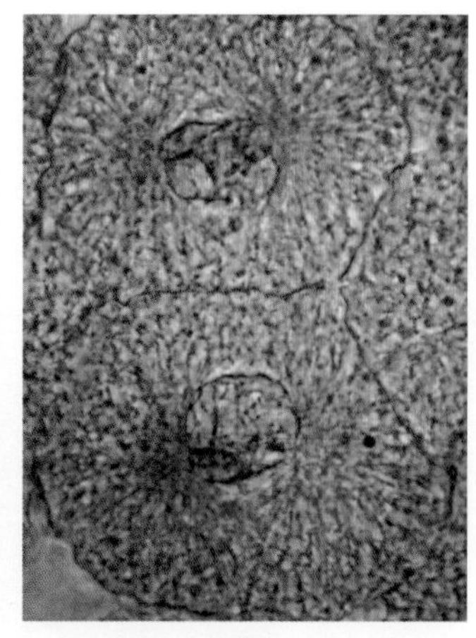
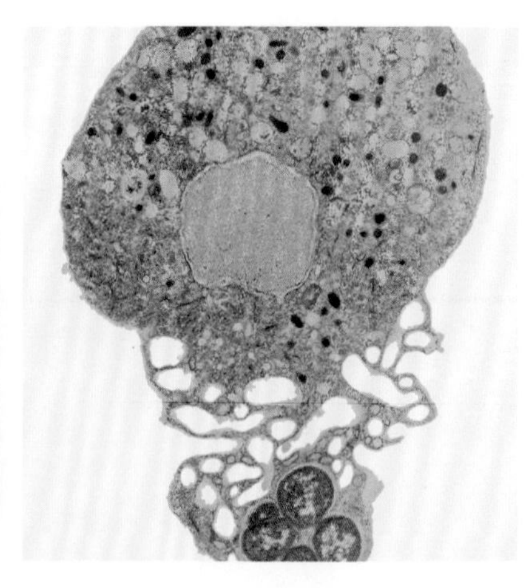

生命的积木

地球上的生物拥有形色各异的形态，但所有生物都是由同样的基础细胞组成的，这些细胞也都拥有类似的内部结构。从左到右，依次是哺乳动物的线粒体、白鲑鱼细胞有丝分裂之后的子细胞、嗜中性白细胞和被其捕获的细菌、细胞分裂、血红细胞核和细胞有丝分裂。

于是显而易见的问题就是，线粒体细菌是怎么跑到地球上所有复杂生物的细胞里的呢？答案是内共生，和叶绿素一样。但目前科学家们还没有就其细节达成一致的定论，而其中的细节才是最重要的。当然，线粒体原本是细菌这一点是毫无争议的。目前争论的焦点是宿主细胞原本的形态。一部分生物学家认为，宿主细胞原本就是真核细胞，在数百万年的时间中进化出了一种吞噬能力，即能够消化其他细胞的能力。这是一种传统的达尔文式的解释——某种生物在漫长的时间中通过突变和自然选择进行进化，获得更复杂的能力。如果这是真的，那么真核细胞和其他进化史上的革命一样，虽然非常重要，但只要有足够的时间，终究会出现在某个地方。而许多生物学家支持的另一个理论则完全不同。这个理论认为吞噬原始线粒体细胞就是真核细胞的起源。在这次吞噬事件之前，地球上不存在所谓的细胞吞噬行为或真核细胞，而这次“命运的邂逅”改变了一切。最近对DNA的研究证据表明，宿主细胞很可能是一个古生菌——原核细胞的两大分支之一。在原始海洋的某个地方，这个简单的原核细胞吞噬了一个细菌——这是任何细胞从未做到过的事——而极其幸运的是，这对细胞存活了下来，并开始繁殖。古生菌得到了巨大的好处——从细菌复杂的ATP工厂源源不断而来的、不可思议的能源。而细菌也得到了一个好处——它被永远保护了起来，得以全身心地投入为宿主制造能量的过程中。如果这个理论是正确的，那么地球上复杂生命的起源就是一个纯粹的偶然。如果没有线粒体的能量补给，就无法进化出拥有复杂细胞结构的真核细胞，也不可能进化出高级的多细胞生命。即使今天的地球上有生命，也只有原核细胞，肯定无法成为人类文明的摇篮。

我无法告诉你哪一个理论是正确的，因为如果对错显而易见，那么所有生物学家们都能达成一致。我个人的感觉是，所谓“命运的邂逅”是认同度更高的理论，如果这个理论正确的话，它就会在估算智慧生命进化的概率时产生至关重要的影响。真核细胞肯定是智慧生命的基础，没有一个生物学家会认为只要有足够的时间和合适的条件，擅长光合作用和线粒体机理的原核细胞终有一日就能够制造射电望远镜。没有真核细胞的话，地球上只会有一望无际的黏液。

我认为这在德雷克方程中是非常重要的，如果这种理论正确，那么地球上出

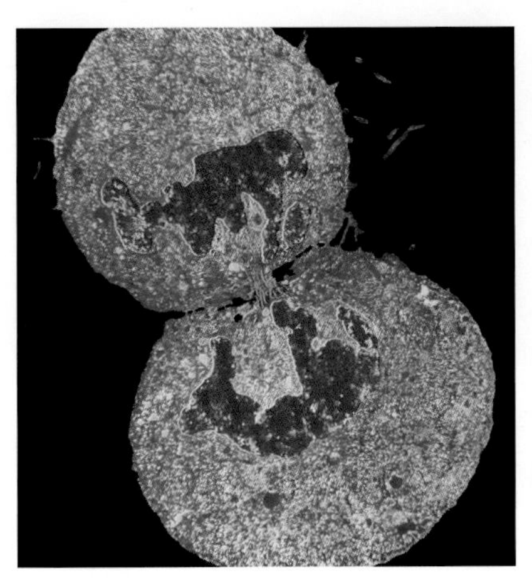
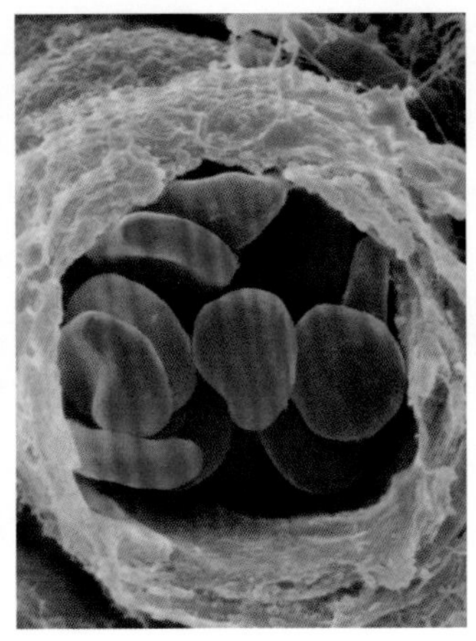

现复杂的多细胞生命的必要条件中，起码有两个因素是完全不可靠的偶然事件，这样一来，它们就可以被认为是银河系中任何星球上进化出智慧生命的瓶颈。

那么要估算一颗行星上出现生命进而出现智慧生命的概率，我们该怎么办呢？从这里开始我们要暂时告别科学，更多依靠猜测和个人观点，所以我来说说我自己的想法。

如果地球上有了真核细胞和充满氧气的大气，生命就会开始变得多种多样，并迅速变复杂。寒武纪大爆发就发生在大气中氧气含量急速增加之后，这肯定不是一个巧合。至于是不是有足够的时间——比如说5亿年——和恰当的生物结构，令某个星球上进化出有能力建立文明的生命，这就是另一个问题了。即使有了像灵长类这样复杂的生物，只有东非大裂谷的特殊环境才令早期现代人在仅仅25万年前出现，这说明能建立文明的智慧生命的出现是非常罕见的，更不要说只有真核生物和充满氧气的大气这样的环境条件了。

乐观的科学家坚持认为，银河系中有数十亿颗星球可能存在生命，而因为地球上的生命在冥古宙的恶劣环境结束之后就立刻出现了，那么银河系中应该充满了生命，因此也充满了文明。我也认为银河系中充满了生命——我认为从化学上来说，这是必然的结果。然而即使接受这个论点，悲观的科学家肯定会指出，真核细胞和产氧光合作用的进化是一个潜在的瓶颈。在地球上，生命花费了30亿年才达成了寒武纪大爆发。那就需要行星的环境在30亿年内保持稳定——这是宇宙年龄的1/4。如果其中一个必要的步骤——比如那次命运的邂逅——只是无数可能性中最幸运的一种，那么我们可以很容易想象出，银河系200亿颗像地球一样的行星中，全都是被原核细胞黏液覆盖着的星球。银河系中充满了生命，这是肯定的，但是否充满智慧生命呢？根据目前所知的地球上的原核细胞进化到文明的过程，我不能给出肯定的答案。

时间中的一瞬间

让我们最后一次回顾1961年的绿岸会议，德雷克和他的同事们所拥有的科学证据比我们今天的少得多，但他们依旧得出了乐观的结论，认为我们的银河系非常适合生命生存，其中充满了像地球一样、沐浴在温和恒星光芒中的行星。他们也认为，这数十亿颗宜居星球中，肯定有很多存在着生命，而又因为达尔文的自然选择进化论肯定在全宇宙都适用，他们总结出在这些有生命的星球中，起码有一部分已经出现了智慧生命。就像我刚才所说的，我不太确定那里是否有智慧生命，但我们起码应该考虑一下，像真核细胞和产氧光合作用之类的潜在进化瓶

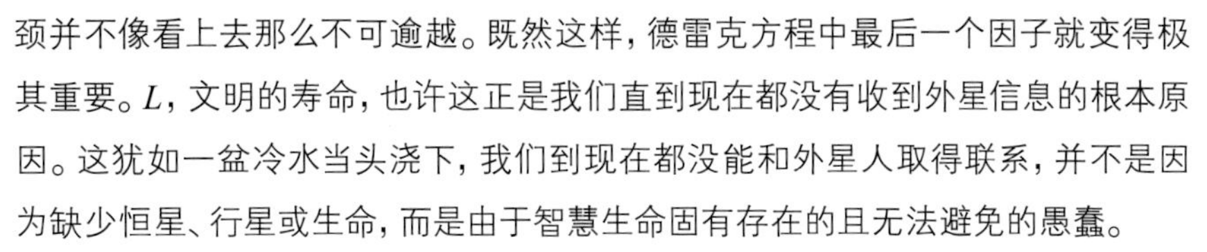

颈并不像看上去那么不可逾越。既然这样，德雷克方程中最后一个因子就变得极其重要。L，文明的寿命，也许这正是我们直到现在都没有收到外星信息的根本原因。这犹如一盆冷水当头浇下，我们到现在都没能和外星人取得联系，并不是因为缺少恒星、行星或生命，而是由于智慧生命固有存在的且无法避免的愚蠢。

格陵兰岛上正在融化的冰川

格陵兰岛上正在融化的冰川提醒着我们人类正面临着致命的威胁，这源于气候变化和我们自身蓄意对地球所造成的破坏。

这么说也许有点重了，但曼哈顿计划的成员菲利普·莫里森在绿岸会议中也表达了同样的观点。莫里森亲自参与了第一颗原子弹的设计和研发，是他将“小男孩”装载上了飞往广岛的“艾诺拉·盖”轰炸机。人类曾经两次将能够摧毁文明的武器投放到文明目标上，而且莫里森本人还参与装载了其中一颗核弹，这样的事实肯定令他一直无法释怀，而在古巴导弹危机的前夜，事情看上去肯定像是我们要重蹈覆辙了，而且这一次规模更大。

德雷克也意识到了这一点，这肯定是他将科技文明能够存续的时间作为因子引入方程的原因之一：毕竟，我们只能与和我们同时存在的邻近文明进行通信。这可能也是费米悖论的一个答案，某个文明在发展出射电科技之后，马上就会自我毁灭，因此在银河系中，不同时代且昙花一现的智慧文明之间永远无法进行通信。这似乎是一个狂妄自大的幻想，我们怎么能假设宇宙中所有的生物都和人类一样愚蠢呢？我们当然不能，但就像我们之前总结出其他星球上必然会出现复杂生命的时候一样，我们唯一的参考样本只有地球，所以我们只能从自身的经验向外推广。在地球上，卢瑟福在1911年发现了原子核，仅仅51年后，知晓了核武器致命破坏力的赫鲁晓夫和肯尼迪险些一起给世界画上句号。直到今天，我们依然不知道当时我们离毁灭近40亿年的进化成果有多近。在地球上，人类在有能力制造出大炸弹后，才有了理智和远见，才懂得了珍惜稀有而宝贵的文明。我们有核弹，但我不认为所有人都有那种远见卓识。为什么其他年轻的文明不会重蹈我们的覆辙呢？如果这就是宇宙中一片寂静的原因，那么我觉得我们可以安慰自己，我们不是银河系中唯一存在的傻瓜，但这是我能想象到的最冷酷的安慰。

当然，这些观点可能被人认为很天真。有人会争辩说，共同毁灭原则让我们的文明稳定下来并存续至今。也许没有一种智慧生命会故意进行自我毁灭，比如地球上差点儿爆发的全球核战争。肯尼迪和赫鲁晓夫最终还是意识到了这一点。同样的，如果海平面上升淹没了迈阿密和诺维奇，气候变化的怀疑论者（我更愿意用另一种称呼）会变得哑口无言，并推动政策改变，最终及时避免灾难性的、关乎文明存亡的气候变化。然而在我看来，如果人类不改变对自身的看法，地球这么一颗小星球是无法继续供养越来越庞大兴旺的文明的。现在的人类分成了几百个国家和地区，由于所谓的地方差异和武断的教条信仰，他们各自有自己的国界和利益。从整个银河系的角度来看，这些事情根本是无关紧要且毫无意义的。当我们面临全球性的问题，例如共同毁灭原则、小行星威胁、气候变化、流行疾病和天知道还会出现的什么问题时，我们必须解决这些分歧才能让人类文明在21世纪后继续存续下去。这种听上去似乎过于乌托邦式的想法，也许就为宇宙中的寂静提供了一个可能的答案。

那么，我们究竟孤独不孤独?

那么，我们用目前手上所有有限的证据估算银河系中文明的数量时，得出的结果究竟应该在什么范围呢? 在拍摄《人类宇宙》期间，法兰克·德雷克告诉我，绿岸会议最终得出的数值是大约1万个文明，而他还没有看到任何值得改变这个估算值的新发现。这个数值很棒，它令寻找来自外星文明信号的工作成了21世纪最伟大的科研任务之一。我非常支持SETI的工作，因为只要能与一个外星文明取得联系，就将成为空前的伟大发现，光是这一点，就值得我们投入那么多的资源。

然而，有另一个证据，似乎证明了我们小小的地球是一个更加孤独的地方。1966年，数学家兼博学家约翰·冯·诺伊曼将其一系列演讲整理出版，书名为《论自我复制机器人》，在其中他详尽分析了制造能够自我复制的机器人的方法及其可能性。当然，这样的机器在自然中就存在——所有的生物都是这么做的。因此，原则上我们可以想象一个足够先进的文明制造了一个冯·诺伊曼式、能够自我复制的空间探测器，将它发射到宇宙中探索整个星系。当探测器到达一个行星系统时，它会在行星、卫星和小行星上开采矿石，从中提取必需的原料，用来制造一个或更多的自我复制品。新制造出来的探测器会自己发射升空，去往邻近的行星系统，并重复这一过程，如此扩展到整个银河系。即使恒星之间的距离相隔甚远，也可以通过计算机以目前可以想象的火箭技术来模拟这一过程，结果显示这样的策略可以在100万年内探索完整个银河系。

像科幻小说吗? 听上去是很像，但如果没人能从原理上反对冯·诺伊曼式空间探测器的话，那么有人就会问为什么我们到现在都没有发现外星人的探测器。其中的原因是时间跨度，银河系在100多亿年间都能够孕育生命。所以在这么漫长的时间范围内，有数百万个文明兴起又衰落，只要其中有一个文明成功制造出了冯·诺伊曼式空间探测器，那么银河系现在应该处处都有它的后代; 今天应该起码有一台冯·诺伊曼式空间探测器在我们的太阳系中飞行。卡尔·萨根和天文学家威廉·纽曼注意到这个论点中的一个缺陷。如果探测器以指数形式无限制地增长，那么它们将很快耗尽整个银河系中的资源，我们早应该发现这一点! 更确切地说，根本不可能出现地球人来思考这个问题。萨根分析说，这个显而易见的风险会让任何智慧生命停止建造冯·诺伊曼式空间探测器。它们是末日机器。其他天文学家认为，如此先进的文明肯定能够设计出带有保险设置的机器，例如每一个行星系统只有一台探测器，或者为每台探测器设计有限的寿命。其他人却认为，也许现在我们的太阳系中真的有一台冯·诺伊曼式空间探测器，它带有的保险设置会防止它把所有星球都挖掘殆尽。如果这种探测器体形较小，也许它就藏在小行星带甚至海王星轨道之外充满冰冷彗星的柯伊伯带中，那么我们肯定发现不了它。

冯·诺伊曼式空间探测器不会是超级先进文明的唯一手笔，想象一个超越我们数百万年的先进文明，他们会建造行星尺度的工程，能够制造星际宇宙飞船或将无法生存的行星系统改造为殖民地。为什么不呢? 我在本章的开头就说过，我们从怀特兄弟发明飞机到探索月球只花费了一个人一生的时间，那么我再问一句，

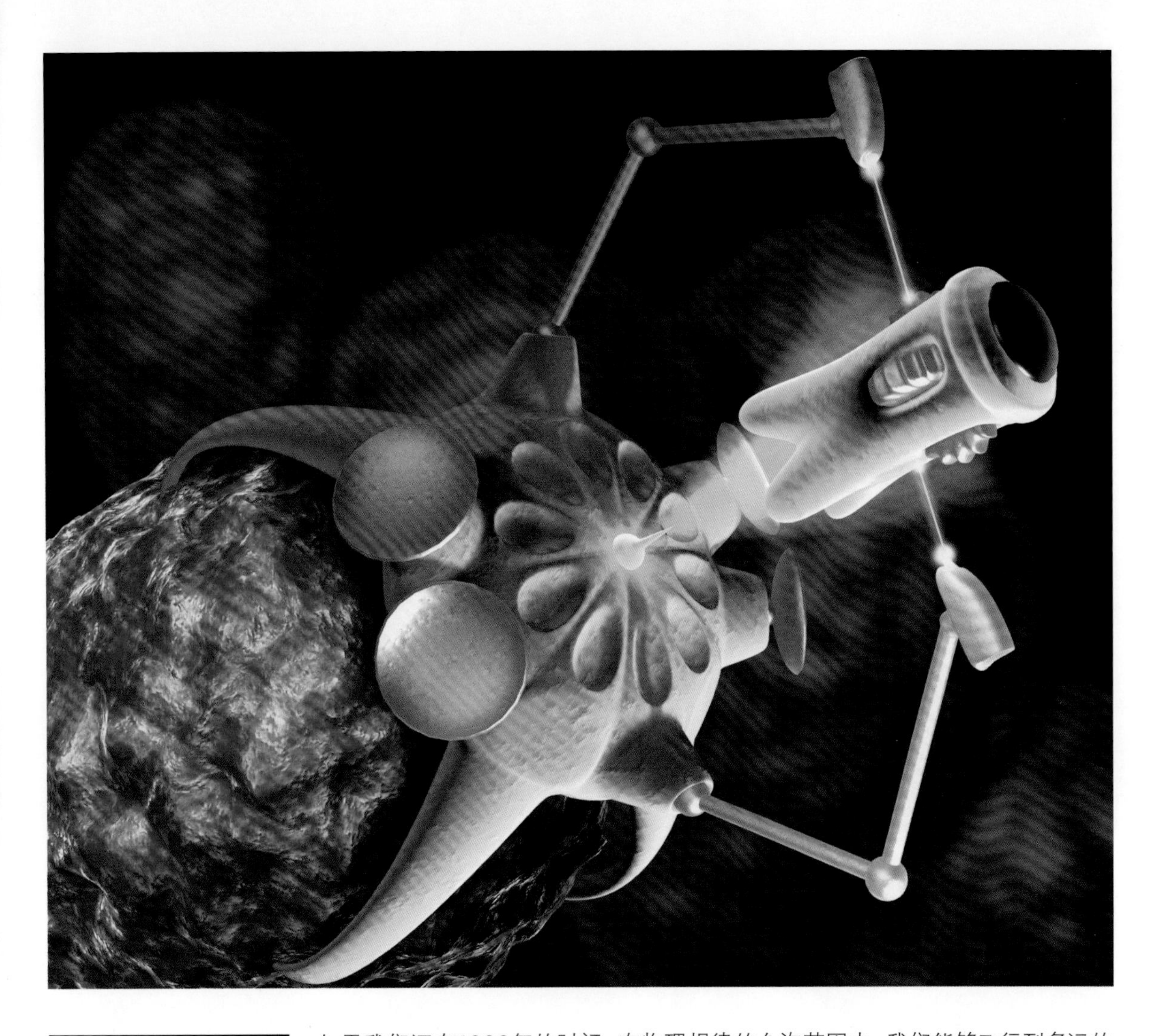

与机器人的邂逅

理论上，与具有星际旅行能力的文明的邂逅，更加可能是与他们所制造的能够自我复制的机器人而非与他们本人相遇。这幅计算机插画上，是一台纳米机器人用一个机械爪将自己固定在一个细菌上。像这样的纳米科技的目标之一就是设计自我增殖系统，这能够让大型制造项目在经济上获得可行性。

如果我们还有1000年的时间，在物理规律的允许范围内，我们能够飞行到多远的地方？下个1万年呢？下个100万年呢？如果我们的文明能够存续并繁荣那么长时间，我们会在天空中留下什么样的痕迹？这些问题没有一个是无关紧要的，因为银河系已经度过了漫长的岁月供生命进化，迫使我们要考虑这些问题。人类掌握制造宇宙飞船的技术只有半个世纪，在130亿岁的宇宙中，怎么可能是最先进的文明呢？我找不到答案，这让我辗转反侧。也许恒星之间的距离的确太远了，也许制造自我复制的机器或宇宙飞船有不可逾越的困难，但我想象不出来。

因此，我倾向于在辩论中秉持以下观点：我认为高级的、具有星际旅行能力的文明是极其稀少的，不是因为天文学限制，而是生物学限制。我认为地球上的生命花费了40亿年才进化出文明这一点是非常重要的，这花费了宇宙1/3的寿命，实在是非常漫长的一段时间。再加上真核细胞和产氧光合作用出现的偶然性——更别提从寒武纪大爆发到现代智人及其文明的出现之间5亿年的漫长岁月——我认为这显示出科技文明也是非常罕见的，大约2000亿个行星系统中只有还不到一个这样的文明。这就是我给出的费米悖论的答案。我们是银河系中第一个出现的文明，我们是孤独的。这是我的个人观点，而现在人类对自身安全的漫不经心让我胆战心惊。你怎么看？

Pechora
Berezov
Tobolsk
Orsk
Turgai
Emba
Kazalinsk
USA
NASA

第 3 章
我们是谁？

但是有人会问，为什么是月球？
为什么选择它作为我们的目标？
就像他们还会问，为什么要攀登最高的山峰？
35年前，为什么要飞越大西洋？
……
我们选择飞向月球。

约翰·F.肯尼迪

太空人

有人曾问宇航员约翰·杨，如果他的墓志铭是“约翰·杨：终极探索者”，他会作何感想。杨微微一笑，以测试飞行员特有的方式【译者注：始自美国传奇试飞员查克·叶格，他慢吞吞的说话方式被飞行员竞相模仿】慢吞吞地回答道：“我会为写这句话的人感到悲哀。”杨一直是我心目中的英雄。我对人类太空探索最初的生动记忆，始于1981年4月12日，那天我看着哥伦比亚号航天飞机喷射出水汽直冲卡纳维拉尔角的蓝天，好像爬上了明亮的高塔。航天飞机发射时正是曼彻斯特的中午，那天是复活节假期，当时我13岁。因为发射时间推迟了两天，哥伦比亚号航天飞机的测试飞行正好是在尤里·加加林太空之旅20年后的同一天进行的。1961年4月12日，加加林开始了他黑白影像下的环绕地球的太空旅行。而身穿橘黄色宇航服的杨和他的搭档宇航员罗伯特·克里彭是走向未来的彩色时代的宇航员，他们对苏联英雄加加林的超越，正如机翼洁白炫目的哥伦比亚号超越苏联的东方一号一样。位于这两个时间节点中央的是载着杨两次成功登月的阿波罗号。这是乐观主义的时代，奇迹诞生的时代，猿人飞入太空的黄金时代。这艘宇宙飞船是NASA唯一一艘发射前未进行无人飞行测试的载人飞行器，当它发射时，镇静的飞行员杨并没有感到心跳加快。两天后，他驾驶着哥伦比亚号准确无误地手动降落在爱德华兹空军基地，这时，他转身对克里彭说：“我们——整个人类——离群星不远了。”

在2014年，群星好像比在1981年时离我们更远了；国际空间站是工程学的奇迹，让我们有机会学习如何在近地轨道上生活和工作，但它并不比哥伦比亚号距离群星更近。它的建成无疑是伟大的成就。在尖端工程项目中，我们学到的最重要一点就是：实践是学习的唯一方法。我们无法靠想象进入太空，我们只能飞向太空。但是我切身体会到比利·布拉格说的一句话：我们进展得太快，太空竞赛已经结束了。

在加加林的时代，情况并非如此。没有人天生就是宇航员。我们不过是猿人，经历了自然选择的洗礼，得以在东非大裂谷生存下来。加加林的父亲是一名木匠，母亲则是一名挤奶工，他们都在集体农场工作。加加林16岁时得到的第一份工作是在炼钢厂，但加加林对成为一名空军飞行员、翱翔于蓝天有浓厚的兴趣，随后，21岁时他参军了，成为航空学校学员，并被推荐到奥尼堡第一契卡洛夫空军飞行员学校学习。凭借娴熟的技能和聪明的头脑，加加林脱颖而出。1960年年初，他和其他19名精英飞行员被选中，参与到新成立的太空项目中。加加林的身高只有1.57米，正适合狭小的东方一号载人飞船，因为这个单座的驾驶舱外径也不过2.3米。经过一年的训练，宇航员项目主管尼古拉·卡曼宁在加加林和戈尔曼·季托夫之间选择了前者；这是东方一号起飞前4天才做出的决定。历史上有许多伟大人物，他们能被人类铭记，凭借的仅仅是微弱的优势。只要宇宙中还有人类，加加林和阿姆斯特朗的名字就不会被人遗忘；而同样杰出的苏联第二位宇航员季托夫的名字，则已消失在历史的尘埃中。

加加林开启的绝对是一次驶向未知的旅程。27岁的他被固定在东方-K火箭上，表现出了试飞员的真本色。东方-K火箭之前飞行过13次，其中有11次进入了太空。发射时间推迟了2小时，那是因为在此期间太空舱舱门的所有部件被拆下

东方一号宇宙飞船的绕地轨道

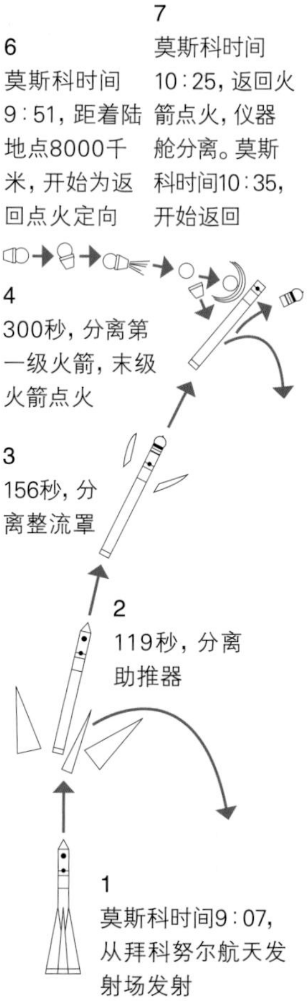

1
莫斯科时间9:07，从拜科努尔航天发射场发射

2
119秒，分离助推器

3
156秒，分离整流罩

4
300秒，分离第一级火箭，末级火箭点火

6
莫斯科时间9:51，距着陆地点8000千米，开始为返回点火定向

7
莫斯科时间10:25，返回火箭点火，仪器舱分离。莫斯科时间10:35，开始返回

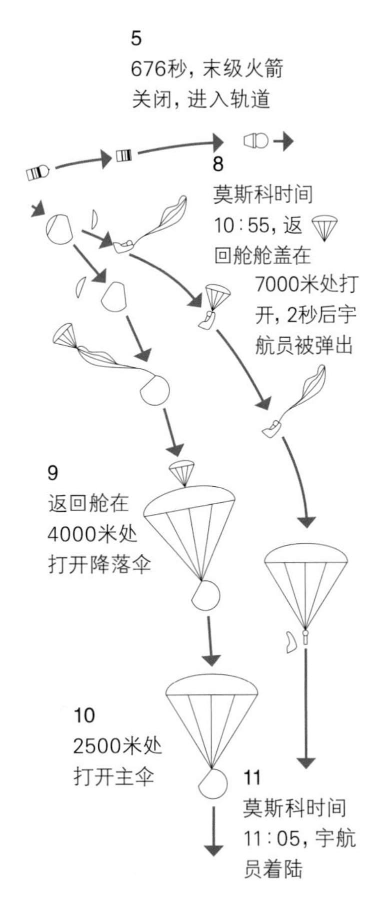

太空竞赛开始

东方一号确立了苏联人和太空人尤里·加加林在史书中的地位。1961年4月12日，东方一号和加加林成功完成了第一次载人太空飞行。探索太空的竞赛开始了。

来又重新安装，而加加林一直被固定在座位上，在发射前，他的心率依然保持在64次每分钟。但这并不意味着加加林对自己即将要做的事情一无所知。在登机前，他发表了一篇演讲，后来这篇演讲被誉为那个时代最伟大的演讲之一。

“亲爱的朋友们，无论我是否认识你们，祖国同胞们，所有国家、所有大陆上的人们，几分钟后，一艘伟大的宇宙飞船将带着我进入遥远而又广袤的太空。在启程前的最后几分钟，我应该对你们说些什么呢？此时，我的一生仿佛被浓缩到这辉煌的一刻。迄今为止，我所经历和做过的一切事情都是为了这一刻。我已经为这次考验全身心地训练了很久，而现在它近在咫尺，你们一定能理解我此时难以言表的心情。不用我说你们也可以想象，当我得知自己将执行这次历史上的首次飞行时，我是何种心情。是高兴吗？不，不仅如此。是骄傲吗？也不仅仅是骄傲。我感到无比幸福。成为第一个进入宇宙的人，并独自与自然进行一场前所未有的对决，还有谁的梦想能比这个更伟大呢？不过，我马上意识到了自己所背负的重任：我将成为第一个去完成几代人梦想的人，成为第一个为人类探索太空铺平道路的人。这不是对一个人负责，不是对少数几个人负责，也不是对一群人负责；这是对全人类负责，对他们的现在和将来负责。我对这次即将开始的太空飞行感到高兴吗？当然高兴。毕竟，从古至今，对人类来说，最幸福的事情就是参与探索未知。现在距离我的出发时间只剩几分钟了。我要对你们说“再会”，亲爱的朋友们，这就像我们远行前所做的告别。我非常想拥抱你们每一个人，无论我们是否

时代的英雄

尤里·加加林的太空之旅成为苏联以及全世界的头条新闻，他的名字被铭刻在他的祖国和世界的历史中。

ТРИУМФ З

Весь мир восхищен бесп

认识，无论我们是否熟悉。再见了！”

只是基于对原因的简单评判，我们就会轻易给人类行为贴上老套的标签——伟大、可怕或者介于两者之间的评价。有人会说，火箭搭载升空的不仅仅是宇航员，还有超级大国的自负，这确实没错。但是我敢说，所有人都能从加加林的字里行间感受到他的真诚。我们所有行为背后都隐藏着各种动机，有的很有意义，有的却不是，但人类最伟大探险的价值不会因此而折损。

当地时间上午9点07分，加加林从哈萨克斯坦的拜科努尔航天发射场起飞，此后所有苏联/俄罗斯宇航员都是从这里启程。不到10分钟，他就进入了距地面380千米的绕地轨道。在飞越了西伯利亚荒原和太平洋后，他飞过夏威夷群岛，越过南美洲的最南端，进入南大西洋，这时他迎来了第二次日出。之后在安哥拉海岸上空经过42秒的点火减速，东方一号承受了8倍于重力的力，降轨进入抛物线轨道，一头冲进地球的浓密大气中。环绕地球家园一圈的旅行用时1小时48分。在距地面7千米处，加加林按照计划被弹射出驾驶舱，和宇宙飞船分别降落。加加林乘着降落伞，在苏联恩格斯市附近一处距离预计降落点280千米远的地方缓缓着陆。他身穿橙色宇航服，头戴白色头盔，一位农夫和他的女儿成为他这次历史性返航的仅有的见证人。“当他们看到我穿着宇航服，走路时还在后面拖着降落伞时，吓得跑开了。”后来加加林回忆道，“我告诉他们，不要害怕，我和他们一样是苏联公民，刚从太空回来，我现在必须打电话向莫斯科汇报！”

СОЦИАЛИЗМА

ным подвигом советского народа

Пролетарии всех стран, соединяйтесь!

Коммунистическая партия Советского Союза

ЛЕНИНГРАДСКАЯ ПРАВДА

ЛЕНИН

ОРГАН ЛЕНИНГРАДСКОГО ОБЛАСТНОГО И ГОРОДСКОГО КОМИТЕТОВ КОММУНИСТИЧЕСКОЙ ПАРТИИ СОВЕТСКОГО СОЮЗА, ОБЛАСТНОГО И ГОРОДСКОГО СОВЕТОВ ДЕПУТАТОВ ТРУДЯЩИХСЯ

Год издания 44-й № 90 (14036) | Пятница, 14 апреля 1961 года | ЦЕНА 2 КОП.

人类的进化

人类的进化图谱将人类的基因史追溯到旧世界猴，它们于2500万年前在地球上漫步。随着大量化石被发现，包括一般被称为露西的著名的南方古猿化石，我们拼凑出了我们祖先的图像。我们认为，在800万到700万年前，我们与黑猩猩分离，不再停留在树上，而是开始更多地待在地面上，这就是我们向两足智人进化的开始。

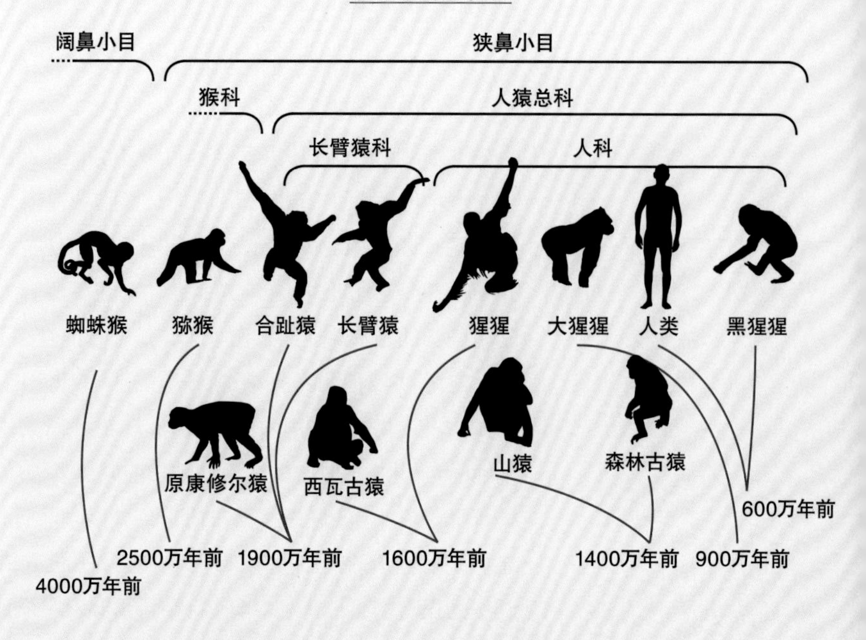

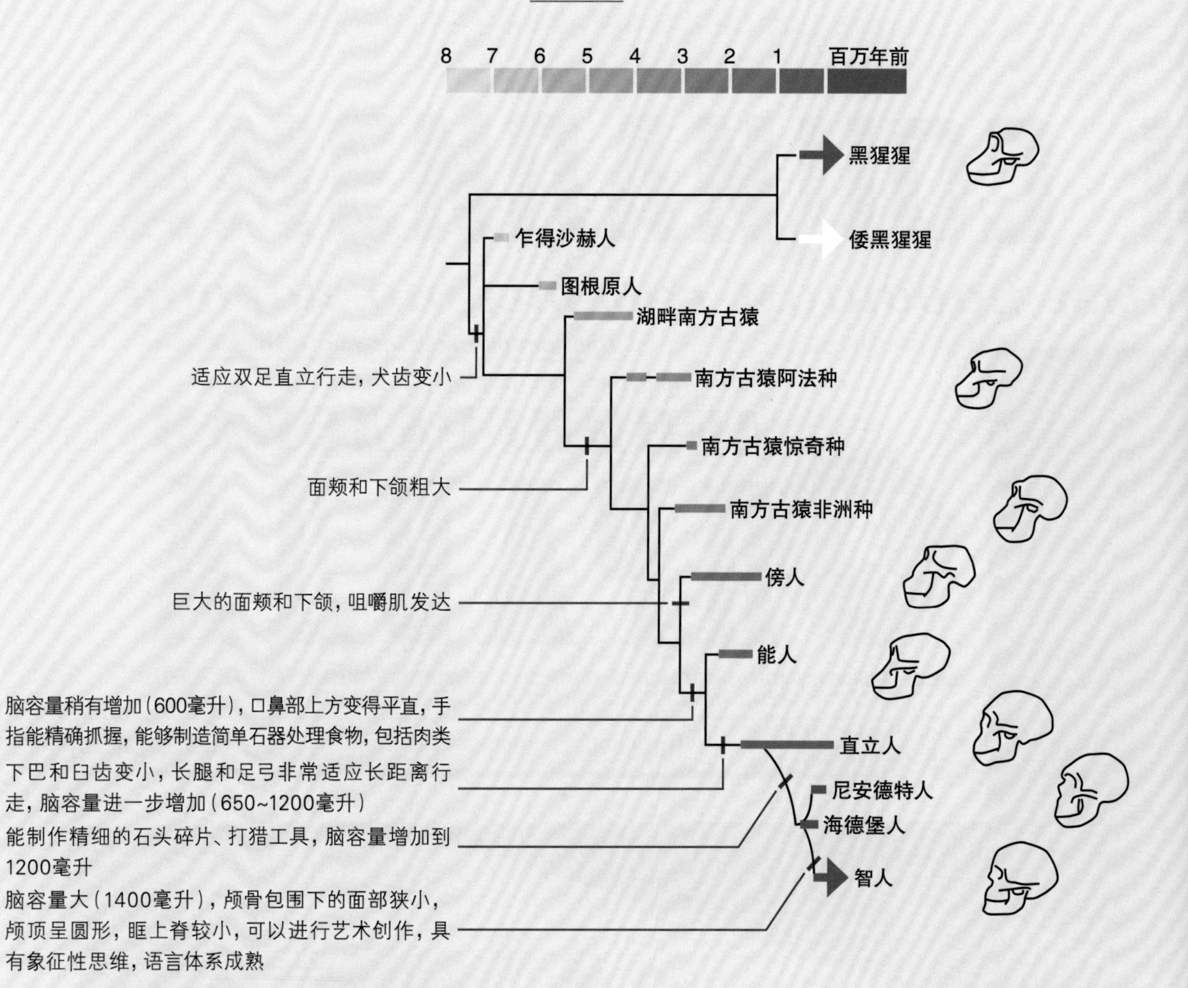

猿 人

在地球生命的历史中，灵长类出现得很晚。对线粒体DNA的研究显示，包括马达加斯加狐猴祖先在内的原猴亚目，在6400万年前从我们所属的简鼻亚目中分离，这说明在此之前它们有共同的祖先，且这个共同祖先生存的时代不会比二者早太久。目前发现的最古老的完整灵长类动物化石是阿喀琉斯基猴，这是一种生活在5500万年前的树栖动物。2013年，它的化石出土于中国中部的化石层，这种小生物比人的手还小，所以它不仅是最古老的，还是已知最小的灵长类动物。

我们属于人科，更普遍的说法是类人猿，我们和旧世界猴类共同的祖先大约生存在2500万年前。在制作《人类宇宙》纪录片的过程中，我们在埃塞俄比亚高原拍摄到了人类远亲中一个很罕见的物种。从亚的斯亚贝巴到海拔3000米的Guassa高原，一开始路还很好走，后来就变得崎岖，但景色随着海拔的升高愈发迷人。乌云背后时隐时现的阳光给生长在陡峭山坡上的野草镀上了金光，勾勒出坐落在高原山谷中的原始村落的样貌。东非大裂谷一侧的山峰上，空气清冷，也没有蚊虫打扰，在这里喝茶吃Shiro再好不过。Shiro是由鹰嘴豆和扁豆制成的埃塞俄比亚辣味特色炖菜。景色壮阔苍凉的Guassa高原夜间温度很低，我们在社区旅馆过夜，第二天清晨时分出发。狮尾狒会在黎明时分到海拔较高的陡坡上去觅食，我们计划在它们觅食回巢的路上与它们打个照面。

狮尾狒是旧世界猴的一种，只生活在埃塞俄比亚高原。狮尾狒属曾遍布非洲、南欧和印度，如今只有这一种存活下来。雄性狮尾狒体格强壮，毛发很长，体重超过20千克，长着白毛的胸部上有一块明显的红色皮肤。有人告诉我不要直视它们的眼睛，所以我没看。5万年前，我们的星球度过最近一次冰河期，狮尾狒退居至东非大裂谷旁的高原上，并生活至今，是现存的唯一一种草食性灵长类，以高山上坚韧的草为食，偶尔吃一些香草。

地球上最古老的灵长类动物

发现于中国中部的湖北省，这是迄今为止找到的最古老的树栖灵长类动物的完整化石。

它们一群一群地慢慢向我们靠近，行动中带着无比的灵巧和从容，显示出除人类以外的灵长类动物中最复杂的社会结构。我见到的大部分群体有1~2只雄性狮尾狒，8~10只雌性，以及它们的孩子。这样的群体被称为繁殖小组，成员中有明显的阶级分层。雌性一生一般都只待在同一个小组，但是雄性每隔4~5年就会换个地方。也有全部由雄性组成的小组，包含10~15名成员。这些社会小组组成更高等级的团体，比如团队、帮派或群落。我们遇到的群体里有几百只狮尾狒，它们在自己的小部落里漫步，雌性和幼崽时不时停下来吃东西、梳理毛发或者做游戏，这时更强壮的雄性就警惕地看着我们。

尽管2500万年前人类与狮尾狒就开始单独进化，但大体上看，狮尾狒很容易

旧世界猴

狮尾狒生活在埃塞俄比亚高原的草原地区，属于曾遍布于非洲、南欧和印度的狮尾狒属。狮尾狒是该属中唯一存活至今的物种。

就能被赋予人性，主要是因为它们的行为和我们类似，而且它们的幼崽看起来非常可爱。和我们一样，它们一生中大部分时间是在地面上度过的，过着群体生活。一些熟悉狮尾狒的研究人员称，它们是除人类外，拥有最复杂交流方式的灵长类动物，可以用手势和一连串不同的声音表达安慰、平抚、恳求、进攻和防卫等信息。但是尽管如此，狮尾狒掌握能力的复杂程度，远不及人类所拥有的最简单技能。当然，这太显而易见了——它们可是猴子啊！但不那么显而易见的就是“这是为什么”。我们和狮尾狒的祖先同时开始分别进化，但这不言自明的道理将我们引向了一个更深奥的问题，在过去的2500万年间，我们的祖先究竟经历了什么，让我们飞向了群星，却把它们留在Guassa高原的山坡上啃草呢？

天空中的露西

父辈的脚印

发现于1978年，已知最早的人类脚印。这串发现于坦桑尼亚利特里、长达27米的脚印如今被称为利特里脚印。

我是个狂热的航空迷，痴迷于飞机。我曾前往非洲拍摄《猿人·太空人》中的场景，当我在伦敦希斯罗机场登上飞向亚的斯亚贝巴的埃塞俄比亚航空波音787时，我发现这架在埃塞俄比亚航空公司注册的飞机名为“露西”。

1974年11月24日早晨，唐纳德·约翰森和一组考古学家在埃塞俄比亚阿瓦什河附近寻找骨头碎片。这片区域以出土过许多稀有的人科化石而闻名，不过在那天早上，约翰森和他的研究生汤姆·格雷并没有什么发现。然而，科学总是这样，一点点幸运的发现再加上一位经验丰富、知道如何尽可能获得更多考古发掘成果的科学家，能为理解人类进化做出重要的贡献。约翰森本不应该在那里——他原计划在营地更新现场记录——当他们准备离开时，约翰森决定去之前发掘过的一处溪谷再看一眼。虽然他们曾经勘察过这片区域，不过这一次约翰森的目光被斜坡上半露在泥土外的东西吸引了。经过仔细检查他发现，那是一块肱骨以及许多其他骨骼碎片，包括颅骨、股骨、脊椎骨、肋骨和颚骨，重要的是，它们都是来自同一个女性的骨骼。这次发现开启了为期3周的发掘，在此期间，化石AL288–1的每一块碎片都被搜集起来。他们以披头士乐队《比伯军曹寂寞芳心俱乐部》专辑中第一面第三首歌的名字为它命名，称它为“露西”【译者注：这张专辑发行于1967年，第三首歌为《露西——在镶嵌钻石的天空中》】，他们经常用录音机播放这首歌曲。虽然当时有人抨击道：“个人翻录是在扼杀音乐”，但个人翻录音乐也有机会为飞机命名。

320万年前，露西生活在埃塞俄比亚阿法尔谷底广阔的稀树草原上，身高仅1米出头，体重不到30千克，看起来更像是猿而非人类。露西的大脑很小，只有现代人的1/3，比黑猩猩大不了多少。露西的膝盖结构、脊椎弧度和腿骨长度表明其经常直立行走，但是一些科学家对此有异议。不过，有一点已达成共识，露西属于一种已经灭绝的古人类物种，即南方古猿阿法种，或者是我们的直系祖先，或者直系祖先的近亲。而露西进化为直立行走很可能是为了适应东非大裂谷的气候变化。树木数量骤减、草原面积扩大，我们生活在更为古老年代的树栖祖先不再适应环境，树木间的距离增加，使南方古猿在陆地上行走更为便捷。

未来的脚印

1969年7月21日，静海，尼尔·阿姆斯特朗在月球上留下的第一个脚印。

在卡尔·萨根《宇宙》的第13章“谁能代表地球”中，有两张并排的图片。一张图片上是370万年前，在坦桑尼亚利特里附近被火山灰覆盖的脚印，它的主人很可能和露西一样，都是南方古猿阿法种。另一张图片上是370万年后，40万千米之外静海的尘埃中留下的人类脚印。这两张图一起，足以说明人类完成了难以想象的伟大进步，从东非大裂谷迈向群星。本章剩下的内容讲述了从露西到人类踏上月球的300万年。这段时间其实极其短暂，不到地球生命史的千分之一。露西不过是一只直立的黑猩猩，一只动物，一台可以生存的基因机器。我们给地球带来了艺术、科学、文学和意义，与祖先生活在完全不同的两个世界，但我们只相隔转瞬。萨根曾写道：“我们有生存下去的责任，这不仅是为了自己，也是为了孕育我们的古老而浩瀚的宇宙。”我想补充一点——我们也有责任为露西生存下去。

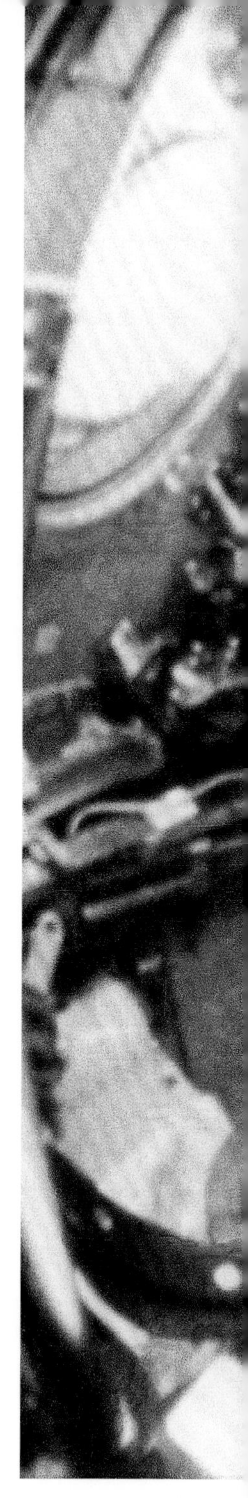

从北极星到群星

在占星术被科学视为小打小闹的娱乐项目之前，人们相信行星相对于遥远恒星的位置对人们的日常生活有显著影响。如果你不知道恒星和行星到底是什么，这还情有可原。但随着我们逐渐了解这个世界，很明显遥远的行星和恒星的相对位置对地球上人类的行为不会有任何影响。行星确实能影响地球在太阳系中的运动，但所需的时间远远超过人类的寿命。不过，最近的研究表明，地球指向和轨道的长期变化可能已经对人类的进化产生了重大的影响。

北极星诚然是一颗巨星，直径几乎是太阳的50倍。它也是一颗造父变星，可以作为天文学距离测定的重要的标准烛光。它距离我们仅有434光年，是小熊座的主星，不仅是距我们最近的造父变星，也是较亮的恒星之一。地球的自转轴恰好与北极星在一条直线上，它所在的天文北极点于是成为航海家的无价之宝。地球绕地轴自转，北极星静止不动，其他恒星绕着它旋转。在北半球的任何地点，你的纬度就是北极星和地平线之间的夹角。赤道上为北纬0度，因为北极星在地平线上；北极点则是北纬90度，因为北极星正好在头顶。在英国兰开夏郡的奥尔德姆市，北极星和地平线之间的夹角是53.54度。

克里斯托弗·哥伦布和斐迪南·麦哲伦依靠北极星穿越大洋，探索新世界。更让人吃惊的是，吉姆·洛弗尔竟然也将六分仪带上了阿波罗8号，作为备用导航仪。它由美国马萨诸塞州坎布里奇市麻省理工学院的仪器实验室设计，虽然看起来和传统的六分仪不同，但它和1757年由仪表师约翰·伯德制作的仪器的原理完全相同。北极星是阿波罗号最关键的导航星之一。在洛弗尔的星图上，还有仙后座的γ星，它在阿波罗计划中被称为“Navi”。这个名字是阿波罗1号的宇航员维吉尔·格里森取的，这原本是个恶作剧，他把自己的中间名“伊万（英文为Ivan）”倒过来写就得到了“Navi”这个名字。剩下两颗导航星，船帆座γ和大熊座ι，分别命名为“Regor”和“Dnoces”，代表宇航员罗杰·查菲和爱德华·怀特二世【译者注：阿波罗1号发生了火灾，3名宇航员全部遇难】。用恒星导航也许看起来非常老套，但细想一下就会发现，在宇宙飞船进入浩瀚的太空后，除了用固定在天球上的恒星导航外，没有其他方法可以让飞船确定自己的方向。

宇宙飞船与恒星的相对位置经常会变化，不过在地球上，我们的感觉则完全不同。那是因为我们几乎每年都按相同的轨

恒星导航

阿波罗8号的指令长弗兰克·博尔曼依靠最先进的科技探索新世界，但是他心里很清楚，如果高科技产品出了问题，和他同行的吉姆·洛弗尔还有六分仪可以使用。

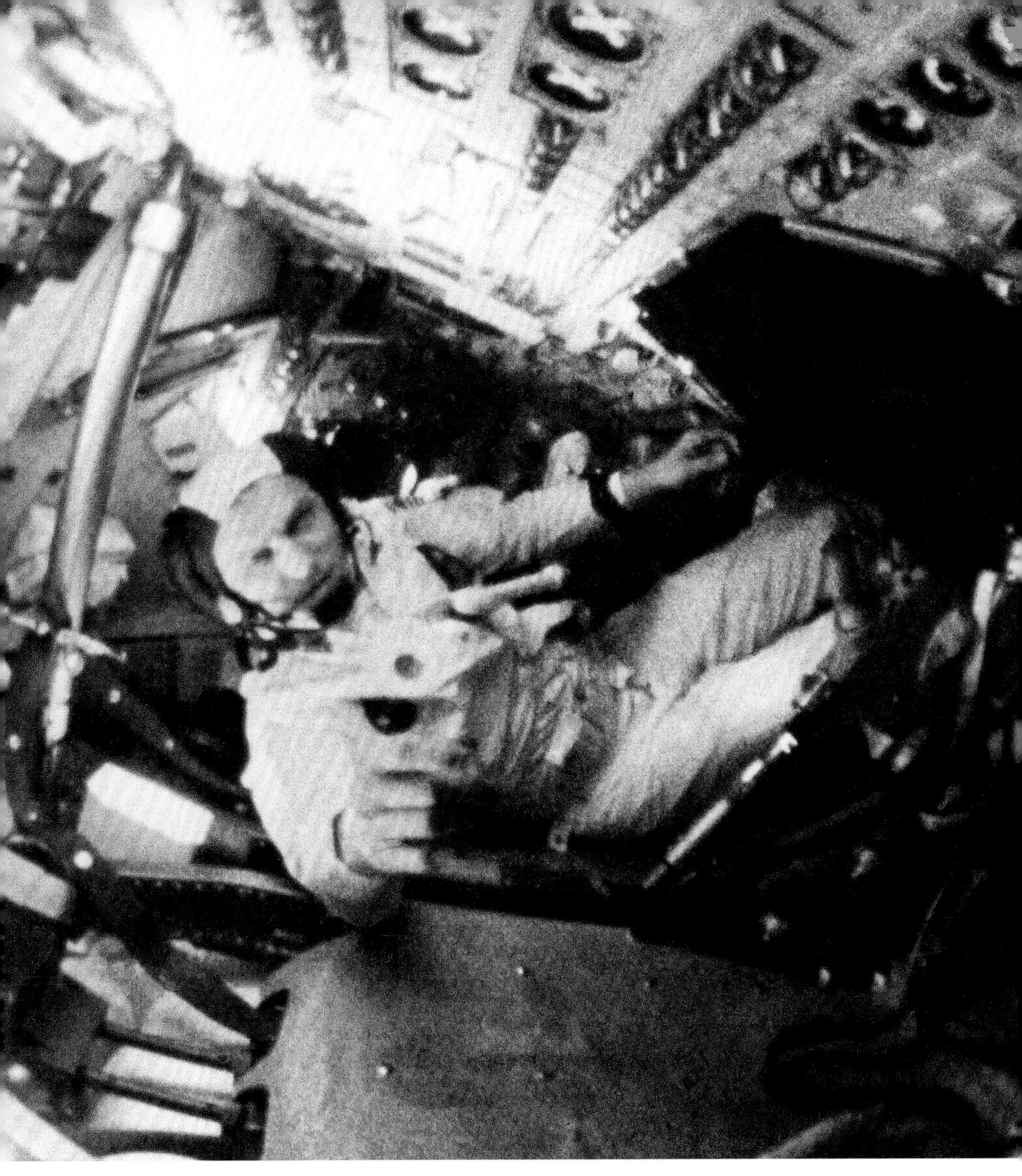

道绕太阳运行，只在较短时间内才有一些因为地球自转速度变动而产生的细微变化，因此要插入跳秒，让原子钟和天文时间保持一致。在1972年到1979年间，插入了9次跳秒，不过从1999年年初到2005年年底，没有出现一次跳秒。与原子钟的精准相比，地球的自转速度变化是毫无规律的。

月球对地球的引力作用是引起地球自转速度变化的最重要的短期因素。海洋中的潮汐与海洋下转动着的固态地球之间存在摩擦，这就会使地球自转减速，大约每世纪变慢2.3毫秒，不过这里面还存在其他长期变化。而这其中最重要的是地轴进动，更普遍的叫法是“岁差现象”。地球像陀螺一样绕地轴自转，这种旋转运动使赤道略鼓。因为地球并不是完美的球体，太阳和月球的引力影响会给地球施加扭矩力，让地轴每26 000年在天空中扫过一个大圈。这种变化不容忽略，因为地球的自转轴向黄道平面倾斜23度，所以大约在公元前150年，希腊天文学家喜帕恰斯就第一个指出了进动对夜空可观测恒星有着重要的影响。进动能使天极和恒星之间的位置不断变化。地球的自转轴在空中划出一个圆圈，进而不久之后北极星就不在北天极的位置上了。大约3000年后，未来的航海家漂洋过海时，就会把仙王座γ作为GPS的备用导航星；而8000年后，他们则会依赖明亮的天鹅座α。在人类的历史中，北极星的归属曾多次改变。当公元前2560年埃及人建起吉萨金字塔时，天龙座α是最靠近北天极的恒星。2500年后，当罗马人为后世书写历史时，小熊座的第二亮星小熊座β和小熊座γ一起被称为“北极守卫”。所以，进动会影响导航，而更重要的是，它会影响气候。

地轴23度的倾角产生了四季；当地球北极向太阳倾斜时，北半球进入夏季，而北极圈内开始出现极昼。半年之后，情况倒了过来，南极点有24小时的日照，同时南半球进入夏季。如果地球的公转轨道是个完美的圆形，那么进动不会对气候造成任何影响，但它并不是圆形，而是一个椭圆形，太阳正处在椭圆的一个焦点上。在21世纪之初，冬至日过后不久的1月，地球处在最靠近太阳的位置（称为近日点），此时地球北极并不指向太阳。这让北半球的冬季不那么寒冷，因为当北半球处于冬季时，地球会接收到稍微多一点的太阳辐射。在大概10 000年后，进动会让地球自转轴转半圈，当地球处于近日点时北极会指向太阳，这样一来北半球的夏季就会更炎热一些，冬季则更寒冷一些。地球的公转轨道越扁，这种效应就越明显。

下面要说的就有点复杂了，不过这才是我们故事的重点。和月球相比，行星距离地球要远得多，但是和月球相比，前者的质量要大得多，所以它们不断变化的位置会在漫长的时间里对地球轨道产生周期性的影响。因为木星质量最大，离地球相对较近，所以它的影响最为显著。它对地球产生的最大影响的周期为40万年。想象一下，地球的公转轨道被周期性地拉长再变圆，每40万年循环一次。轨道的振荡会调节进动对气候的影响，当公转轨道最扁时，进动对气候的影响也最明显。这种效应被称为天文或轨道对气候的影响。

类似的影响地球公转轨道的效应还有很多。轨道偏心率的另一个重大变化每10万年出现一次。另外，地球的自转轴以4.1万年为周期，在22度到25度之间摆动。整个太阳系就像一个巨大的铃铛，在太阳、行星和卫星间的引力作用下，同时奏响了数百种和弦。

在时间的长河里，地球轨道以及地轴相对太阳方向的变化对地球气候产生了巨大影响。这一定也是引起地球上冰期开始和结束的关键因素之一。气候的长期变化对生命的进化产生影响，也许这一点对我们来说很显而易见：冰期给动植物带来巨大的生存挑战，自然选择带来的进化就是动植物的应对方案。但更让人吃惊的是，最近的研究显示，进动——这种让地球轨道偏心率以40万年为周期循环变化的力量，与早期现代人类的进化也有密切关系。

天文季节

米兰科维奇理论阐明了地球运动变化的累积效应对气候的影响。这个理论是以塞尔维亚地球物理学家和天文学家米卢廷·米兰科维奇的名字命名的。在第一次世界大战期间，他被关押在拘留所时提出了这个理论。米兰科维奇用数学方法论证了地球轨道偏心率、自转倾角和地球轨道进动决定了地球上的气候。地球自转轴大约每2.6万年进动一周。同时，地球的椭圆形公转轨道以更长的周期发生规律性变化。两种效应相结合，使天文季节与轨道周期间隔2.1万年。除此之外，地球自转轴和地球公转平面的法线方向之间的夹角（黄赤交角）在22.1度到24.5度之间振荡，周期是4.1万年。现在的角度是23.44度，而且在逐渐变小。

地球自转轴的进动

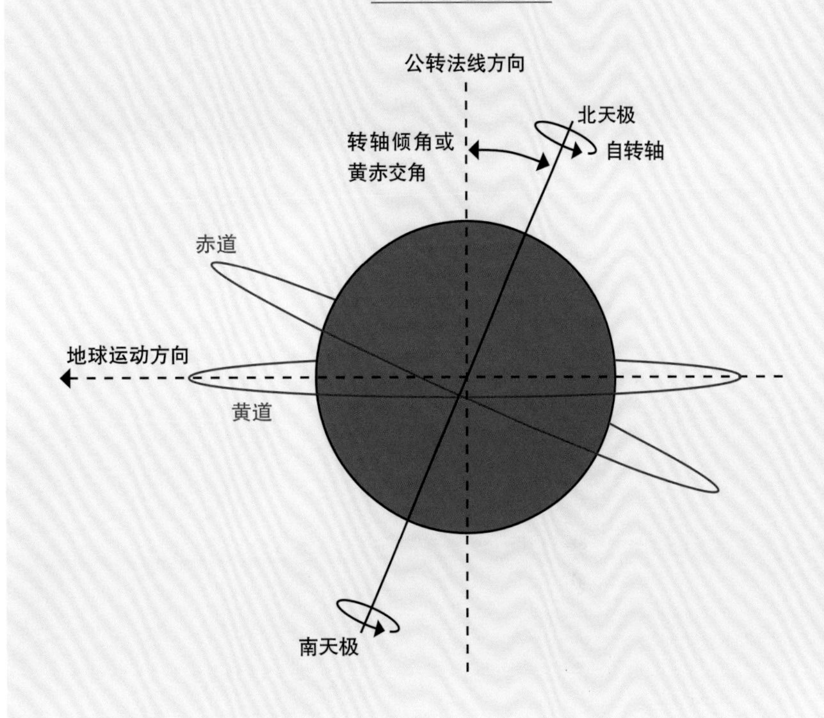

春分点的进动

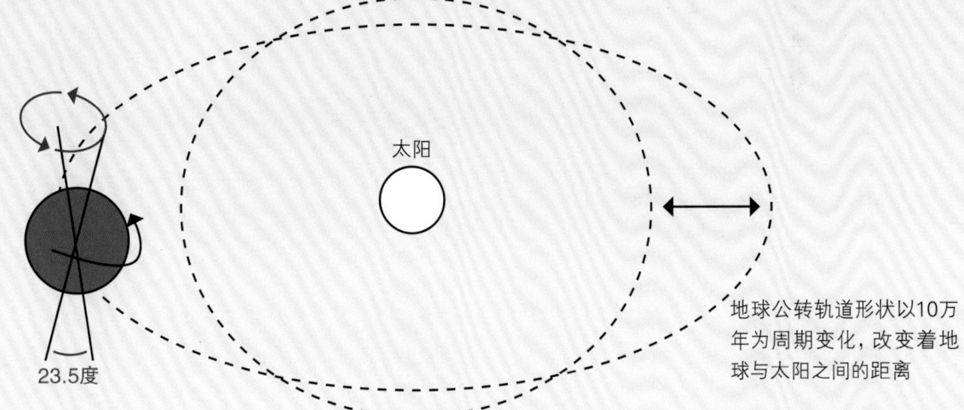

米兰科维奇周期

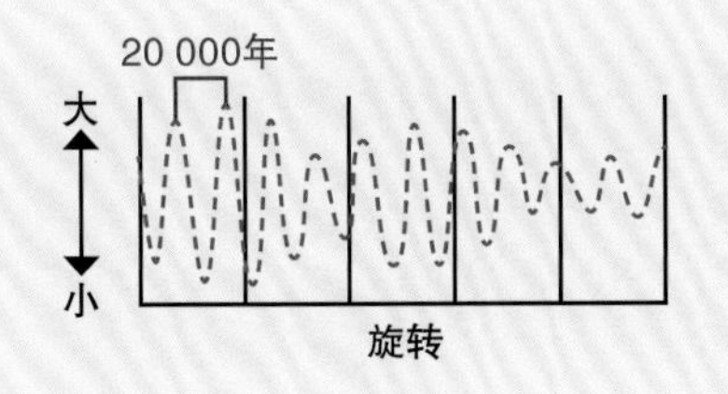

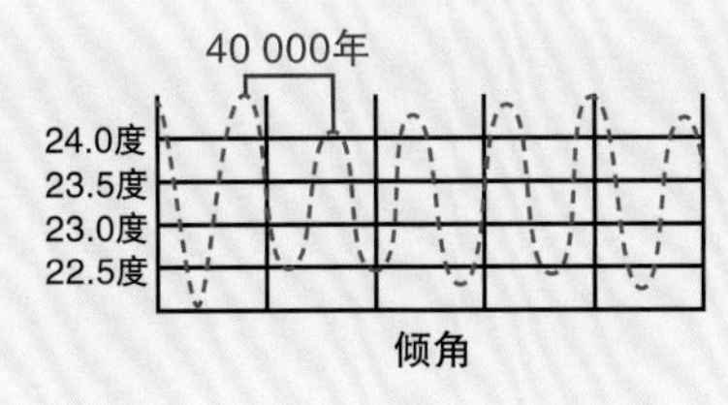

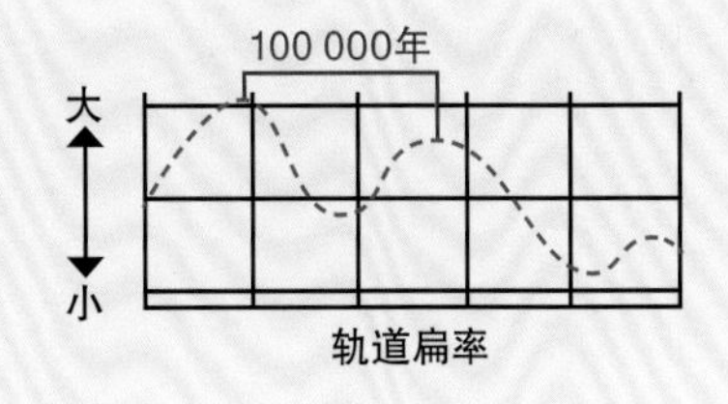

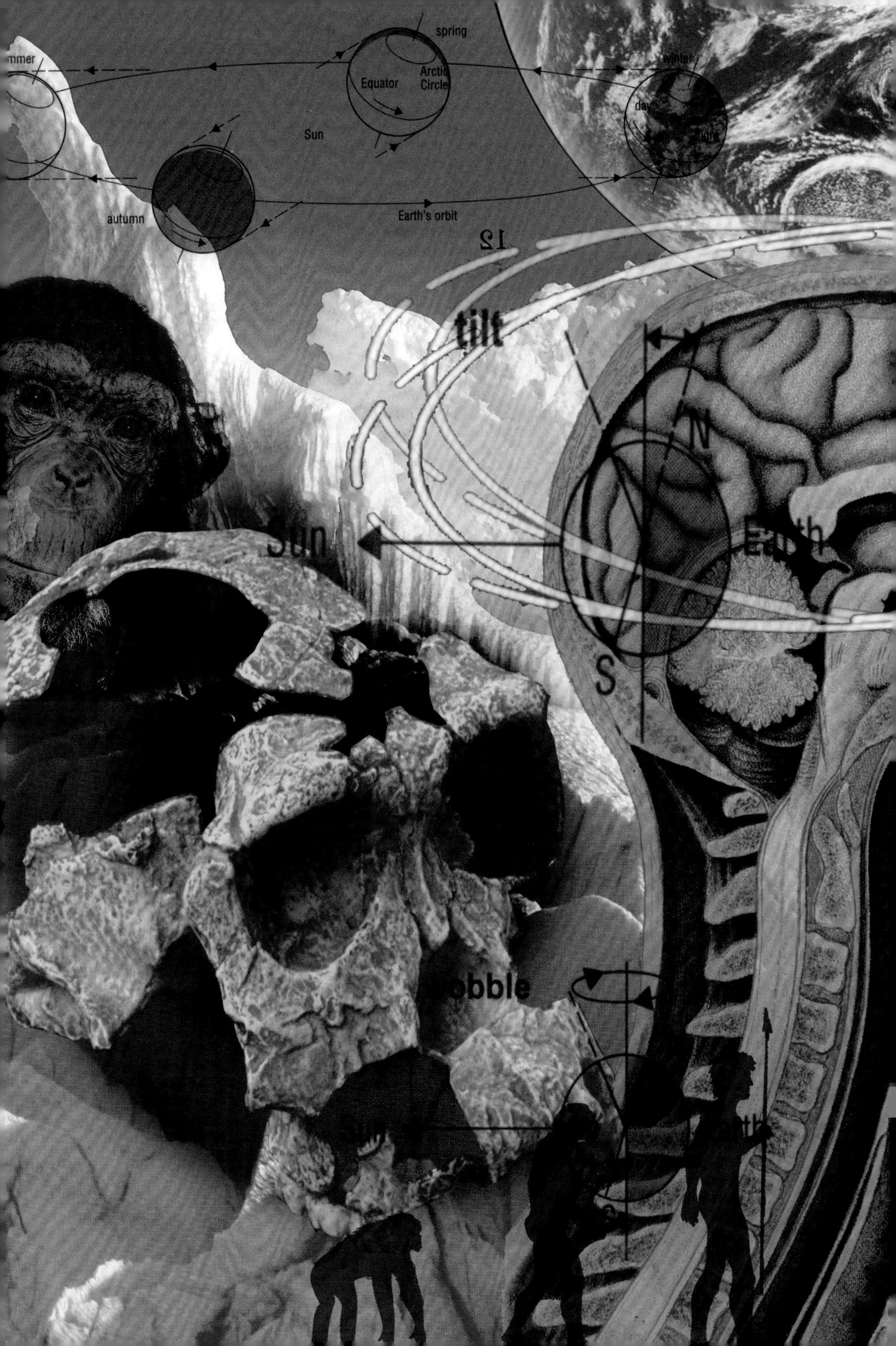

spring
winter
Equator
Arctic Circle
Sun
autumn
Earth's orbit
tilt
Sun
N
S

Sun

东非大裂谷的气候变迁与人类的进化

提起东非大裂谷，人们就会联想起人类的起源。我喜欢去埃塞俄比亚旅行有很多原因。我喜欢那里的人。我喜欢那里的食物。我喜欢高原上亚的斯亚贝巴清新的空气。我喜欢那里的群山、峡谷和高原。我还喜欢尔塔阿雷火山，这座位于阿法尔三角区的盾状火山有“通向地狱之门”的称号，虽然我可能不会再去了。同时我也喜欢这样一种想法：当你拜访一个如此古老的国家，向四周张望一下，你总能感受到那万代之前祖先的灵魂，因为现在人们普遍认为我们起源于这里。我们中的每一个人都可以追溯到几十万年前生活在埃塞俄比亚的祖先。这里就是伊甸园，人类诞生的地方。但人们还没有完全接受的是，人类的出现既幸运又危险。我记得小时候关于“缺失的一环”的讨论，因为当时还没有能把我们和猿类祖先联

系在一起的确凿化石证据。当我开始上学时，DNA测序还没有被发明出来，露西也还埋在地下。如今，我们对像露西这样的南方古猿和人类的关系有了更深刻的理解，虽然许多细节仍然在探讨中，而新证据的出现也让我们不断更新人类进化的标准模型。现在，我们已经可以比较详尽地讲述这个过程了。

人类进化过程中的成员都被称为人族。人族和黑猩猩的祖先大约于500万年前的某一时刻在非洲分离，到了400万年前，南方古猿阿法种，也就是露西，出现了。他们的脑容量大约是500毫升，和黑猩猩相近，不到现代人的1/3。大约在180万年前，东非大裂谷中人属的种类和脑容量都有了巨大的飞跃。不同种的人出现了，包括能人和直立人。他们和其他人种共同生活，包括几种南方古猿和傍人。有的人类学家喜欢将傍人划归为南方古猿的一种。指出这些并不是要把读者搞糊涂，而是为了说明一个很重要的事实：对人类进化的研究是个非常复

通向地狱之门

尔塔阿雷盾状火山坐落在埃塞俄比亚的达纳吉尔凹地。它有一个直径约100米的活动熔岩湖。熔岩湖是火山口的一部分，熔岩湖湖面的变化向我们模拟了一个微型大陆板块的运动。

颅骨内腔容量

灵长类动物的头骨内腔容量从黑猩猩的275~500毫升增加到现代人类的1130~1260毫升。尼安德特人的脑容量为1500~1800毫升——这是所有人种中最大的。最近的研究显示，在灵长类动物中，脑容量是衡量认知能力的更有效的尺度。

黑猩猩头骨

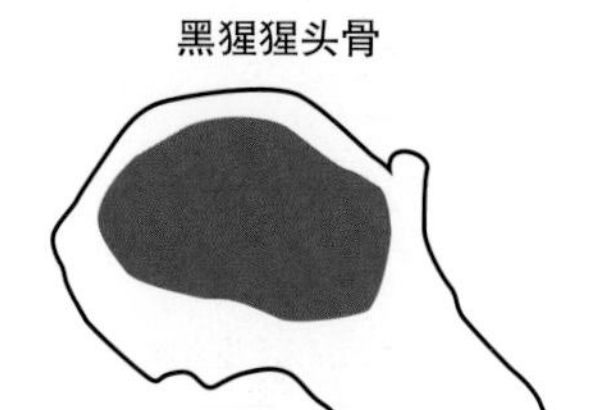

南方古猿头骨

人类头骨

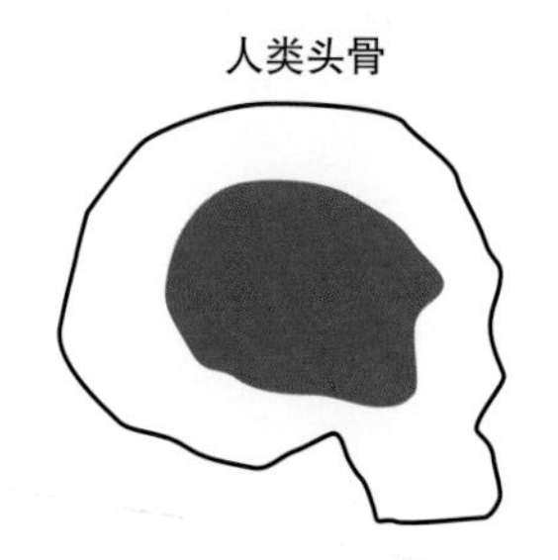

杂的课题，而对200万年前的化石分类或是DNA序列有所争论是再正常不过的事情了。然而，对于我们的故事来说，重要且没有任何异议的是，大约在180万年前，东非大裂谷地区人种的脑容量和种类都有了一次质的飞跃。到了140万年前，只有一个人种存活了下来——拥有1000毫升脑容量的直立人。下一个里程碑事件是在大约80万年前，海德堡人出现了。我们一般认为海德堡人是现代人和尼安德特人的祖先，后者直到45 000年前，或者很可能更晚些时候，还和我们共同生活在欧洲。海德堡人的脑容量进一步增大，达到了1400毫升，这已经接近现代人的脑容量大小了。

在20世纪60年代末和70年代初，人们在埃塞俄比亚的奥莫河附近发现了两个人类头骨。它们被称为奥莫1号和奥莫2号。通过对沉积层附近火山灰的氩年代测定，得知这两个头骨存在于195 000年前左右，前后误差不超过5000年。它们是被认定为“智人”的最古老的化石。

现在有一个很有趣的问题，究竟是什么原因使人族的脑容量迅速增大，并在短短几百万年内把南方古猿的智力水平从与黑猩猩差不多提升到了现代人类的水平。我想再次强调的是，这是一个非常活跃的研究领域，专业人员的观点往往各不相同。这就是处在知识前沿的科学的本质，也是科学让人着迷、如此成功的原因。我们要讲述的模型是最被广泛接受的人类进化理论的具体体现。它被称为单一起源学说，更通俗的说法是“走出非洲”模型，我们所提到的时间和地点目前都可以被认为是“标准答案”。因此，在“何时”和“何地”问题上，人们已经达成了广泛共识。但在“为什么”这个问题上还没有达成一致，而我们现在就要开始关注“为什么”了。

第137页中的线条图节选自舒尔茨和马斯林于2013年发表的一篇文章。下半部显示的是在东非大裂谷发现的颅骨的内腔容量，也就是脑容量随时间的变化情况。人们根据人种的不同对颅骨进行了标注。自南方古猿诞生之日起的400万年内，脑容量的发展趋势是在逐渐增大，但这种趋势并不是循序渐进的。正如我们之前提到的那样，大约180万年前出现的直立人脑容量有了一次质的飞跃，另一次较大的进步则发生在100万年前海德堡人出现时。最后一次飞跃发生在智人出现的20万年前。大约180万年前的这一时期也正好与东非大裂谷的人种数量骤增相对应。当时至少有五六个人种生活在一起，这说明这一时期一定有一些很有意思的事情发生，导致或者促使了脑容量（特别是直立人的脑容量）的显著增大。至于是什么原因导致的，顶部的图表给出了一些提示。图中显示的是东非大裂谷深水湖出现和消失的速率。在180万年前，短时间内有大量湖泊出现，说明当时的气候，尤其是降雨量，发生了迅速而剧烈的变化。类似的气候变化也发生在大约100万年前和20万年前，而这似乎与人族的脑容量增大有关。这个理论认为，东非大裂谷这些特定时期气候条件的剧烈变化对脑容量的增大有至关重要的作用。是什么自然选择压力导致脑容量增大还不清楚。适应性选择很可能是一个重要因素，不过，社会因素，比如在大的群体中的生活能力，大约180万年前由于大量人种一起生活带来的种间竞争，也肯定发挥了作用。以上种种表明，180万年前、100万年

前和20万年前，在东非大裂谷发生的气候变化很可能是我们智力发展的重要原因，这一理论被称为振荡气候变化学说。

我们现在可以把线索拼凑到一起，揭示一个惊人的、令我瞠目结舌的假设。如果这个学说正确，那么它就进一步说明了一点：我们的现代文明能存在是一件多么偶然的事情，说得简单点，即我们为什么能这么幸运地出现在这里！

这3个时间点（180万年前、100万年前和20万年前）正好是地球公转轨道最扁的时期。如上所述，我们已经对地球进动导致气候变化的机制非常了解了。振荡气候变化学说主张，东非大裂谷独特的地质情况和地理位置放大了这些变化，而早期人类的应对方式就是增加他们的脑容量。如果这个学说是正确的，如果我们大脑的进化真的是对地球轨道变化的反应，那么发生这一切真的是撞大运了。因为地球轨道变化的驱动因素包括太阳周围其他行星轨道的精确排列，以及主要由月球和地球自转轴倾角的相互引力作用所产生的进动，而这两个因素都可以追溯到太阳系历史早期的一次碰撞。要是没有这一连串不可思议又不太可能的巧合，以及它们共同作用改变了神奇的埃塞俄比亚一个峡谷系统内的气候，我们就不会存在。

如果这个学说是正确的，那么这是一个多么惊人的应对机制！我在亚的斯亚

人类过往的痕迹

奥莫1号和奥莫2号是已发现的最古老的智人化石。保存至今的部分头骨遗骸可以帮助科学家探索并解开人类的进化之谜。

大脑的力量

在我们已知的宇宙中，人类大脑是结构最复杂的物体。人类大脑平均拥有850亿个神经元——相当于普通星系中的恒星数量。

贝巴的圣保罗教学医院拍摄了手捧大脑的照片。这是已知宇宙中最复杂的单一物体，它展现了在物理定律和地球生命的某些生物化学作用下，40多亿年的自然选择可以使生物进化到何等复杂的程度。它包括大概850亿个神经元，相当于一个普通星系中的恒星数量。不过这远远不能说明它的复杂性。每个神经元和其他神经元之间有1万到10万个连接，所以就我们现在的技术水平而言，无论如何也无法模拟我们的大脑。如果我们真的成功模拟了大脑，那么我确信它会有感知力；意识并非魔法，只要与已知自然法则相符，它就会自然出现。但这丝毫不会削弱大脑神奇的魅力。而我们正是诞生于这进化的奇迹之中。思想、感情、希望和梦想能够存在于地球之上，正是因为在大脑这个1.5千克的团状体中存在着电流活动。最早的现代人离开非洲，踏上漫漫的旅途，大脑没有发生过太大变化。如果可以穿越时空，把一个20万年前的新生儿带到21世纪，让他在现代社会中成长，接受现代教育，那么他可以完成现代孩子所能做到的任何事情。他甚至可以成为一名宇航员。这就产生了一个新问题：如果20万年前，身体的这些硬件配置就已经存在，那么究竟发生了什么改变，把我们从东非大裂谷带向了太空？

颅面部的发展

尼安德特人的颅骨上有一系列显著特征，使他们与化石中和现存的“解剖学意义上的”现代人截然不同。现代人针对形态学上的证据、直接同位素年代和3个尼安德特人化石中的线粒体DNA进行研究，研究结果显示，尼安德特人至少在过去50万年里一直单独进化。不过，我们还不知道尼安德特人独特的颅面部特征是何时以及如何出现的。

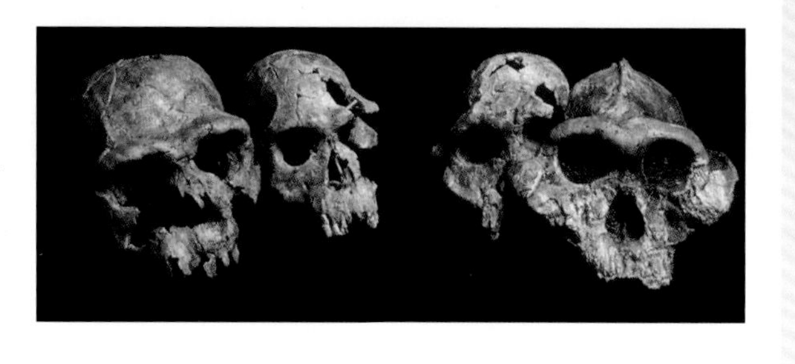

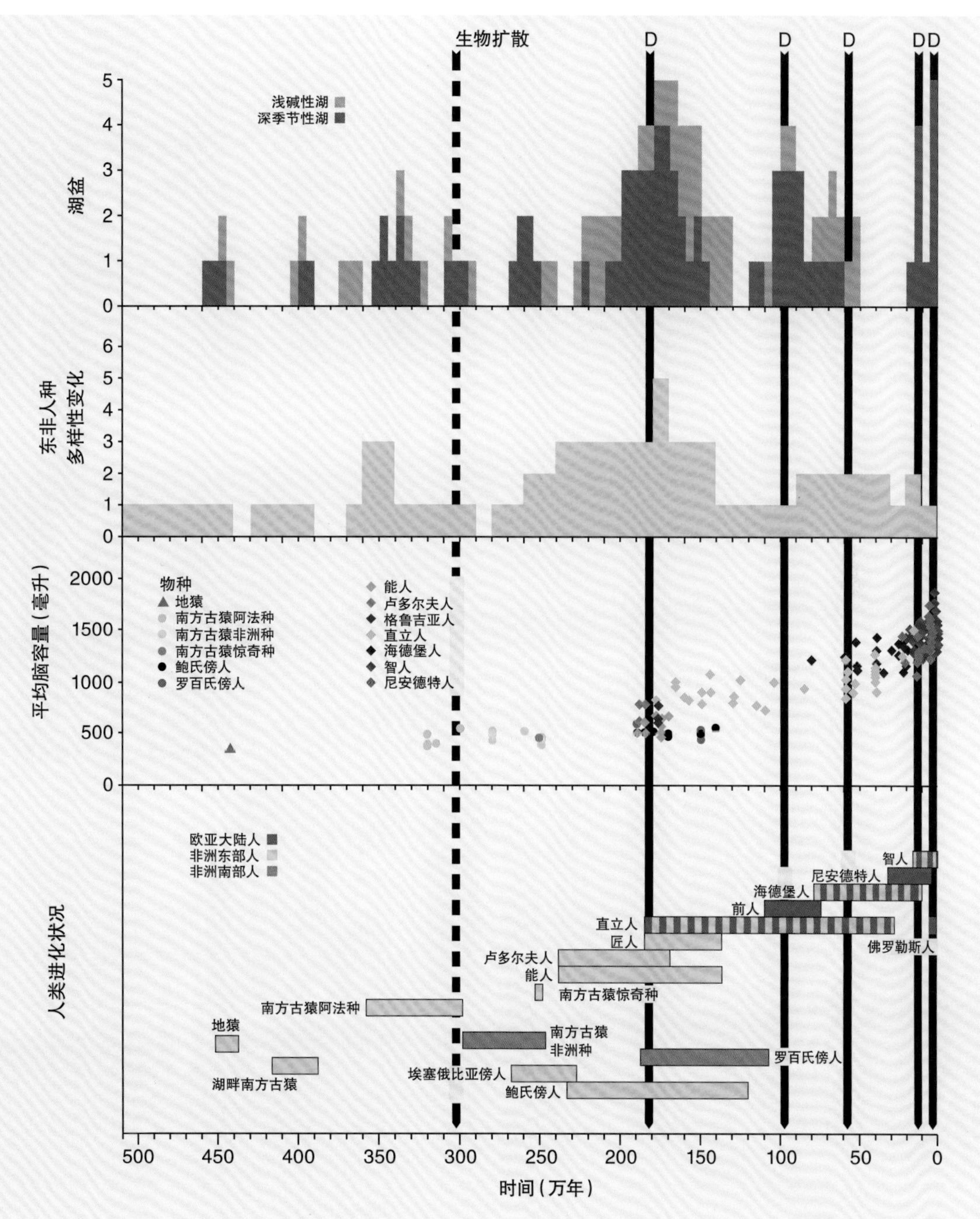

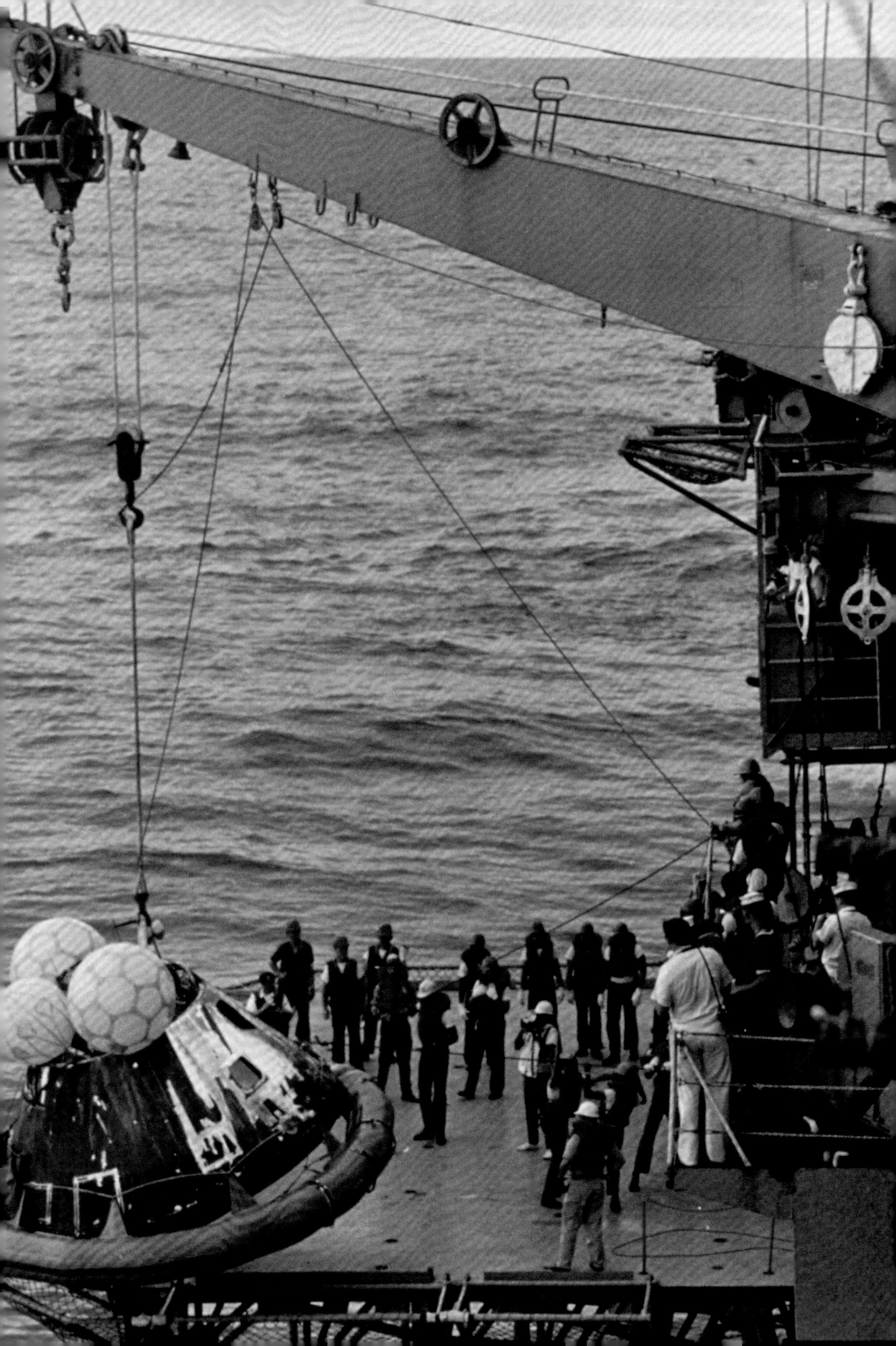

与自然前所未有的对决

“现在我们能做的，只有倾听和祈福。”阿波罗13号被迫在水上降落的24分钟前，英国广播公司演播室里的克里夫·米歇尔莫尔在直播中如此说道。1970年4月17日，我那时还太小，没有观看现场直播，但后来我看过很多遍录像资料。在萨摩亚海岸，硫黄岛号上传来了模糊的照片，甲板上挤满了紧张的船员。直播间里，帕特里克·穆尔和杰弗里·帕都表情严肃，而詹姆斯·伯克则在背后交叉着食指和中指，默默祈祷。“阿波罗控制中心，休斯敦，我们刚失去了金银花溪追踪站的信号。”金银花溪追踪站位于澳大利亚的堪培拉，是阿波罗13号进入地球大气层前和它联系的最后一个地面站。对于所有的太空任务来说，再次进入大气层时信号消失是非常正常的情况。宇宙飞船与大气摩擦生热使大气电离，从而屏蔽了无线电信号，通常这会导致4分钟的无线电静默。而当时，已经有6分钟过去了。英国广播公司4位出色的评论员一言不发，直播信号里一片沉默。唯一的声音来自于NASA的静电流杂音——这是真正千钧一发的时刻。此时不需要任何空洞的媒体套话，没有人想开口。“再过两分钟，等到无线电通信恢复后，我们才能知道3天前的那次爆炸是否损坏了隔热罩。”伯克说。然后是一片沉默。4分钟的时间缓缓流逝，休斯敦汇报“距无线电静默结束还有10秒”。又是一片沉默。休斯敦：“我们接到猎户4号飞机报告，他们接收到了信号。”“他们通过大气层了，”伯克说，“我们不要过于乐观，因为降落伞可能已经损坏了。”“降落伞应该能打开的。”伯克低声自语道。“他们在那儿，他们在那儿！”“他们成功了！”穆尔说道。之后是掌声。“我也看到了，比你晚了不到5秒！”伯克喊道，“不到5秒！”

毫无疑问，阿波罗13号的安全返回是NASA最辉煌的时刻。升空55小时54分53秒后，在距离地球32万千米时，登月舱驾驶员杰克·斯威格特开始进行一项常规程序，打开了服务舱内氢气和氧气罐的搅动风扇系统。但后来他们发现，在地面准备飞行期间，由于一系列看似不太可能的事件，罐内一块聚四氟乙烯隔热材料已经损坏。结果电线短路，气罐爆炸，服务舱的一侧被炸飞，严重损坏了宇宙飞船的供电系统，还导致氧气大量泄漏。

现在飞船上唯一能够安全通过大气层的只有指令舱，它当时正在依靠电池运转，而且氧气正被急速消耗，根本不足以使宇航员活着返回地球。唯一的选择就是关闭指令舱，并退回到登月舱，把它当作一个救生筏。洛弗尔后来提到，他一点也不后悔执行这次任务。这次任务没能让他成功登月，考虑到他曾参与了阿波罗8号那次历史性的绕月飞行任务，他一定更加沮丧。不过在后来他接受的采访中，他的答复让我们感受到了一个试飞员的优秀品质。“我们所面对的情况，”洛弗尔解释道，“要求我们真正发挥自己的技术和才能，去应对灾难性的状况，然后平平安安回家。所以我认为，包括阿波罗11号在内的所有太空飞行中，是阿波罗13号诠释了一名真正试飞员的飞行任务。”洛弗尔和海斯都说过，他们从未想过自己可能无法安全返回地球，“当时没有任何证据表明我们毫无希望”。

阿波罗13号返航

阿波罗13号于1970年4月11日发射升空，原计划进行第三次载人登月。起飞两天后，在距离地球30万千米的位置，飞船里的一个氧气罐爆炸。在氧气和电力供应被破坏后，宇航员把登月舱当作救命的“救生筏”。

当然，海斯是对的，因为他们确实安全返回了。不过，他们的食物和水仅供两个人支撑一天半，而且他们还不得不用手中仅有的材料临时制作一个二氧化碳过滤器，为回程提供足够的氧气。他们待在登月舱里，只有有限的食物和水，温度又降至冰点，这样的环境完全谈不上舒适。在失去燃料电池后，指令舱被迫关闭以保存剩余电量，因此宇航员们不得不在资源有限的恶劣环境中生存。与历史中许多人类文明的偏远地区一样，缺水是主要问题。登月舱中的水非常重要：除了为宇航员供水并使脱水食物复水外，还需要用水冷却宇宙飞船中的电子系统。因此，节水成为返回地球计划中的重要任务。宇航员们将摄水量降至常人的1/5，每个人都严重脱水，他们的体重一共减轻了15.5千克——几乎比其他阿波罗号宇航员多了50%。

除了恶劣的环境，他们面对的最大挑战是确定一条新轨道，并保证飞船沿着这条轨道航行。如果按照标准程序，修正阿波罗的飞行轨道需要使用指令舱的主发动机，但是这套系统过于靠近被损坏的部位，控制中心认为启动它的风险太大。因此，他们决定使用登月舱的降落发动机，在4天半的时间里，将他们送到月球的远端，再回到地球。这被称作自由返回轨道——以正确的角度环绕月球后被直接弹回到地球。没有人知道这个完全为了另一个目的而设计的发动机能否成功地完成这一任务，但他们清楚，如果失败，他们就回不来了。

在最初的爆炸发生5小时后，登月舱发动机点火燃烧了35秒，成功地将宇航员们送上了自由返回轨道。这解决了一个问题，却又引出了一个新问题。计算出这条轨道后他们发现，飞船将在发射153小时后才能返回地球，届时飞船上的关键储备将所剩无几，严重不足。所以宇航员们决定再次点火给飞船加速，使航行总时间缩短10小时，这10小时是至关重要的。阿波罗13号的生死取决于此。指令

阿波罗13号是如何返回地球的？

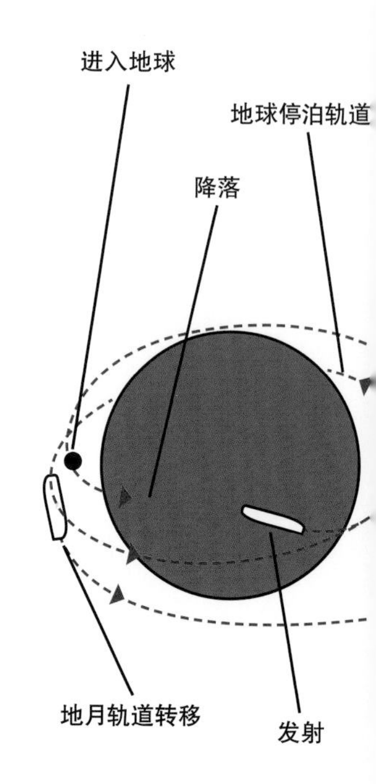

休斯敦，我们这里有麻烦了！

这是宇航员重新进入地球大气层不久之前，阿波罗13号飞船服务舱的图像。在主体的下部，可以看到大面积损坏的痕迹。

舱的主要导航系统已经失效，洛弗尔必须手算正确的导航输入值，这时在地面基地，任务控制人员也在进行同样的计算作为验算。洛弗尔还必须使用六分仪，他在阿波罗8号上已经使用过，但这次真的只能靠恒星导航了。

登月舱系统的启动清单上记录下了手工计算的过程。这份清单本来是给洛弗尔和海斯在月球表面登陆使用的。现在它们没用了，洛弗尔用这些废纸写下了将飞船导向地球的信息。绕过月球背面2小时后，登月舱发动机点火，按照洛弗尔在纸上的计算结果，它使飞船速度提高了大约262米每秒，给他们赢得了宝贵的10小时。

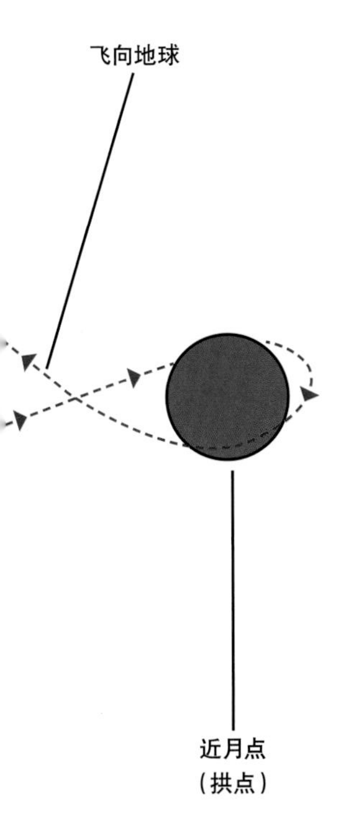

这次人类航天史上神奇的救援行动，证明了洛弗尔、海斯和斯威格特是杰出的试飞员，也证明了地面上精通于自己专业的工程师的杰出才华。以今天的标准来看，NASA阿波罗计划的工程师们都非常年轻，控制阿波罗水上降落的团队平均年龄只有28岁。

这解释了美国从阿波罗计划中取得巨额经济回报的原因。一代科学家和工程师投身于阿波罗计划并受到启发，此后进入更广阔的经济领域中，取得了大量的投资回报；包括大通计量经济在内的一系列研究表明，在阿波罗计划中投入的每1美元，都换回了至少6到7美元的GDP增量。这本应显而易见——新的知识会促进GDP增长——不过每一届政客好像都需要被重新灌输这一知识，以便了解浪费和投资的区别。我要说的是，我们每每要讨论的政治问题——这样规模的投资需要公众支持——完全是废话。首先，对NASA的投资并不多，纵观整个阿波罗计划，从没超过联邦预算的4.5%。其次，政治家的本职就是身先士卒带头干。我们可以举个例子，对知识的投资，对一切

EMER PWR DN

Inflight notes by James Lovell – carried on and used during the flight of Apollo 13 — Fred Haise, Apollo 13 LMP

EMER PWR DN

Notes in black by myself — Fred Haise

* Opening these CB's may cause system damage.

LM-7

Basic Date
Changed

来自太空的笔记

宇航员吉姆·洛弗尔的手算帮助阿波罗13号成功返回地球。

IMU C/A
SUIT FAN/H20 CK | TB VERIFICATION | PGNS T/O

ACT 30

97:26

E ALIGN

SUIT FAN/H20 SEP CHECK

n DEADBAND ATT HOLD

1 CB(16) ECS: SUIT FAN 2 - Open
(Master Alarm, SUIT/FAN Warning
SUIT FAN Comp Lts - On)

bal Angles

IG	MG
180.00	360.00

2 CB(11) ECS: SUIT FAN 1 - Close
H20 SEP SEL - PUSH SEP 1

See TLC-1)

3 SUIT FAN - 1 (SUIT/FAN Warning,
FAN Comp Lts-Off,ECS Caution,
H20 SEP Comp Lts -Off In 2 min)
CB(16) ECS: SUIT FAN 2 - Close

167.78 +CM 351.87 -CM
112.5) (22.5)

341.78 LM 508.13 LM
292.5) (337.5)

298
360
658

360.00
302.43
57.57

355.57
298.00
-57.57

97:28

GLYCOL PUMP CHECK

ALIGN IMU
U ANGLES OG,IG,MG (.01°)
n, FDAI Torques)
Lt-On *
09E 00211 COARSE *
ALIGN ERROR,Go*
To 3 *

1 CB(11) ECS: GLYCOL PUMP 1 - Open
(Master Alarm, ECS Caution
Lt - On Momentarily)
CB(11) ECS: GLYCOL PUMP 1 - Close
(GLYCOL Comp Lt-On)

Basic Date 2/6/70
Changed

Basic Date 2/6/70
Changed

ACT 31 -31

DU (NO ATT Lt-Off)
HOLD No Longer Required

2 GL
CB

SMFLG
V01 N01E,77E Confirm
(Set If 1st Digit Is

3 GL
CB
GL

4 Bi

ARK - ENTR
CSM & LM OG, IG, MG

This pub. was utilized to transfer CSM guidance data to LM guidance system so the spacecraft data of our attitude with respect to the celestial sphere would not be lost. Note the time these calculations were made GET 58 08 06 about two hours after the explosion. Jim Lovell

VHF B CHECKOUT

IG	MG
3.42 CM	346.67 CM
5.92 LM	011.79 LM

gles And Time To MSFN

1 CSM Configure for VHF Simplex B
VHF B XMTR - VOICE
VHF B RCVR - ON
VHF ANT - FWD
AUDIO (Both): VHF B - T/R

2 Both CDR & LMP Perform Voice Check
On VHF Simplex B

RCS C/O | VHF C/O LGC/CMC CLOCK SYNC | DAP SET ASC BAT CK

走出非洲

化石证据、古代遗物和基因分析三者结合，有力地阐明了现代人类的迁移之路。现在，人们已经发现了两条可供现代人类离开非洲的路线。如果走北路，我们的祖先要离开他们的大本营——撒哈拉以南非洲的东部——穿过撒哈拉沙漠，之后通过西奈半岛进入黎凡特。还有一条靠南的路线，通过非洲之角的吉布提或者厄立特里亚，横跨曼德海峡，进入也门，之后取道阿拉伯半岛。

拯救阿波罗13号的数学

在阿波罗13号的登月舱系统启动清单上，记录下了洛弗尔手写的数字。服务舱的一个氧气罐爆炸，宇航员们被困在太空中。爆炸发生后仅2小时，洛弗尔就做了这些手算，图中所示仅为部分手算结果。事后洛弗尔用蓝色便利贴对他的计算进行了简单说明。

1万年前

基因的全球流动

拓展人类极限、探索物质及精神的前沿领域的投资，都对未来人类文明的繁荣、富强和安定至关重要。我们需要的不是束手无策地为人类智慧和技术退步道歉的人。

从人类走出东非大裂谷开始探索外部世界至今，20万年间，阿波罗号的9次月球之行依然是人类完成的最远航行。6万年前，大批智人首次离开非洲，所以从地理时间尺度来看，我们没有在地球上漫步多久。我们的祖先追随着更早期人族物种的脚步。直立人160万年前出现在东南亚，50万年后，尼安德特人占据了欧洲，佛罗勒斯人在南亚生活。通过基因学、考古学和语言学的研究，我们知悉了6万年前人类迁徙的细节。这部分得益于对线粒体DNA的追踪，它们只会遗传自母亲，不会因精子和卵子的结合而改变。这让线粒体DNA相对稳定，易于追踪，如果它们发生变化，那只能来源于变异。对于现有数据最广为认可的解释是：6万年前，有1000~2500人离开了东非，向北跨过红海，穿越沙特阿拉伯。此后这群人分散开，在4.3万年前进入南欧，又几乎在同时穿过印度，进入澳大利亚。通过俄罗斯东部进入北美的时间更晚，大约是在1.5万年前。

早期人类都是小群的狩猎–采集者。据推测，最基本的社会单位最多包含150名个体。这被称为邓巴数，以英国人类学家罗宾·邓巴的名字命名。他认为，对于所有灵长类动物，社会群体中的个体数量和大脑容量（特别是新皮质）相关。即使在今天，每个人的平均社交网络数量也可以反映邓巴数，无论是在真实世界还是网络世界，我们的硬件——大脑——从第一个智人于20万年前在非洲出现后到现在并没有改变多少。这些社会群体生活在联系松散的部落中，也许最多有2000个成员，并生活在方圆100千米的区域内。之后人口数量会稳定下来，这可能是社会因素导致的，也可能与寄生虫病导致的死亡率的上升或是人均资源的下降有关，最后部落会分裂、四散。按照这种方式，我们祖先在地球上前进的速度大概是0.5千米每年，或者是每代人15千米。直到1.2万年前，这些原始社会群体的生活方式从狩猎–采集转为以农业为主，人口密度才显著上升。这次变化带来了文明的发展，这也是人类自走出非洲后，迈出的从猿人到太空人的最重要一步。

直立人/匠人

对于非洲和亚洲的直立人，文献中对他们的具体分类有争议。直立人（广义）可以用来描述非洲和亚洲的人种。非洲的人种有时被称为匠人，而亚洲的人种被称为狭义直立人。被广泛接受的观点是，190万年前，出现在非洲大裂谷的非洲人种是能人的后代，之后扩散到亚洲。

农业：文明的基石

对于农作物被驯化的原因有诸多不同理论，不过很多理论都提到，在1.2万年前，随着最近一次间冰期即全新世的到来，农业几乎与此同时开始起步。在两河流域，也许是因为这里气候相对温和，纳图夫人定居下来，形成更大规模的群落。这个地区曾经被森林覆盖，盛产野生谷类、水果和坚果，虽然如今已经变成气候恶劣的沙漠。一种理论称，在公元前1.08万年左右，出现了短暂的持续千年左右的新仙女木期冰期，导致这一区域变得干旱，纳图夫人没有了以往丰富的野生谷物，被迫开始栽种植物。不管是什么原因，人们普遍认为现代农业的基本作物，包括小麦、啤酒花、豌豆和扁豆，在公元前9000年的两河流域都可以找到，到了公元前8000年，尼罗河两岸也被开垦出来。大致在同一时间，农业的痕迹也出现在了亚洲的印度河流域、中国和美洲中部。这说明农业不是在某个特定环境或由于某个特别原因出现的，因为它在世界的不同地点独立出现。更何况，当对农业的需求产生时，我们已增大的脑容量和较为庞大的社会群体也足以应对相应的挑战。

农业一旦产生，大量人口就可以依靠稳定的食物来源一起生活。人类摆脱了无止境的狩猎和采集活动后，生活中出现了新变化——我们有了时间——而它会发挥无限作用。大约在公元前7000年，一群农民生活在贝达（位于今天的约旦境内），他们属于史上第一批农民。这些人住在圆形的石砌房屋里，种植大麦和小麦，饲养山羊，举行仪式和庆典，安葬死者。最重要的是，每项活动都是在部落中特定的地点进行的，这就是最初的“城镇规划”。到了公元前2世纪，闪米特人中的一支——纳巴泰人生活在贝达附近。他们采用了新的技术，使农业收成更加稳定，同时在村庄附近的山坡上修建了有围墙的梯田，用来收集和储存水。畜牧业也得到了进一步发展，牛、猪、驴和马先后被驯化，甚至曾经危险的动物也被驯化，和人类一起生活，有证据显示纳巴泰人饲养过犬。埃及、希腊和罗马几个伟大的帝国依次兴起，但纳巴泰人依然保持着半游牧的生活，在北非、印度和地中海城邦间，沿着古老的贸易路线，驱赶着他们的驼队穿越荒漠。不过，大概在公元前150年，他们决定做些不同寻常的事。在贝达以南几千米的地方，一个天然形成的砂岩峡谷里，他们建起了佩特拉城。

今天，大批游客挤满了一条令人叹为观止的通道，它被称为西克峡谷，道路两旁是在沙漠岩石中凿出的建筑。在2000年前，来自美索不达米亚、罗马和埃及的伟人先贤们通过这条路走进这座古典时代晚期的珍宝——佩特拉城。

时至今日，这些建筑之宏伟瑰丽依然令人惊叹，它们不只是那个时代的伟大建筑，它们的伟大已经超越了时间的限制。其中最著名的是“卡兹尼神殿”，意为“宝库”，因为根据贝都因传说，在其入口上方雕刻的石壶里藏着法老的宝藏。人类文明的发展史上，纪念碑式的建筑非常普遍。它象征权力和庄严，用来震撼和威慑外来者，不过它也有对内的作用。建筑可以巩固统治者的阶级地位，让社会

遗忘之城

2000多年前，在红色砂岩峡谷中开凿出的佩特拉城是纳巴泰王国的首都，现位于约旦地区。从石刻坟墓到谷底的山坡上散落着各种石块，但仔细观察就不难发现它们是砖石，是过去房屋、寺庙和宫殿的遗迹。鼎盛时期的佩特拉拥有3万人口。今天，这里已“人去楼空”了1500年之久。目前只有少数贝都因部落的人在此居住，他们在废墟中安家。

长治久安，从而使文明兴旺发展。随着时间的流逝，一种良性循环形成了：建筑让文明繁荣；反过来，文明的兴盛也造就了更宏伟的建筑。

佩特拉的财富源于它的地理位置。当纳巴泰人开始在此处建城时，气候已经变得干旱，佩特拉地处天然峡谷，可以引来洪水，提供宝贵的水资源。这座城市还是古老游牧贸易路线的交会处，木材、香料和染料从非洲和印度经过这里被运送到宏伟的地中海城邦或更远处。希腊人和罗马人对异国货物的需求永不餍足，仅仅是黑胡椒，在罗马市场上就能换来40余倍自身质量的金子。佩特拉地处战略要地，控制着所有贸易，并对之课税。今天，在这座城市被废弃1500年后，它的遗址依然可以称得上宏伟——一个俗气但恰当的描述。问问考古学家，你很快就会明白鼎盛时期的佩特拉是何等令人惊叹。从石刻坟墓到谷底的山坡上散落着各种石块，但仔细观察就不难发现它们是砖石，是过去房屋、寺庙和宫殿的遗迹。从卡兹尼神殿到普通住宅，每座建筑本来都抹有白灰泥，并涂上明亮的色彩，在单调的荒漠中显得异常灿烂辉煌。

塔式建筑

佩特拉的僧院始建于公元前1世纪，是这座古城中规模最大的建筑。从建筑角度来看，它是纳巴泰古典风格的代表。它可能被后人用作教堂或修道院，不过最初更可能是一座寺庙。

大规模的建筑需要大量劳动力建造。佩特拉至少有3万居民，他们生活在沙漠中几平方千米的区域里，人口密度很高，这要求大都市级别的新技术，所以纳巴泰人也许比任何其他古代文明都擅长于流体工程。降落在城市周边山坡上的每一滴雨水都被用水槽收集起来，之后储存在巨大的储水池和储水箱里。他们比罗马人更擅长于装置管道，在罗马，人们雇用佩特拉工程师。佩特拉有世界上首套加压供水系统，一天能为城市提供4500万升水。

城市外围的农田里也建造了灌溉系统，在如今依然可见的梯田上勾勒出山坡的样貌。纳巴泰人不仅建造了一座城市，他们还改造了一方水土。我站在这里，带着敬畏的心情想象着峡谷里古时候的景观，山坡一片绿色，种植着玉米、大麦、豆子和葡萄——沙漠变成了绿洲，在6个世纪的岁月里滋养着一个伟大的沙漠文明。每当我看到佩特拉、罗马、雅典和开罗的废墟，我不禁会想，如果这些伟大的古代文明没有陨落，世界会变成何种模样。都怪那些哲学家没能尽早找到科学的方法，发明出发电机。这能有多难呢?

农业是文明兴起的基石。因为它可以让大批人生活在一起，使他们获得充足的资源和时间，而这些都是狩猎-采集者所没有的。有了资源和时间，就会出现劳动分工，让少数却非常重要的一部分人不必再为生活必需品劳作，进而追求其他东西。农民、石匠、神职人员、士兵、行政官员和艺术家出现了，随之而来的是统治阶级，他们多半出于私利，主持建造起宏伟的建筑。于是佩特拉这样的城市得以出现。

在古代时期的众多文明和城市中，佩特拉是出现相对较晚的一个。公元前2600年，埃及古王国作为史上第一个伟大的古文明，兴起于良田遍布的尼罗河沿岸。在埃及，同样是农业最先建立，社会分工、仪式和宏伟建筑接踵而至。埃及古王国还有另一个标志，也许就是在这里被发明出来的，它就是我们即将说到的最重要的一项创造：文字。

哈萨克斯坦大冒险：第一部分

把事情写在纸上的时候看着都挺简单。英国广播公司一般会准备一种叫作拍摄日程表的东西，这张表列出了节目组外拍时需要了解的所有情况。拍摄日程表的内容井井有条，所有日程都安排得清清楚楚，非常细致地标明了出发时间、到达拍摄地所需的地面运输、拍摄计划以及休息时间，一切都符合健康和安全规定。当然，事情永远不会完全按照在办公室里预想的那样发展，而2014年3月，拍摄第38期长期考察组从国际空间站返回哈萨克草原的场景，则是我经历过的最疯狂的一次冒险。

那时，按照拍摄日程表的计划，我们将在3月8日飞抵阿斯塔纳，并在9日凌晨1点入住我们预订的宾馆。早上9点悠闲地吃过早餐后，我们将开车前往一个叫作卡拉干达的城市，这座城市的广场中矗立着一座雄伟的尤里·加加林塑像。在那里，我们将与我们的司机碰面，他们都在俄罗斯联邦航天局工作。第二天早上他们会开车带我们去降落点。到达目的地后，我们还能赶上一顿“热饭”，并在草原上好好休息一下以拍摄11日早上的降落，当然这也是在享受完一顿“热乎乎的早饭”之后。然后我们会开车返回机场，登上飞机，12日就能在家吃午饭了。这次的拍摄任务真是小菜一碟。但计划赶不上变化。

太空中的家

一年5次，宇航员们往来于我们在太空中的永久家园——国际空间站——它于2000年11月2日开始载人。它在距地面400千米的轨道运行，训练模拟器完全按照实物复制而成。

3月的哈萨克斯坦中部草原只是一片平淡无奇的冰冻荒野，覆盖了这个国家80万平方千米的土地。这里没有村庄，鲜有道路，只有一簇簇褐色的矮草，和冰雪一起淡入铅灰色的天际边。2014年3月，天气出奇地寒冷，夜间温度降至零下20摄氏度以下，而且还下着雪。考虑到天气，我们比官方健康和安全标准规定的早上6点的出发时间提前了3小时，但摄制组标准的四轮驱动车还是在飞船降落的前一天下午陷在了雪地里。这可是个大麻烦，因为我们的《猿人·太空人》纪录片就是建立在这一关键时刻之上的——3位人类从太空返回到地球。我们喝着伏特加，啃着冷肉和面包，讨论着我们的备选方案。

我们被一支来自西伯利亚托博尔斯克的俄罗斯团队救出，他们开的是两辆性能绝佳的六轮驱动车，由一个叫作彼得洛维奇的公司手工打造。在苏联时期，托博尔斯克因为成为异见者的流放地而闻名。元素周期表的发明者门捷列夫也出生于此，还有拉斯普京【译者注：尼古拉二世时的神秘主义者】。这是一个艰苦的地方，人们知道如何建造耐用的汽车。我们来自俄罗斯联邦航天局的向导成功地用无线电联系到了彼得洛维奇的团队，他们答应只要我们能在冰冻荒原中追上他们，就可以带我们中的两个人赶到降落点。摄影师和我跳上两辆雪地摩托，一头冲进正迅速暗下来的暮色之中，去寻找那帮西伯利亚人。如果当时我们没找到他们，那么你们大概也就读不到这个故事了，不过我们当时做到了。

跳上雪地摩托是个艰难的决定。我们没有卫星电话，因为这在哈萨克斯坦是非法的，而且对方没什么人会说英语，所以我们也不清楚，在哈萨克草原大海捞针般地找到他们后，还会有多少困难在等着我们，而且我们也不知道这些西伯利亚人的身份。他们好像是自由职业者，受雇于俄罗斯联邦航天局，在降落点为其拍摄照片并传回直播电视画面。我们还要判断我们两个人能否完成拍摄任务。虽然我经常梦想着能够抛开导演、制片人和其他工作人员的束缚，但是我们的拍摄团队通常6个人一组是有原因的。录音尤为重要，录音师在的时候，没人注意；往往是等到他不在的时候，你才会发现他是如此不可或缺（我们这部系列片中的录音师叫安迪，但我们总是叫他“录音侠”——他要记的其他事情太多了）。

结果我们发现，来自彼得洛维奇的团队既友好又专业，尽管他们想在野外待上几天等待联盟号的意愿吓到了我们（他们从西伯利亚开车过来，并不急于回家）。在联盟号降落前的晚上，临近深夜时我们收到了俄罗斯联邦航天局的消息，由于天气恶劣降落可能被推迟，所以我们决定在草原上宿营，继续等待。在漫天雪地中，我们影影绰绰地看到远处有一片农舍，于是我们朝着那片农舍驶去。一位队员用蹩脚的英语告诉我们，按照哈萨克斯坦的传统，无论是在白天还是在黑夜都要把旅行者请进家门、送上食物。结果我们被请进了热乎乎的农舍，就像在烤箱里面一样。我们吃着由果酱、面包、各式甜点和马肉组成的盛宴，再大口大口地喝着伏特加酒。彼得洛维奇团队的车上除了他们的卫星直播设备以外，还有几大箱伏特加酒。这真是令人难忘的经历。《人类宇宙》是写给人类的一封小情书，每当我发现自己出乎意料地融入陌生的文化中时，就会想到写一封这样的情书是多么恰如其分。

与自然作战

拍摄第38期长期考察组从国际空间站返回到哈萨克草原的场景，是我经历过的最疯狂的一次冒险。这是对人类决心的一次考验。

凌晨4点，伏特加的酒劲儿还没过，电话来了。指挥官奥列格·科托夫、谢尔盖·雅詹斯基和迈克尔·霍普金斯已经登上了联盟号，准备离开国际空间站。听到消息后我异常兴奋，因为我真的以为降落计划会取消，那样的话，除了在草原上等待暴风雪过去之外，我不知道还能做些什么。

哈萨克斯坦时间早上6点02分，自1967年以来的第199艘联盟号载人飞船——联盟TMA-10M号与国际空间站脱离。木已成舟，除非出现紧急情况。仅仅2小时28分后，发动机就按照预定计划点火4分44秒。飞船相对空间站的速度被降低了128米每秒，而空间站当天的绕地速度是7358米每秒。这个数字不是随便设定的。它是由一个简单方程式计算得出的，这个方程式由牛顿的万有引力定律和第二运动定律$F=ma$稍加推导就可得到。我们把它当作练习留给读者，你会发现用这两条自然定律可以推导出，当任意一个物体在距地心距离r的位置，绕着质量为M_e的地球做匀速圆周运动时，它的速度是：

$$v=\sqrt{\frac{GM_e}{r}}$$

为了得到这样的结果，你需要知道，让一个质量为m的物体保持在圆形轨道

从太空归来

这张图片显示的是从国际空间站返回的联盟号飞船，在哈萨克草原一个偏远地区安全着陆。

安全着陆

一个搜寻回收团队帮助国际空间站内的人员离开飞船。重新返回地球对人体是极大的考验，地球引力是飞船返回的重要力量。

上所需的力是mv^2/r。

国际空间站在距地面330～445千米的轨道上运行，我们选中间值387千米做一个粗略的计算。“估算就是物理的精髓”，过去我的物理老师常常在课堂上这样说。地球的半径是6378千米，质量是5.972 19×10^{24}千克。牛顿引力常量是6.673 84×10^{-11}立方米每（千克二次方秒）。你们自己算算吧，数学是很有用的。代入这些数字后，得到的速度大约是7675米每秒，非常接近真实值——有差异是因为我们计算时没用国际空间站当天的确切高度。我喜欢做这样的简单运算。它们展现了引入数学后的物理学的强大力量，这确实是国际空间站的环绕速度，而且根据艾萨克·牛顿在1687年首次发布的自然定律，地球必然以这一速度运行。如果你以前从没做过这样的运算，那么你应该感到欢喜。生物学家艾德华·奥·威尔森称这种感觉为“爱奥尼亚式狂喜”——他用一个充满诗意的词语来描述这种成就感。这要归功于公元前600年米利都的泰勒斯，他认为自然世界是有序和简单的，而且可以用一些定理简洁地进行描述。这真是一件神奇的事，一本大众图书上的几行文字就能让我们计算出国际空间站的环绕速度，它还简洁地为我们引出了从猿人到太空人的升华之旅中最后一项伟大创造的故事：那就是文字。

狭窄的舱室

此图显示的是国际空间站3名宇航员：美国宇航员丹尼尔·柏班克、俄罗斯宇航员安东·施卡普列罗夫和阿纳托利·伊凡尼辛在2012年的另一次任务中，即将降落在哈萨克斯坦之前，在太空舱内的情景。

中场休息：超越记忆

1992年，我开始在曼彻斯特大学学习，从那时起我开始全身心投入物理学中。1998年，我取得了博士学位，之后的11年间我作为一名粒子物理学家，在汉堡的德国电子加速器实验室、芝加哥的费米实验室和日内瓦的欧洲核子研究组织工作。2009年，我开始拍摄《太阳系的奇迹》，这使我放慢了科研进度。但我已从事物理学研究22年，这几乎是我已走过的人生一半的时间。在那段日子里我学到了很多，包括如何成为一名科学家，如何思考科学问题，如何观测自然——特别是亚原子粒子的行为，以及如何解读那些测量结果来生成新的知识并探索新的未知。幸好有这些准备，否则让我从头开始计算国际空间站的环绕速度就是天方夜谭。有了牛顿定律，这就是小菜一碟。没有的话，则是不可能完成的任务。牛顿定律绝非显而易见；牛顿穷尽一生才发现它们，而且牛顿还是一个天才——史上最伟大的科学家之一。同样，即使是他也并非从零开始。他非常依赖伽利略、欧几里得等其他100多位哲学家、几何学家和数学家之前的研究成果，他们的名字已被遗忘，但他们的著作依然是我们科学文化的基石。我们能够迅速做出这样的简单计算是因为这些伟大的哲学

书写的历史

已知最早的文字体系一般认为是楔形文字，大约5000年前，在美索不达米亚诞生了苏美尔体系。现在这些楔形文字还可以在大流士一世宫殿楼梯旁的墙上看到，这座宫殿位于现在的伊朗。

家、科学家和数学家的思想与成果未曾遗失，文字将它们永久地保存了下来。

如同农业的发展一样，文字似乎也是在几个不同的文明中独立出现的。而正像农业促使12 000年前文明的诞生一样，文字的出现也推动文明迅速多样化。已知的最早的文字体系一般认为是楔形文字，大约5000年前，在美索不达米亚的城市中诞生了苏美尔体系，尽管古埃及人的象形文字可能比它更古老。楔形文字名字直译为"楔子形状的"。楔形文字包含1000多个符号，它是用削尖的芦苇写在软泥板上的。在楔形文字和象形文字之后，其他类型的文字也出现在了希腊、中国、印度以及之后的中美洲国家。

文字的发明似乎并不是为了满足人类更深层次的需要，去分享和记录个人思想，为下一代传递知识；否则的话，可太浪漫了。文字的出现是为了一个更实际的目的，1993年考古学家们发现的一组约150卷纳巴泰人的卷轴就可以说明这一点。卷轴书写的时间可以追溯到大约公元550年，处于佩特拉城被弃前的最后一个时期。保存最完整的一份文件记录了两个牧师之间的诉讼纠纷。据记载，其中一位牧师决定离开他们共住的房屋，并带走了楼上一间房的钥匙、两根原本用于

象形文字

象形文字（"神辞"）是刻在石头上的符号，它们构成了古埃及文字。这些字刻勾勒出许多不同种类的鸟类形象，位于今天埃及卢克索的卡纳克神庙。

支撑屋顶的木梁、6只鸟和一张桌子。文字记载很可能就是这样开始的，令人失望的是，这个作为现代人类历史基石的发明最初却是出于行政目的。这一点不仅在相对晚期的纳巴泰文明的卷轴里能看出来，还能从很多更古老的文字中看出来。楔形文字之所以会发展，是因为在美索不达米亚日益复杂的经济中，产生了记录交易和账户的需要。古埃及的象形文字可能是个例外，因为它有很浓厚的宗教成分，但也有证据显示，它们早期也曾用在商业、行政、贸易和法律中——这些正是现代社会的基石。关于自然世界的信息也被记录下来，在象形文字中，我们能够看到逐年记载的季节更替以及重要的自然事件。早期文字还留下了一些美好的印记，它们被用来表达人类心灵更深处的期望和感受，这些情感直到今天都能引起强烈的共鸣，而且也再一次显示出我们祖先的内心世界与我们自己的内心并不遥远。

但是从古王国时期留存下来的最古老的莎草纸文字的内容异常乏味。从公元前2437年到公元前2393年古埃及第五王朝法老杰德卡拉统治时期的资料里，能够找到一份早期的鸡毛蒜皮的记录。

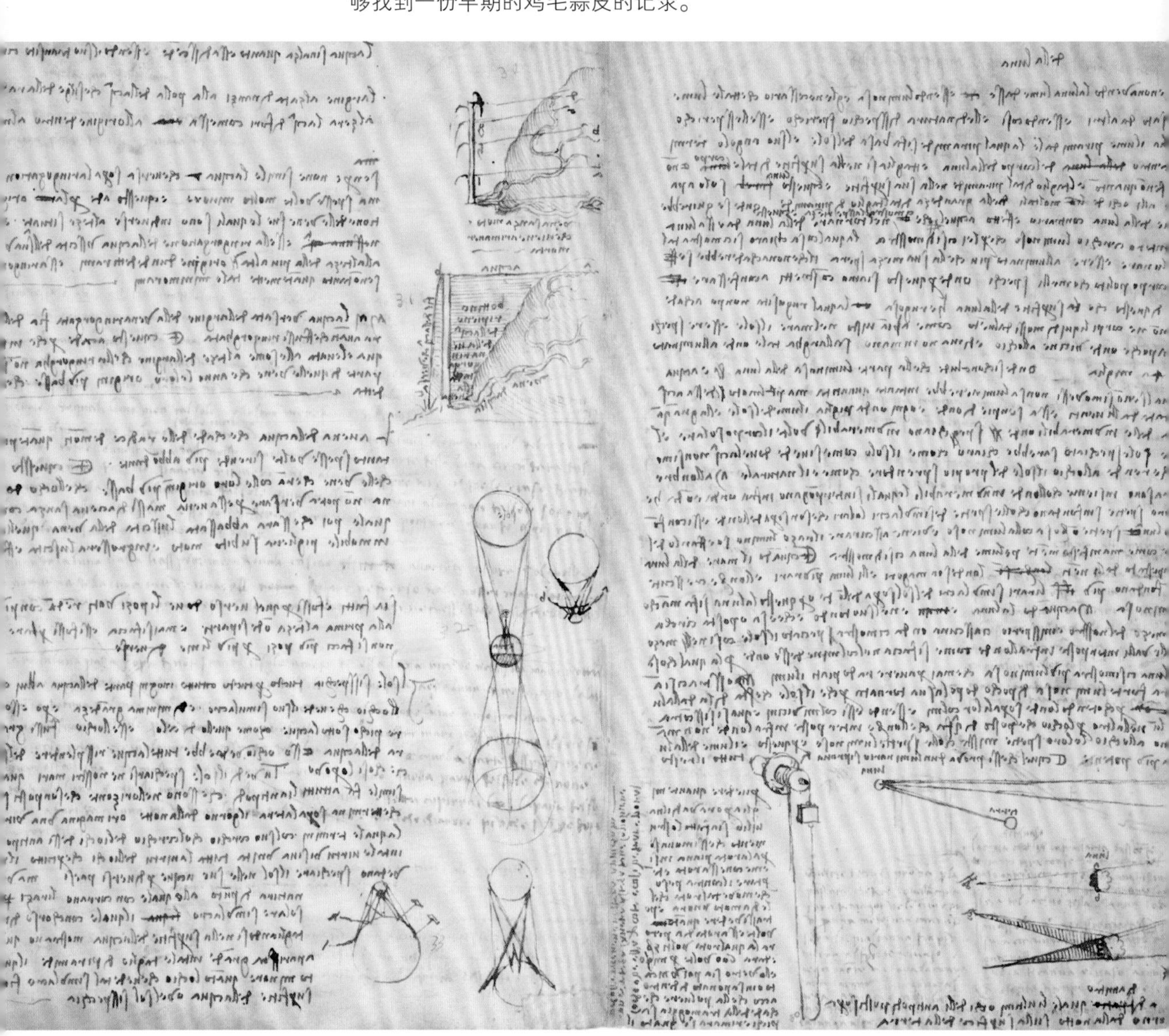

“虽然拉、哈索尔【译者注：拉是古埃及太阳神，哈索尔是古埃及女神】和所有诸神都希望杰德卡拉法老得以永生，但是我依然要对收取运输费用一事正式向专员提起抗议。”

这样的信件还有很多；在古埃及的墓碑上刻满了法老的名字和神明的传说，古埃及人也和我们现在一样使用着文字，我觉得这一点很神奇。在用一种有趣的方式听到古人流传至今的争执时，我感到安心并且感动。也许，我们人类真的从未发生过改变。从古埃及第二十王朝，也就是1000年以后，公元前1182年到公元前1145年间在拉美西斯三世和四世的统治下，投诉仍在继续。

“你的丈夫抄写员Amennakht从我这里抬走了一副棺材，并对我说，‘我会送来一头小牛作为交换’，但是直到今天他也没给我。我跟Paakhet提到了这件事，他回答说‘再额外给我一张床，等小牛长大了，我会还给你’。我给了他一张床。直到今天我们不但搭进去了一副棺材，还赔进去一张床。如果你要给我一头公牛，那就送过来；如果没有，就把床和棺材退回来。”

除了这些信件、宗教记载、投诉、行政记录和法律文件，在古埃及，还有一种复杂的文学和叙述传统，以及对文字价值极高的评价。3000年前，在塔沃斯塔王后统治时期的尼罗河岸边，有人为作家们写了一份悼词：

贤者书写文字……

他们的名字万古长存，

尽管他们已然离世，尽管他们已然走完此生，他们本身被人遗忘。

他们没有为自己建造青铜金字塔，抑或是钢铁方尖碑……

他们自己选定了继承者，

就是他们书写的文字和所受的教育……

离世让他们的名字被遗忘，

文字却让他们被铭记。

选自《辛奴亥和其他埃及诗歌传说》

公元前1940—公元前1640年，《牛津世界经典》

文字是我们从早期的农业文明升华到国际空间站过程中的最后一个关键点，因为它使知识的获取摆脱了人类记忆力的限制。20万年前，在东非大裂谷设置的硬件条件限制已不复存在。文字实际上让无尽的信息量代代传承，在世界范围内共享。知识只增不减，而且被广泛传播，易于获取并且能够长久保存。一个来自兰开夏郡奥尔德姆的小男孩能够继承牛顿的思想，获取他一生的工作成果并在此之上延伸出新的知识。文字给文明安上了齿轮，让知识以指数级增长，人类不再受困于个人脑力限制，可以尽情发明创造。我们现在正共同努力，在世界范围内拥有相同的头脑和与历史一样漫长的记忆。这就是积累的结果，由文字开启，带着我们人类——动物的模范——从东非大裂谷走向了群星。我特意借用了莎士比亚的文字，世界上最珍贵的物品并非宝石和朱玉，而是纸上的墨痕。没有一个人能独自创造出《哈姆雷特》《自然哲学的数学原理》或者《莱斯特手稿》，它们全由人类创造，属于整个人类，而人类所创造的知识的奇迹还会继续增加。

TRAGE[illegible] OF HAMLET Prince of Denmarke. BY WILLIAM SHAKESPE[illegible]

Newly imprinted and enlarged to almost as much againe as it was, according to the true and perfect Coppie.

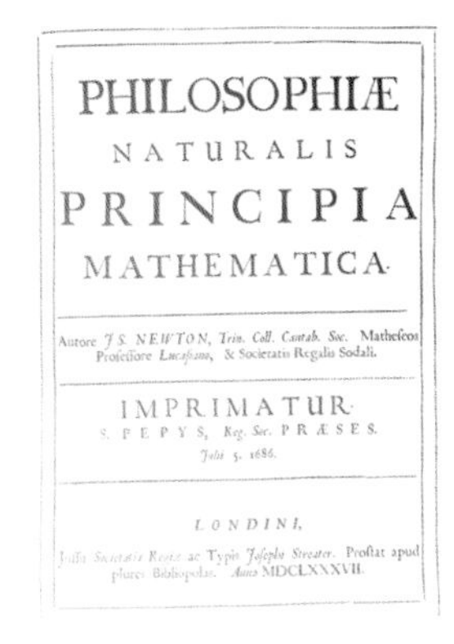

PHILOSOPHIÆ NATURALIS PRINCIPIA MATHEMATICA.

Autore J. S. NEWTON, Trin. Coll. Cantab. Soc. Matheseos Professore Lucasiano, & Societatis Regalis Sodali.

IMPRIMATUR. S. PEPYS, Reg. Soc. PRÆSES. Julii 5. 1686.

LONDINI, Jussu Societatis Regiæ ac Typis Josephi Streater. Prostat apud plures Bibliopolas. Anno MDCLXXXVII.

共享智慧

文字可以使诸如列奥纳多·达·芬奇、威廉·莎士比亚和艾萨克·牛顿这样的伟大头脑把他们的知识、远见和发现传给后人，并在世界范围内共享。

哈萨克斯坦大冒险：第二部分

从农场到联盟号降落地点的旅程就像种地一样。两辆彼得洛维奇车协同工作，当一辆陷入雪地里时，另一辆车就把它拖出来。经历了48小时的不眠不休和48杯伏特加之后（如果你要尊重俄罗斯人的感情的话，这是别无选择的），在迷迷糊糊中，我想象着要是两辆车都陷进去了会发生什么事。黎明前，我们抵达了俄罗斯联邦航天局提供的GPS坐标位置，并在那里等待。我们知道返回的准确时间，因为一旦经过了4分44秒的降轨点火，我们就可以根据物理学算出来。我们回顾一下联盟号和空间站，它们共同以7358米每秒的速度在圆形轨道上运行，然后发动机点火让联盟号的速度降低了128米每秒。这让联盟号进入一个椭圆轨道，考虑到地球大气的减速作用，飞船在经过大气摩擦后将落入哈萨克斯坦。这很简单，也很有效。根据我与俄罗斯联邦航天局合作拍摄的经验，“简单有效”一词总结了俄罗斯/苏联半个世纪以来在太空中所获得的成功。他们不像美国，他们不做光鲜、高科技的东西，联盟号一直穿梭于太空中运送宇航员，而它的设计自1967年以来鲜有变化。但是今天，联盟号是来往国际空间站的唯一途径，而且它也是一套可靠的系统。但根据我浅薄的认识，我们不是很习惯俄罗斯人做事的方式，在太空待了6个月的第38期长期考察组成员的返航就像是一场由弗雷德·迪布那【译者注：英国一位普通的高空作业工人，后因在电视节目中的出镜而走红】组织的拖拉机赛（在约克郡进行）。这不是批评，因为我会信任地交给弗雷德·迪布那去组织拖拉机赛，我相信俄罗斯人也会把我从太空接回来。只是二者都不那么正规。

上午9点23分整，联盟号从草原上飘雪的天空中准时出现，它在降落伞下摇摇摆摆，触地时喷出了一团雾气。彼得洛维奇的一位同仁用双筒望远镜看到了它，于是我们在雪中向飞船方向前进。这是我生命中最奇特的时刻。我们赶到那里时，没有多想就跳下车，跌跌撞撞地穿过雪地跑向飞船。我笨手笨脚地摆弄了一会麦克风（想起来“录音侠”根本没有赶过来），之后我意识到周围没有其他车辆。一架直升机刚刚降落，除此以外，只有风在草原上吹起的轻柔雪花。

几分钟后，支援车辆到了，奥列格·科托夫、谢尔盖·雅詹斯基和迈克尔·霍普金斯从联盟号的船舱里被抬了出来，他们被裹进睡袋，然后抬到了折叠躺椅上。他们看起来很高兴，却筋疲力尽。每年5次，在国际空间站与群星做伴达半年之久的男女宇航员们会乘坐联盟号回到地球。自2000年11月2日第一批考察组开始工作以来，空间站一直有人驻守，我希望以后每个人都不会被禁锢在地面上。

在我的口袋里，保留着一块在东非大裂谷拍摄时使用的燧石，这让我记住了在埃塞俄比亚度过的时光。我想象着一个人，我的曾曾祖父，坐在如今亚的斯亚贝巴附近的某个地方，精心打磨着我手中的黑曜石，历史消失在他的身后。我把这块石头放在联盟号旁的雪地里，联盟号就是从它开始演变发展，正如同我从先辈那里继承发展一般。

太空人

小时候我梦想着成为一名宇航员，这就是我对天文和物理感兴趣的原因。在国际空间站的模拟舱中以一种奇特的方式失重漂浮，是我最接近这一梦想的时刻。

31
2MO-7950-200

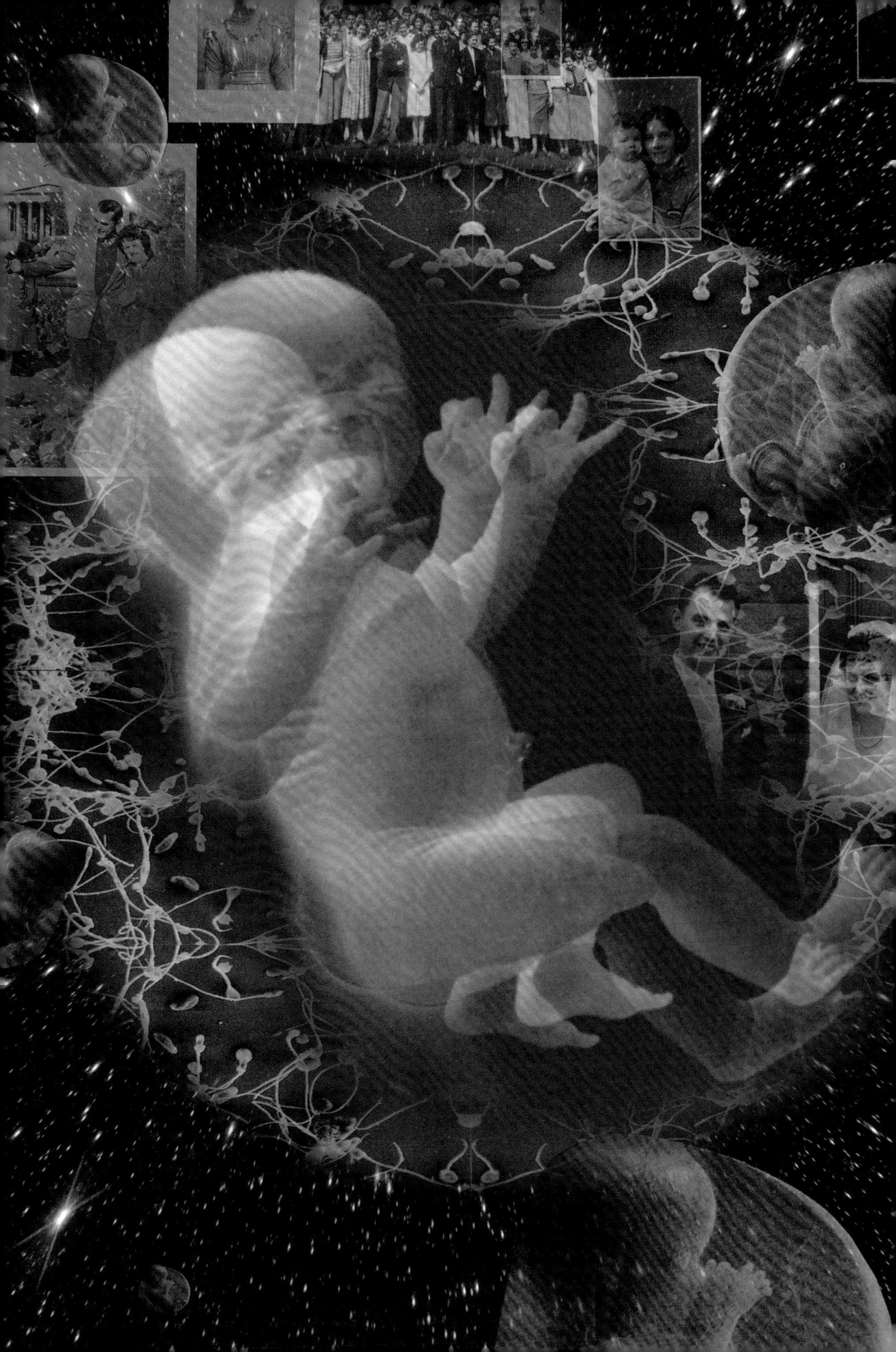

第 4 章 我们为何在此？

但归根结底，有谁知道，又有谁能说清，

一切从何而来，万物如何产生？

先有天地而后有神灵，

所以谁能真正知晓万物的起源呢？

古婆罗门祷文

简单明了的逻辑

科学和语言之间会出现冲突。语言与人类经验有关。每个人都明白“你为什么迟到”“我迟到是因为闹钟没响”这种对话的含义。但是，这样的回答并不完整，我们可以继续深入追问，试着找出最准确的原因。

“它为什么没响？”

“因为它坏了。”

“它为什么会坏？”

“因为电路板上有个焊点熔化了。”

“焊点为什么会熔化？”

“因为变热了。”

“为什么会变热？”

“因为现在是8月，所以我的房间很热。”

“为什么8月会热？”

“因为地球绕着太阳转。”

“为什么地球会绕着太阳转？”

“因为引力的作用。”

“为什么会有引力？”

“我不知道。”

如果你追问得足够深入，所有关于“为什么”的科学问题都会以“不知道”而告终，因为我们对宇宙的科学认识还不全面。我们对任何事物的最基本描述，归根结底就是对宇宙最小已知构成单位以及使它们相互作用的自然力的一系列理论描述。这些理论就是我们熟知的物理定律。而当我们问到这些理论的起源时，回答却是“不知道”。这是因为在宇宙大爆炸模型中，我们对可见宇宙出现10^{-43}秒之前所有的东西都一无所知，而这些定律的起源都存在于那其中的某一时刻。“先有天地而后有定律，谁能真正知晓万物的起源呢？”我们关于时间和空间最好的理论——爱因斯坦的广义相对论——不再适用于这个最早的时间阶段。这个条件过于极端的最初阶段，就是我们所说的普朗克时间，这其中会涉及引力量子理论方面的知识，对此我们并不熟悉，所以需要来解释一下。

根据现有最佳的测量结果以及理论推断，我们知道宇宙现在有137.61亿~138.35亿年的历史，而且自大爆炸以来，宇宙一直在缓慢地扩张和冷却。宇宙的扩张速度非常缓慢，而其中大约有68%的宇宙能量与这种悄无声息的加速扩张有关。这种能量叫作暗能量，但其性质仍然是21世纪理论物理学领域的一大未解之谜。另外剩下32%的能量中，大约有27%以一种我们称为暗物质的形式存在。这种物质的性质也尚不清楚，但它很可能是以一种我们尚未发现的亚原子粒子的形式存在。而剩余的5%则构成了我们在夜空中所看到的恒星、行星和星系，当然也构成了我们人类。我们所能观测到的这部分宇宙空间，跨度大约有930亿光年，并

探索宇宙大爆炸

对于宇宙的起源，我们尚在探索之中。而2014年3月，这架宇宙泛星系偏振背景成像二代望远镜探测到了宇宙微波背景辐射的图谱，这证明了支持宇宙大爆炸的暴胀理论的正确性。

且由于不断膨胀，它已经达到了一个相对寒冷的温度，为（2.725 48±0.000 57）开尔文。

宇宙的起源是什么？这是一个古老的哲学问题，通常被称为“第一因”论证。关于这一点，莱布尼茨将其与上帝存在的“证据”联系在了一起。他是这样解释的：

世间万物若非源于外因，则必为永恒。若为永恒，则无须起源，必为不可或缺之存在。然宇宙既在且非永恒，是以必有起源。万源之源唯有永恒或不可或缺，才可免除无限的回溯。此即吾辈所谓之神。

很显然，这是一个非常简单明了的逻辑，莱布尼茨又不傻。我不认为一定要将这样的问题划分到科学的范畴内。因为科学比较侧重于回答一些更为朴素的问

יְהֹוָה
Et vidit Deus lucem quod esset bona
Mundus Intellectualis
SYLVA SYLVARVM
or
A NATVRALL HISTORY
In ten Centuries.
Written by the right Hon:ble Francis
Lo: Verulam Viscount St. Alban.
Published after ye Authors Death
by W: RAWLEY Dr of Divi-
nity. &c
Tho: Cecill sculp.
LONDON
Printed for W: Lee and are to be sould at
the Great Turks head next to the Mytre
Taverne in Fleetstreet
Anno
1627

宇宙联合

（对页）英国哲学家和政治家弗朗西斯·培根爵士(1561—1626)在其著作《木林集》中，仔细地阐述了自己与宗教教义的不同观点。那时，科学才刚开始探索属于自己的不带宗教色彩的宇宙起源理论。

大爆炸的诞生

“大爆炸”一词由天文学家弗雷德·霍伊尔在1949年首次提出。他随后又反对这一理论，支持稳恒态理论，后者认为尽管我们看到的星系正在彼此相互远离，但宇宙是稳恒不变的。

题，而这也是科学能够拥有力量并获得成功的原因。科学所追求的目标就在于对自然世界中已观测到的现象进行解释。

“解释”指的是建立与观测相一致的有预见性的理论。这是一个谦卑的想法。我们不会一开始就设定一个目标，要去发现宇宙因何存在或建立万物之理。科学都是小步前进的，只想解释天空为什么是蓝的，叶子为什么是绿的，来自遥远星系的光为什么会红移。有时这些小小的步子凑在一起就是了不起的成就，比如测算已知宇宙的寿命，而这可并不是谁最初就着手要做的事情。这就是当涉及范畴内的问题，即需要对自然世界进行解释时，科学优越于其他任何人类思想的原因。科学从小处着手，缓慢而有条不紊地向前发展，审慎地加深我们的理解和认知。

所以，科学似乎很难回答本章的标题提出的问题“我们为何在此”，因为这个问题太大了。但情况已有所改观，审慎的进步已经让科学进入了这一领域，科学已准备就绪，至少能回答“宇宙大爆炸之前发生了什么”这样的问题了。尽管只回答这个问题还远远不足以解释人类存在的原因，但它显然是一个先决条件，让我们能够对此做出有意义的探索。不过，我得先做个词义辨析，否则就会有1000个哲学家跳出来，摩拳擦掌，要和我干一场看似斯文实则充满火药味的概念口水仗了。我所提及的专业术语“大爆炸”，其定义与天文学家弗雷德·霍伊尔于1949年首次将其引入物理学时的定义相同。大爆炸应为已知宇宙曾经的那个致密炽热的初始状态。正如同第1章所讲的那样，传统的宇宙理论按时间轴回溯宇宙演变，随着时间往前推移，宇宙越来越炽热，越来越致密，直到某个我们不知哪种物理定律适用的奇点。目前能回溯到大爆炸后大约10^{-10}秒内，这与大型强子对撞机的现有能量有关。宇宙在137.98亿年前处于炽热致密的状态，如果在此之前，它曾以其他形式存在，那就是我所谓的前大爆炸时期。假设我们发现前大爆炸时期是永恒的，或者从逻辑上来说，前大爆炸状态不可或缺，且可用现有或尚未发现的物理定律描述的话，科学可能就会一不小心步入莱布尼茨的领域。这一假设还必须能对我们今天所看到的宇宙的一切性质做出精确解释。当然，我们得从科学的角度出发，莱布尼茨不是我们要讨论的范畴，科学的任务不是去证明或反证上帝的存在。相反，我们只在现有证据和理论认识所允许的范围内，审慎地按时间轴回溯研究我们所感兴趣的问题。而令人感到兴奋的是，20世纪80年代以来宇宙理论的发展十分确切地指出，如上所述的前大爆炸状态确实存在，而这也正是本章的主要内容。

本章同样与你有关。我想大多数人也曾冥思苦想过“我们为何在此”这个问题。对于一些人来说，这个问题及其答案可能完全是他们生活的中心；而对于包括我在内的其他人来说，这是一个我过去时常想到的问题，那时我穿着从阿弗莱克斯宫百货商场买来的二手大衣，一人独坐在山坡上，身旁只有我的老自行车。但我的存在主义执念已经随着我的头发颜色一起日渐消退。

话虽如此，保留一点存在主义情怀就如同曼彻斯特的小雨一般，无伤大雅。所以就让我们暂时把自己置于万物的中心，探索我们个人存在的巨大偶然性，以此作为研究宇宙起源这个异常深奥问题的暖场热身活动。本章比较深奥，所以让我们播上一段《未知的喜悦》中的歌曲，打开一瓶廉价的苹果酒，准备开始吧。

東京都世田谷区
恩田伊都子

東京都品川区東大井
久保佳子

川崎市多摩区
株式会社ミズモリ
代表取締役

世田谷区砧二ノ五ノ三
裕和産業(株)

藤田照雄

札幌市北区屯田六条十一丁目三ノ二〇
井家律子

都台東区浅草橋二ノ二五ノ六

テージー株式会社
玉越進

市(株)アットハウス
代表取締役

年二月吉
四年十一月吉日建之
九年五月吉日建
平成十五年

崭新的黎明在褪去

过去的我，期待着现在的我。
想要得到更多，
而我，看着如今的我，
想要有个不同的结局。

伊恩·柯蒂斯，崭新的黎明在褪去，《未知的喜悦》

如果你突然受了唯我主义的影响，决定弄清自身存在的可能性，你很可能会得出这样一个结论：我真是太特别了。从你母亲体内一个特定的卵子与你父亲体内一个特定的精子结合开始，就有了你。在那一天里，你父亲体内有1.8亿个拥有不同遗传密码的精子，而只有一个精子会与你母亲体内遗传特征迥异的卵子中的一个结合，形成"你"。所以不用继续深入下去，你就已经能感到自己有多么幸运了。如果你想继续探寻，你可以算算你父母在那特别的一天同房的概率有多大，因为精子是不断产生的。然后就是它们能够相遇的可能性，它们能成为"他们"的可能性。而当我们在计算这些规模不断增大的一亿分之一的可能性的同时，回顾一下第1章所提到的，我们的祖先与38亿多年前地球生命的共同祖先一脉相承。假如当时的那些生命体中有一个在生育前就死亡了的话，你都将不复存在。这真的是非常幸运，但同时也毫无意义。没错，"你"存在的概率虽然没有为零，但也很小了。但是考虑到人类的存在以及生育机制，一定会有人出生的。所以，在特定生命个体存在的可能性都微乎其微的同时，每天又必然会有新生命诞生。由此可见，你并不特别，而你的存在在庞大的宇宙架构中是完全可以理解的。现在听上

未知的喜悦

快乐分裂乐队的伊恩·柯蒂斯对人类的无尽欲望发起了思考；实际上，虽然我们可以通过努力获得更大的成就，但自然法则提醒我们，我们并不特别，我们的存在在庞大的宇宙架构中是可以理解的。

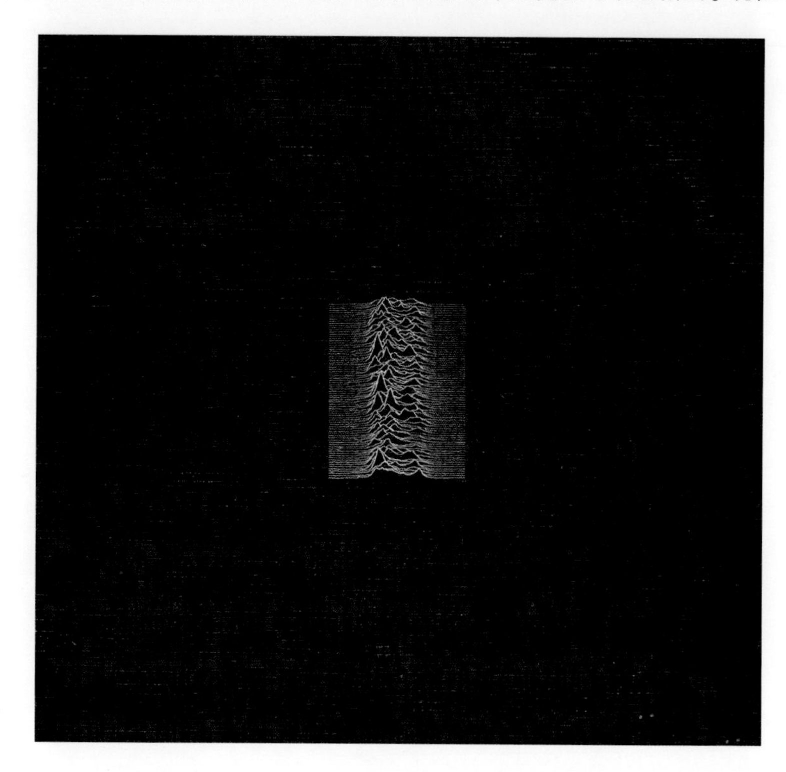

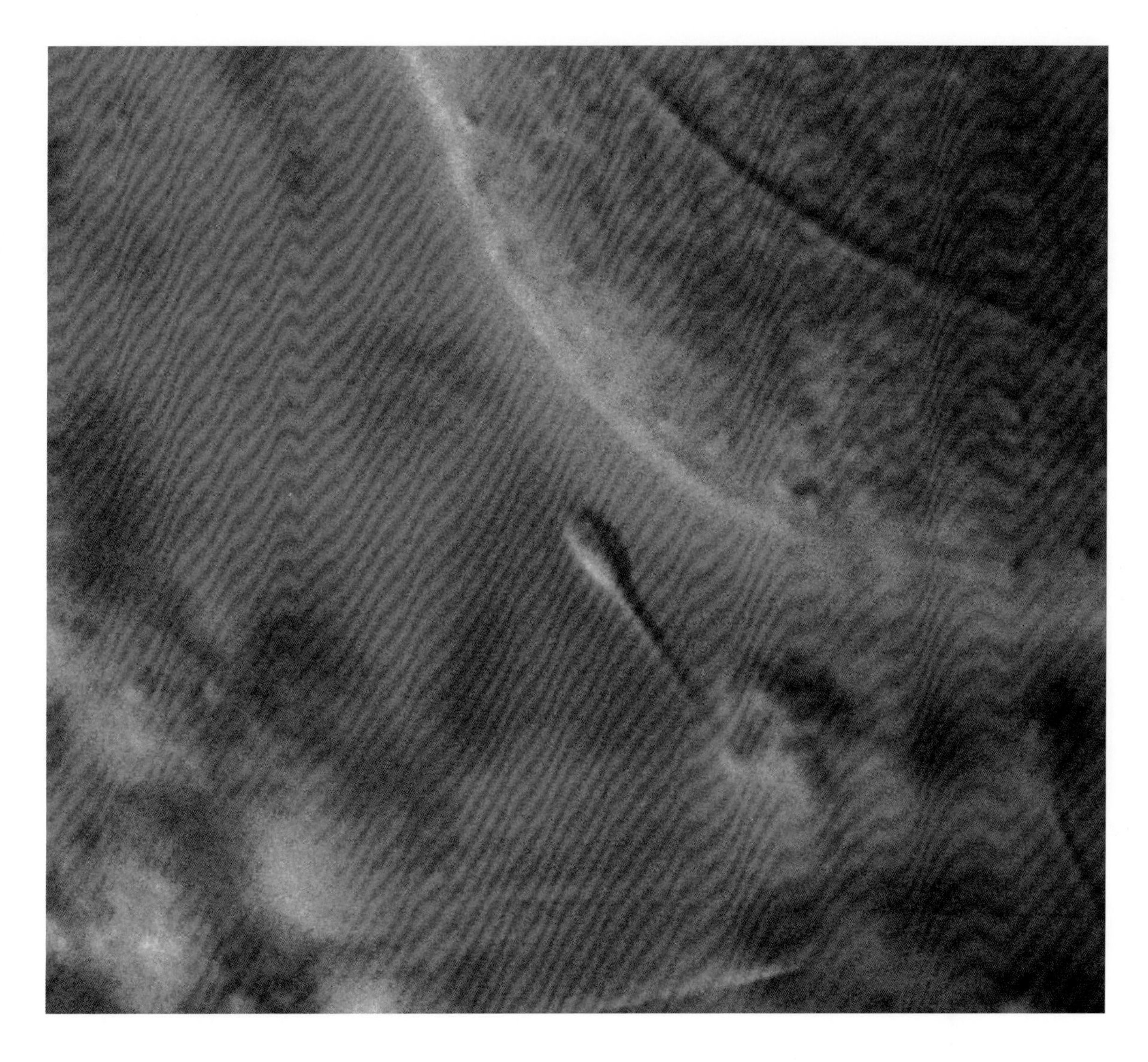

偶然的邂逅

为了生育一个新的人类，精子只有1.8亿分之一的概率能够与卵子结合。这似乎是对概率的一种藐视，然而它随时随地、神奇般地不断重复上演。

一段快乐分裂乐队的歌，再来点苹果酒吧。

我们个人自尊心的受挫源于一个事实，首先人类已在这个星球上存在，这是一个重要的先决条件。但是大自然还必须有一个使人类能够大规模繁衍生育的机制，才能保证我们生生不息地存在下去。我们在本书中已经详细地探讨了人类的来源，并且论证了在宇宙中几乎不存在达到或超过人类水平的复杂多细胞生物及智慧生命体。我们也清楚地知道，宇宙本身存在一些基本属性，它们是所有生命形式存在的必要条件。宇宙必须有足够长的寿命以及能够形成恒星的正确属性，而这些恒星必须能够产生构成生物所需的化学元素，其中最为重要的是碳元素。那么“属性”指的是什么呢？我们再来看一下物理定律的本质，因为它们从最基本的层面描述了物质和力的变化情况。这些定律界定了宇宙中可能出现的物质结构，而恒星、行星和人类都是这种可能的物质结构的具体实例。现在问题自然又出现了，可能比我们宽泛的“我们为何在此”要实在一些，在问法上变得更符合科学提问的习惯。这个问题是：自然规律对人类存在有何影响，这些规律在多大的调整范围内不会导致宇宙中的生命消失？

让我们秉承循序渐进的精神，从简要概括已知的自然基本规律开始吧。

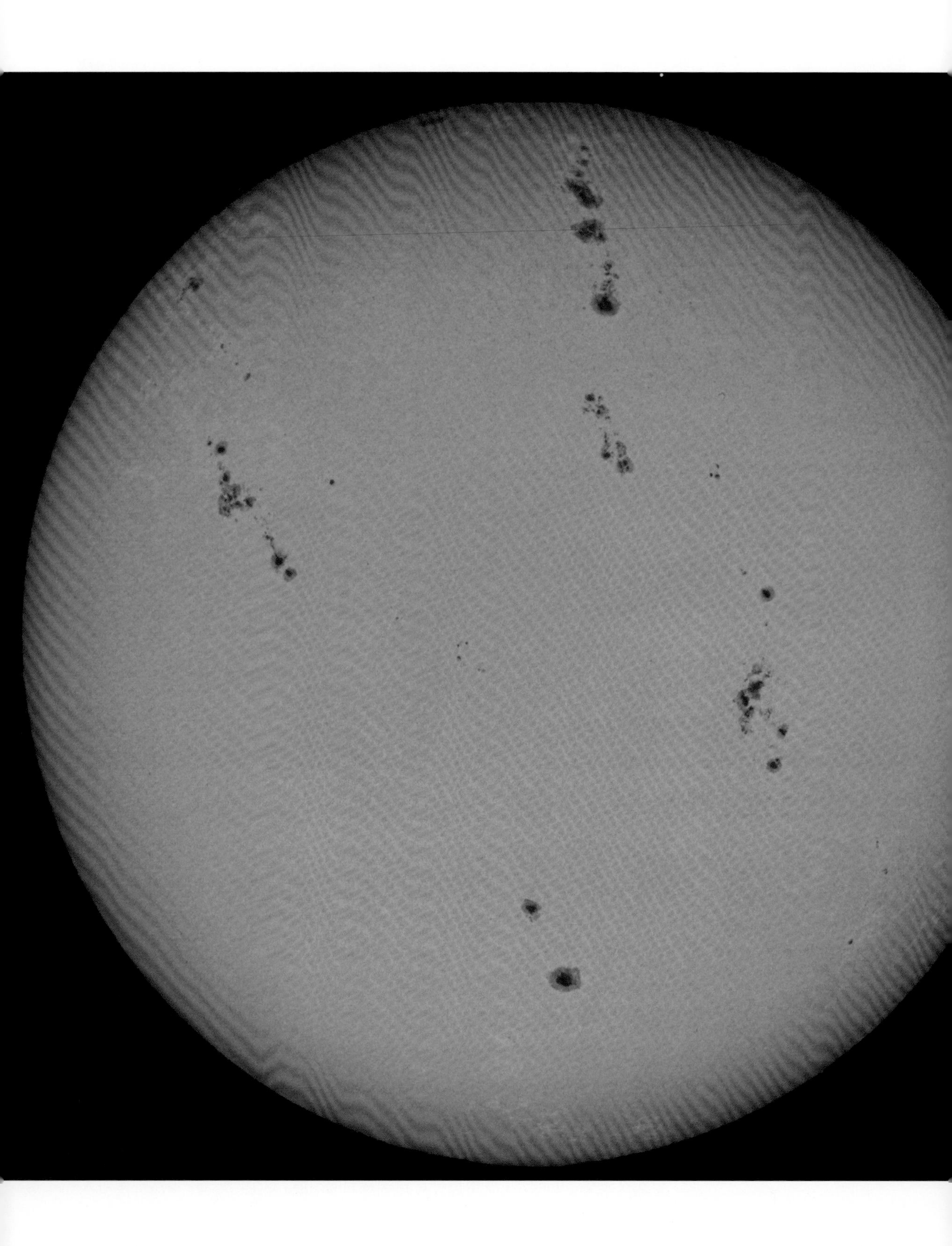

游戏规则

我真正感兴趣的是，
上帝创造世界的时候有没有别的方案可选。

阿尔伯特·爱因斯坦

想仅用电视节目或书中简短的一段话就把统管从星系到人类的万物的依存规律讲清楚，恐怕是异想天开。这只是其中一个方面，否则每个人都能在一个下午的时间就修完物理学、化学或生物学的学位课程了。不过，我们可以通过一种简洁准确的方式来概述这些已知的基本定律。那么，我们开始吧。

构成物质的粒子目前已知的有12种，如书中第176页所列。它们分为3族或3代。你只由第一代粒子组成。上夸克和下夸克结合在一起组成了质子和中子，然后质子和中子再结合形成了你身上的原子核，而原子核与受其束缚的电子共同构成了你身上的原子。大量的原子聚集在一起后，构成了诸如水和DNA这样的分子。你所需的一切都是这么来的。3种基本粒子组成了各种成分。被称为规范玻色子的粒子负责传递自然力。宇宙中有4种已知的基本力：强核力、弱核力、电磁力与引力。引力在第176页上方的图中并未列出，我们稍后再介绍它，另外3种力如第4列所示。为了了解它们的作用机制，我们来关注一下大家所熟知的电磁力。想想你身上某一原子的电子受原子核束缚的样子，这样的束缚关系是如何产生的呢？我们现有的最根本的解释是电子会发射光子，你可以把光子想成光的某种粒子。这个光子也可以被原子核中的一个夸克吸收。这种发射和吸收就会在电子与夸克之间形成一种力。电子与原子核内的夸克发射和吸收光子的方式众多，它们都会将电子牢牢地贴合在原子核上。夸克与夸克之间同样存在类似的作用机制，它们也是通过发射和吸收传递力的粒子而产生强核力之间的相互作用，而这种粒子叫胶子。强核力是目前已知最强的力（单看名称就能略知一二），而且它会将夸克紧紧地束缚在一起。这就是原子核同原子相比，体积更小、密度更大的原因。强核力只作用于夸克和胶子。最后是弱核力，它是由W及Z玻色子传播的弱相互作用。弱核力虽然能作用于所有已知的物质粒子，但它比其他两种力弱很多，这就是为什么弱核力的活动虽然隐秘，却至关重要的原因。假如没有弱核力，太阳就不会发光。弱核力可以将质子转化为中子，或者更准确地说，将上夸克转化为下夸克，其产生的结果相同。这就是氢的核燃烧转化为氦的第一步，也是太阳能量的来源。在质子转化为中子的过程中，一个反电子型中微子会与电子一同产生。中微子是仅剩的我们还未探讨的第一代物质粒子。因为中微子只通过弱核力相互作用，所以我们在日常生活中都无法感知到。也幸亏如此，因为太阳核反应时，每秒在1平方厘米的面积上都会有600亿个中微子经过你的头部。假如弱核力稍强一些，你就会感到剧烈的头痛。实际上，你不会感到头痛，因为你已经不存在了。而这也预示了我们稍后将在本章所展开的主题内容——自然规律的微调。剩下的一种粒子是希格斯玻色子，它单独列在第5列。真空并不是空的，而是挤

太阳的力量

弱核力是太阳能量产生的关键要素，假如没有弱核力，太阳就不会发光。我们应该心怀感激，因为它很弱，否则地球上的生命都将感到非常不适。

超环面仪器

超环面仪器实验是在欧洲核子研究组织的大型强子对撞机中进行的六大探测实验之一。该组织位于日内瓦。

标准模型

粒子物理学的标准模型是解释亚原子之间以强核力、弱核力和电磁力形式存在的相互作用的理论。假设被提出后，最初的理论都已通过实验验证，证实其准确无误。2013年，通过该理论预测出的希格斯玻色子也被欧洲核子研究组织的大型强子对撞机发现。

标准模型的基本粒子

基本力

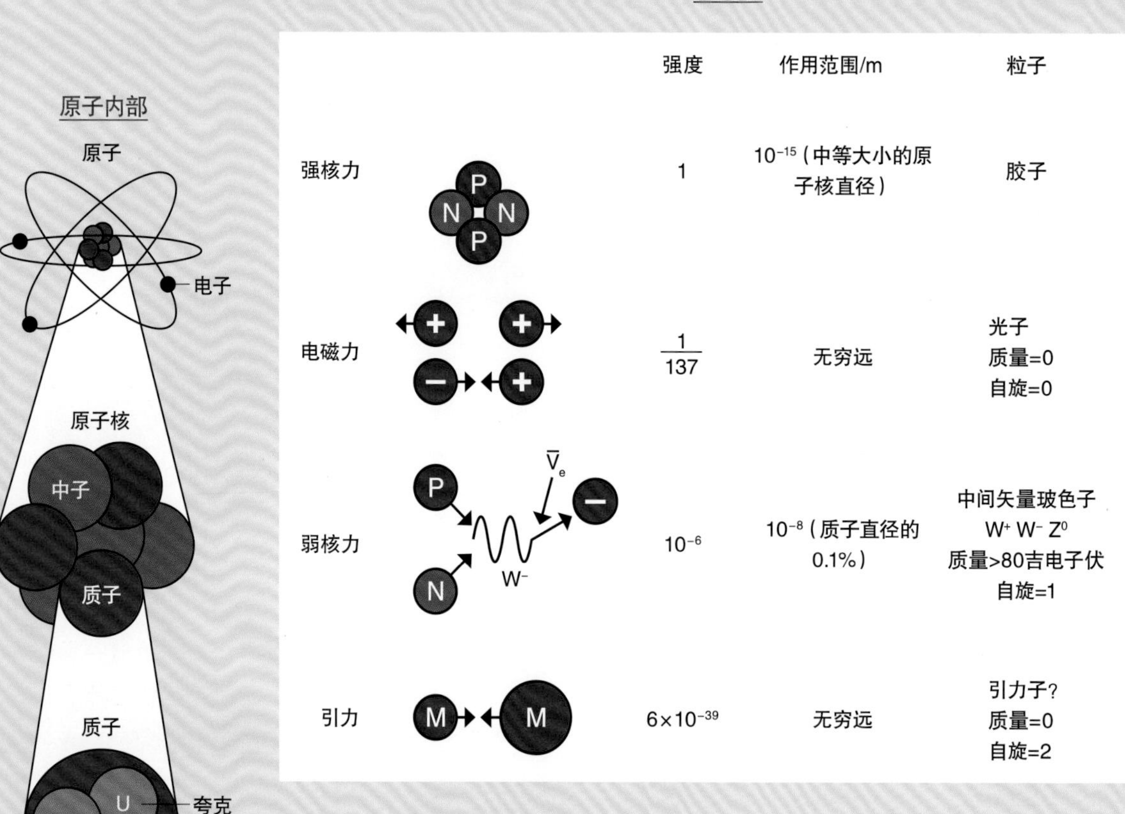

	强度	作用范围/m	粒子
强核力	1	10^{-15}（中等大小的原子核直径）	胶子
电磁力	$\frac{1}{137}$	无穷远	光子 质量=0 自旋=0
弱核力	10^{-6}	10^{-8}（质子直径的0.1%）	中间矢量玻色子 W^+ W^- Z^0 质量>80吉电子伏 自旋=1
引力	6×10^{-39}	无穷远	引力子? 质量=0 自旋=2

满了希格斯粒子。除了没有质量的光子和胶子之外，所有的已知粒子都与希格斯粒子相互作用，“之”字形地穿过空间并在此过程中获得质量。这个反直觉的现象在2012年得到了证实，那一年欧洲核子研究组织的大型强子对撞机发现了希格斯玻色子。

另外两代物质粒子也已经被发现。除了质量更大以外，它们与第一代物质粒子基本相同。这是因为它们与希格斯粒子的相互作用更加强烈。以μ介子为例，它就是我们所熟悉的电子的质量增大版，但这些粒子存在的原因尚不得而知。

这就是我们对宇宙基本成分的全部讲解。几乎可以肯定的是，在地球之外的某个地方还存在其他粒子——在宇宙中以5∶1的比例主导正常物质的暗物质很可能就以一种新型粒子的形式存在。而我们可能会通过大型强子对撞机或未来的某种粒子加速器去发现它们。暗物质的存在证据确凿，这些证据来自于对星系旋转速度的天文观测、星系形成模型以及我们在第1章所提到的宇宙微波背景辐射，这个我们在本章稍后还会提及。但是因为我们不知道暗物质以何种形式存在，所以无法将其纳入我们的列表中。

用来描述所有已知粒子和除引力以外的其他力的数学体系被称为量子场论。它是一系列能够计算出任何特定过程发生概率的理论。如果在力学系上只有保守力的作用，则力学系及其运动条件可以用拉格朗日标准模型表示出来。公式如下：

$$
\begin{aligned}
L = & -\frac{1}{4} W_{\mu\nu} W^{\mu\nu} - \frac{1}{4} B_{\mu\nu} B^{\mu\nu} - \frac{1}{4} G_{\mu\nu} G^{\mu\nu} + \\
& \overline{\psi}_j \gamma^\mu (i\delta_\mu - g\tau_j \cdot W_\mu - g' Y_j B_\mu - g_s T_j \cdot G_\mu) \psi_j + \\
& |D_\mu \phi|^2 + \mu^2 |\phi|^2 - \lambda |\phi|^4 - \\
& (y_j \overline{\psi}_{jL} \phi \psi_{jR} + y'_j \overline{\psi}_{jL} \phi_c \psi_{jR} + \text{conjugate})
\end{aligned}
$$

使用这个数学公式进行预测会费一番功夫，但预测的结果惊人地准确，并且与地球上实验室里每次得到的实验数据完全吻合。这个方程式甚至预测出了希格斯粒子的存在，可见它的厉害。除非你是一个专业的物理学家，否则这个方程式看起来就像是一组涂鸦，但实际上它并不难解读，所以让我们来稍微深入了解一下。12种物质粒子全部由ψ_j符号代替。在粒子物理学里，标准模型隶属量子场论的范畴，而组成所有物质的基本粒子可以通过量子场来表示，这些量子场包括了电子场、上夸克场、希格斯场等。粒子本身可以想象成这些场中的局部振动，而这些场则跨越了整个太空。稍后，这些场将对我们非常重要，因为我们将讲到一个可能出现在宇宙初期的特定类型的场，它被称为标量场。希格斯场就是标量场的一种。在第二行两个ψ_j之间的数学公式描述的是力以及它们引起粒子相互作用的方式。力也都是由量子场来表现的。例如$-g_sT_j \cdot G_\mu$描述的是胶子场，它可以把ψ_j中的夸克束缚在一起，形成质子和中子。而g_s被称为强耦合常数。它是我们宇宙的一个基本属性，可以显示出强核力的强度。每一种力都有一个这样的耦合常数。我们稍后还将会继续讨论这些耦合常数，因为它们定义了我们宇宙的样子，并决定了存在的万物。最后两行涉及希格斯

I
II
III
2.4 MeV/c²
up
4.8 MeV/c²
down
104 MeV/c²
4.2 GeV/c²
b
bottom
H
Higgs
boson
<2.2 eV/c²
electron
neutrino
e
electron
muon
tau
MAN
2ND SLIP
1ST SLIP
SHORT
FINE LEG
LONG LEG
WICKET-KEEPER
GULLY
POINT
UMPIRE
BATSMAN
SQUARE
LEG
SILLY MID ON
MID WICKET
SHORT EXTRA
BATSMAN
MID ON

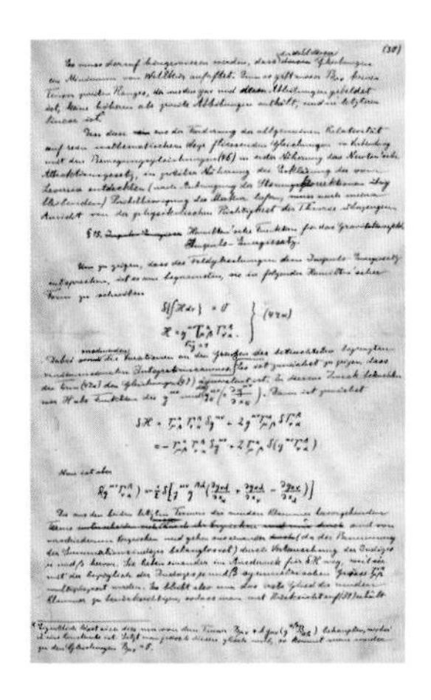

天才在工作

爱因斯坦广义相对论的手稿是物理学发展过程中具有里程碑意义的文献。

玻色子。物质粒子与希格斯场相互作用的强度体现在y_j中，它被称为汤川耦合。汤川耦合必须加入进来才能使物质粒子产生可见的质量。整个公式基本上就是这样。

到这里，我们的量子物理学速成课程就结束了。中心知识点是，存在着一个非常简洁的表达可以描述除引力以外的一切，而这种表达就是标准模型。

我们曾在第1章比较详细地介绍了引力。它在爱因斯坦的广义相对论中得到了诠释，广义相对论被物理学家们称为经典理论。在爱因斯坦的理论中，没有传递力的粒子，相反，力被描述成是由时空的弯曲所致，而时空的弯曲则是由物质、能量以及粒子对这种弯曲的回应引起的。我们已经注意到，引力的量子论对于描述宇宙历史的最初时刻极为必要，它会涉及粒子的互换，这些粒子被称为引力子。但是目前还没有人想出如何构建这样的方程式。这就是爱因斯坦的理论仍然是现有唯一一个基础非量子理论的原因。

为了表述完整，让我们再回顾一下爱因斯坦的广义相对论：

$$G_{\mu\nu} = 8\pi G T_{\mu\nu}$$

广义相对论与标准模型一样，包含了一个体现引力测量值的耦合常数：G，即牛顿的引力常数。为了与观测结果保持一致，暗物质的数量被手动添加进来，这与标准模型中引力的大小和粒子的质量情况相同。

广义相对论和标准模型都是游戏规则。它们涵盖了所有我们知道的自然最基本的运作方式，也涵盖了几乎所有我们认为比较基础的宇宙属性。光的速度、引力的大小、粒子的质量（表现为通过汤川耦合与希格斯玻色子相互作用的强度），以及暗物质的数量都包含在这些公式中。原则上说，它们可以描述任何已知的物理过程。这就是我们当前的认知水平，但这并不意味着我们就知道万物如何运转，也不意味着我们就可以一劳永逸，从此高枕无忧了。

大部分运动都很肤浅，只有板球深刻入骨。

约翰·阿洛特和弗雷德·特鲁曼

当我14岁在奥尔德姆附近的霍林伍德板球俱乐部打球时，曾经打出过一记标准的正前内野抽击：向前跨一步，头与球保持在一条直线上，清脆地打击中路，4个跑位。我知道应该怎么做，但再也

暗物质

这种物质占可观测宇宙总能量的26.8%，而它并不在标准模型的描述范围内。暗物质很可能会以一种新型粒子或是同类粒子的形式存在。标准模型有一些衍生模型，其中最简单的被称为最小超对称标准模型，它可以描述暗物质。如果有朝一日我们发现了暗物质的属性，那么毫无疑问，我们就要建立一个超越量子场理论的全新理论框架。

生成夸克胶子等离子体

这幅计算机模拟图显示的是在大型强子对撞机内发生粒子碰撞的类型，预计它会产生夸克胶子等离子体。

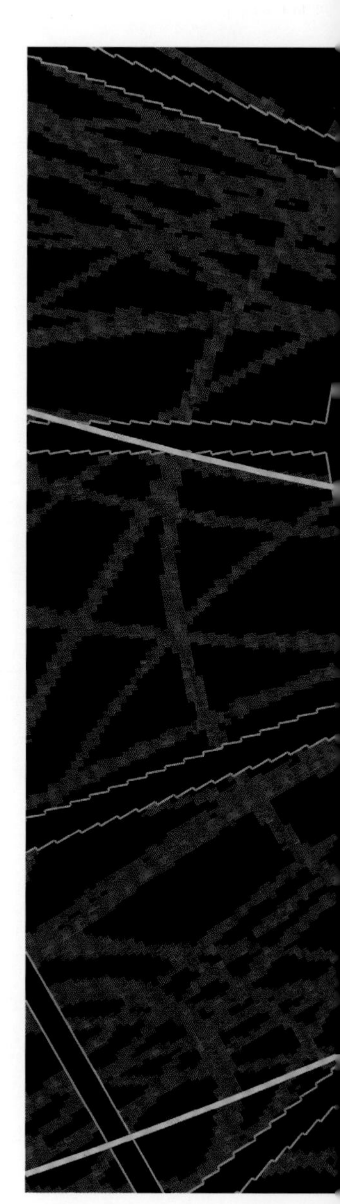

没有打得那么好过。板球是一门建立在简单规则之上的艺术。最初的规则是在1788年5月30日由玛丽勒本板球俱乐部的几个会员制定的。对于有品位的历史学家来说，那是世界历史上伟大的一天。这些最初的规则直到今天依然是这项运动的基础。一共有42条规则，而它们定义了一个基本框架，在这个框架范围内，每场比赛都在不断地演变发展。不过，尽管有严格的框架规则，却没有哪两场比赛是一模一样的。气温、湿度、草上露水的光散射、三柱门位置草的高度，以及其他上百个因素都会不同程度地影响整场比赛。更重要的是，球员和裁判又都是复杂的生物系统，他们的行为难以预测，吉奥弗雷·博伊科特除外【译者注：吉奥弗雷·博伊科特能力出众，总是获胜】。如此多的变量会产生无数种可能性。这就是为什么板球是（我眼中）除了科学和品酒以外，最有意思的人类追求。

因此，规则本身无法勾勒出这项运动的无限魅力。这个道理同样适用于宇宙。自然规律定义了万物生成的框架，但这并不能保证所有可能发生的事情都会

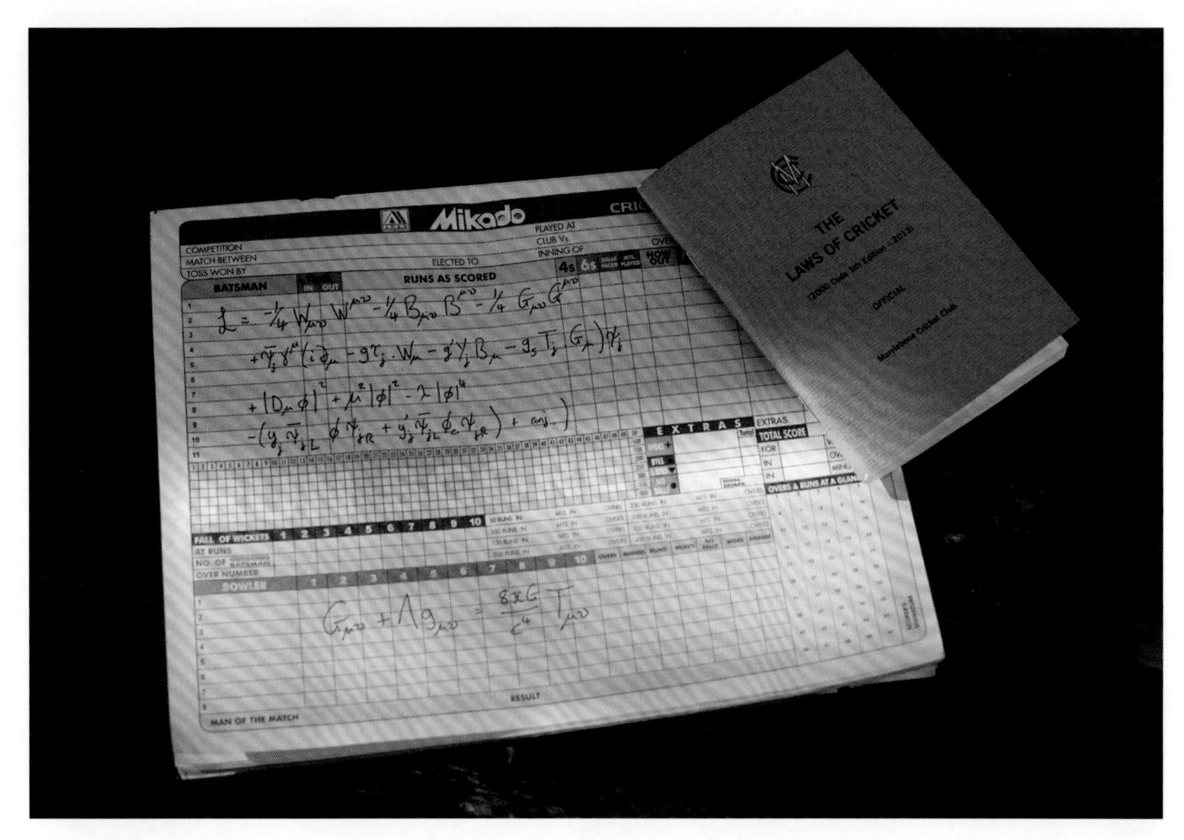

板球的性质

如同在板球运动中一样，自然规律已经通过人们观看呈现的宇宙比赛而确定下来，这样就使万物和板球比赛一样变得独特，并最终难以捉摸。

在一个有限的宇宙中必然发生——这个相当模糊的“有限”的提示词稍后将对我们非常重要。除了物理学和理论宇宙学，几乎所有科学都与规则制定后所产生的复杂结果有关，而并不与规则本身有关。在某种意义上，我们最初那个唯我主义的问题“我们为何在此”也是一个与结果相关而与规则无关的问题。“为什么英格兰会在2005年灰烬杯系列赛中击败澳大利亚”这个问题的答案不会写在玛丽勒本板球俱乐部的规则手册中。同样的，标准模型和广义相对论所定义的自然世界，也不会因为规律本身的出现而能够被人们所理解。

值得一提的是，自然规律并不像板球规则那样，由玛丽勒本板球俱乐部，甚至由约克郡板球俱乐部制定而成，我们需要通过观看宇宙所展示的这场“比赛”来计算出这些规则，这更突显了自然规律的发现是多么奇妙。想象一下，你需要看多少场比赛，才能推导出板球规则？包括但不限于达克沃斯/刘易斯计算方式【译者注：计算板球结果的方法】。21世纪科学的伟绩就在于：我们只是通过这样的方式，就能够算出自然规律；通过观测数百万个复杂的结果，就能找到其中的规律。

但是我们不能用标准模型来描述诸如生物体这样的复杂层创系统。没有一个生物学家想通过拉格朗日标准模型去理解细胞内三磷酸腺苷产生的方式，也没有一个通信工程师会用它来设计光导纤维。即使可以，他们也不想尝试；即使知道了构成汽车发动机的亚原子粒子以及它们相互作用的方式，你也不可能洞悉汽车发动机的工作原理。所以虽然我们清楚在现有的知识基础上知道自然基本构成的详细模型是一件很重要的事，但如果我们想在这个棘手的“为什么”问题上有所进步的话，我们也必须明白由这些简单规律生成的我们周遭的一切是多么复杂。

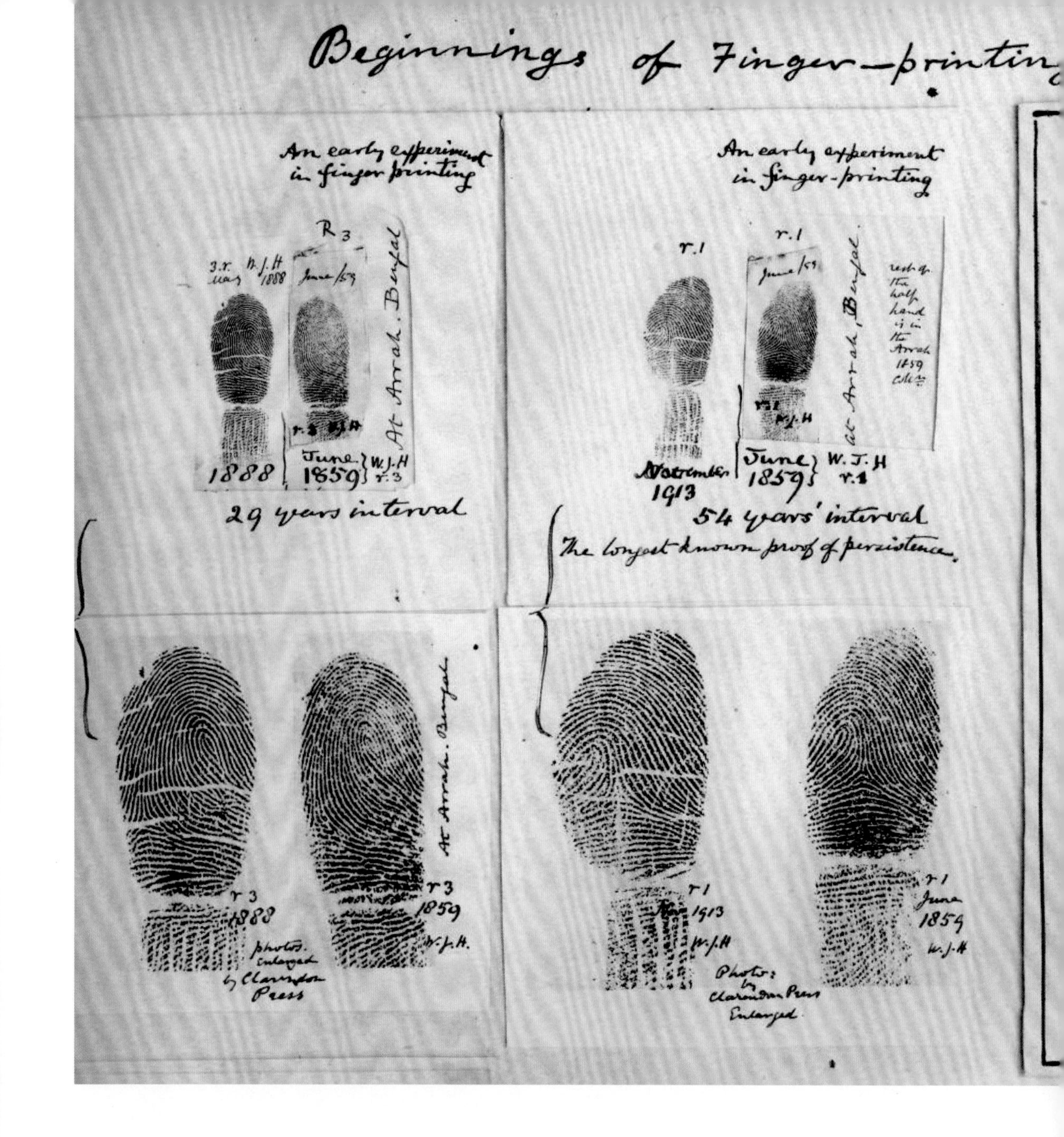

自然的指纹

> 当你排除了一切不可能的情况，剩下的，
> 不管多么难以置信，那都是事实。
>
> 夏洛克·福尔摩斯

1905年3月27日，星期一，早上8点半，威廉·琼斯到达了位于德特福德大街的查普曼油漆店，准备开始一天的工作。琼斯通常会在商店经理托马斯·法罗升起百叶窗几分钟之后到达。然而，在这个特别的星期一，百叶窗是关着的。法罗和他的妻子安妮住在店铺二楼，但是无论琼斯如何用力地敲门，里面都没有反应。

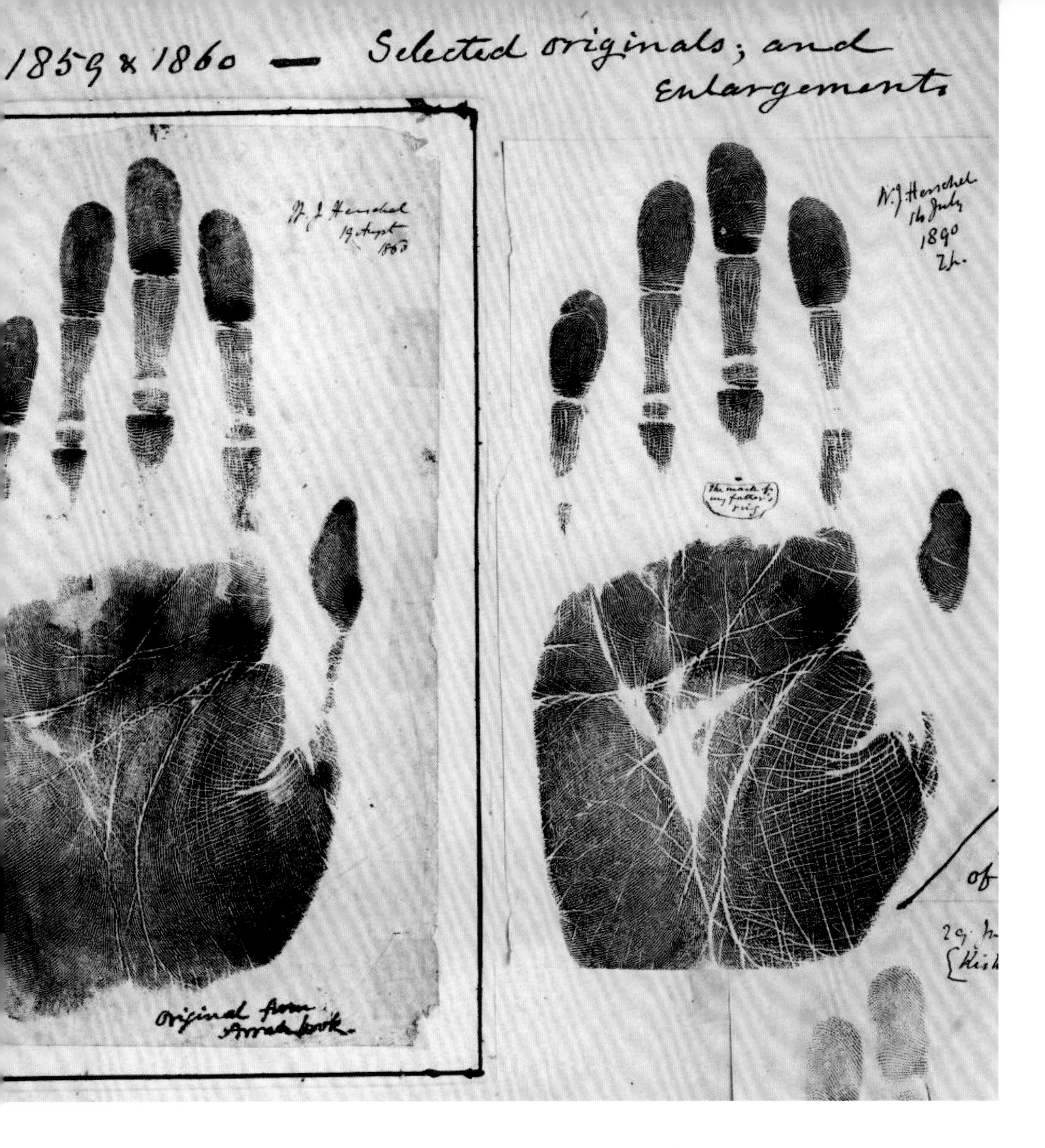

这真的是太反常了，而当他透过窗缝往里面一瞥时，更加担心了。椅子散落在原本整洁的店铺地板上。琼斯和另一个当地居民破门而入，看到法罗倒在血泊中，而安妮则被钝器击中倒在床上。尽管安妮在没有恢复意识的情况下又多活了4天，但她最终还是死了。

这样的场景在爱德华七世在位时期的伦敦并不罕见。这起案子之所以著名，是因为它是世界上第一个通过使用一项新技术抓到凶手并将其定罪的案件。在被洗劫一空的钱柜内表面，警察发现了一枚指纹。他们当时已经锁定了一名嫌疑人，是一个叫阿弗雷德·斯特拉顿的当地人。3天后他和他的兄弟阿尔伯特一起被捕。警方提取了斯特拉顿兄弟的指纹，结果钱柜上的指纹与阿弗雷德·斯特拉顿的右手大拇指指纹完全吻合。尽管此前从未在谋杀案中使用过这类证据，但专家

宇宙的复杂线索

在20世纪初期，指纹唯一性的发现改变了警察的工作面貌。尽管指纹看起来错综复杂，但它形成的过程非常简单。

还是成功地说服了陪审团，使他们相信钱柜上指纹的复杂图案只可能属于阿弗雷德·斯特拉顿。陪审团只用了2小时就判定斯特拉顿兄弟谋杀罪名成立，两人被判处绞刑，并很快在5月23日处决。

现在请看一下你的指纹，在脊纹和皱褶中似乎有着无尽的复杂图案。每个人都长有不同的指纹或脚底纹（脚底纹不是指纹，但它们没有专门的词来表示），因而描绘每个人指纹的数据库规模非常庞大。然而，自然最重要的一个属性是建造自然世界的蓝图远比建造自然世界本身要简单很多。用现代的语言来说，有惊人数量的数据正在进行压缩。创造指纹的指令要比指纹本身简单得多，不仅如此，同样的指令，从我们发展略微不同的胚胎阶段开始反复执行，总会形成不同的指纹。这样的行为并不出乎意料。荒凉沙丘的蔓延抑或夏日云朵的形状都可以由一些简单规律来描述。这些规律决定了，当受到移动气流鼓动、受到混乱的热气流

移动的沙子

沙丘的形成和它们在沙漠中的形状看似随意，但实际上它们是简单规律的产物，这些规律决定了它们的移动。

和风的冲击，以及被自然力量重塑后，沙粒或水滴的表现形式。只需一个简单的配方，复杂的事物就形成了。

探寻自然世界如何从简单的属性生成纷繁复杂的万物，这一直是哲学和科学思想的中心议题。柏拉图曾试图只通过推理让我们更便于理解世界，他将世界比作一个拥有完美形式的物体扭曲的、并不完美的阴影。而柏拉图的宇宙二元论更现代的表述则由距今400年前的伽利略生动呈现。“自然之书是由数学语言书写而成的”。我们面临的挑战是不仅要辨别世界所隐含的数学形式，还要沿着这个复杂的链条往上追溯，去解释那些被柏拉图定义为不完美的形式如何从假定的更低层次的完美形式引出。这段探索过程的一个相当精彩的早期例子是由与伽利略同时代的著名人物约翰尼斯·开普勒开启的。

皮肤的研究

每一个指纹都提醒我们，尽管它们起源于简单的始点，但它们的发展过程总会导致不同的结果。

雪花简史

我在写作时，天开始下雪，而且比刚才下得大。我一直在忙着观察这些小雪花。

约翰尼斯·开普勒

雪花的对称性

在布拉格的一次雪中漫步促使约翰尼斯·开普勒提出了开普勒猜想，这正是基于他所看到的落在他身上的雪花的对称六边形结构。

约翰尼斯·开普勒最为人熟知的是他的行星运动三大定律，这三大定律为牛顿撰写《自然哲学的数学原理》铺平了道路。不过，在他辉煌的履历背后，还隐藏着一部相当具有奇思妙想、贴近生活的著作。在1609年发表了《新天文学》第一部分之后两年，开普勒发表了一份只有区区24页的论文，题为《关于六角雪花》。这是一个好奇的科学头脑在思考的精彩例证。在1610年12月的一个深夜，当开普勒走在布拉格查理大桥上时，一片雪花落在了他的大衣翻领上。在这个寒冷的夜晚，他驻足思考，为什么这种转瞬即逝的冰片，虽然看起来形状变化无穷（见下页），但都是六边形结构。在此之前，有人已经注意到了这种对称性，但开普勒意识到，雪花的对称性必然是其形式之下所隐藏的一种更深层次的自然过程的反映。

“既然下雪时，雪花总是以小六角星的形状落下，那么一定有特别的原因，”开普勒写道，“因为如果这是偶然现象，那么为什么它们总是六角星而不是五角星或七角星呢？”开普勒假设这种对称性一定是由雪花的基本构成的性质所决定的。正如他提到的那样，这一小片冰冻的“水珠”一定是“像水这样的液体的最小自然单位”构造雪花的最有效方式。

在我看来，这是一个天才般的飞跃和一个非常现代的思考物理学的方式。自然界的对称性研究正是标准模型的核心，而被称为规范对称性的抽象对称性，现在也被认为是自然力的起源。这就是为什么在标准模型中，传递力的粒子也被称为规范玻色子。受到自然界中的对称性——所有雪花的六边形形状的启发，在我们知道原子存在以前，开普勒就在寻找雪的原子结构。这种远超时代想法的灵感有一个奇特的来源。在发表《关于六角雪花》之前的几年，开普勒一直与托马斯·哈利欧特保持联系。托马斯·哈利欧特是英国数学家和探险家，在其成名的众多原因中的一个，是他曾担任瓦尔特·罗利爵士一次新大陆航海探险中的领航员。而他被委任去解决一个看似简单的数学问题。罗利想知道究竟要如何堆放加农炮弹才能充分利用甲板上的有限空间。哈利欧特不得不去研究球体堆积的数学原理，这却反过来促使他发展了原子论的雏形，并激发了开普勒对雪花结构的思考。开普勒想象着用冰珠代替加农炮弹，然后根据他对落在自己肩膀上的雪花的观察，假定以六边形排列是形成最大密度冰珠的最有效方法。开普勒还观察了自然世界中的其他六边形结构，从蜂巢到石榴和雪花，并假定这种普遍性一定存在着更深层的原因。

正如开普勒所说，“六边形堆叠”一定是“最紧密的堆叠方式，所以没有别的方法能够在同样的容器内填装更多的小球”。这被称为开普勒猜想。后人用了近400年的时间才证明了开普勒猜想，而且还是利用了20世纪90年代的超级计算机实现的。尽管时间间隔久远，开普勒的工作在当时还有更直接的影响，它激发了现代结晶学的出现，并最终促成了DNA结构的发现。从加农炮弹到雪花再到生命的密码，这真是一个好奇心与些许天赋带来意外好运的绝妙例证。

至于开普勒在那座冰冷的桥上时的最初想法，他并没有发现冰珠的基本构造与雪花六边形对称性的联系。即使他意识到了这些规则的图案必定揭示了一些与雪花的基本构造和堆叠有关的事情，他也无法对这种结构的华丽复杂性或平坦性做出解答。而他以一位真正科学家的优雅姿态承认了他的失败："我已叩响了化学之门，"他在论文的结尾处这样写道，"在我们知道原因之前，我看到了这个问题

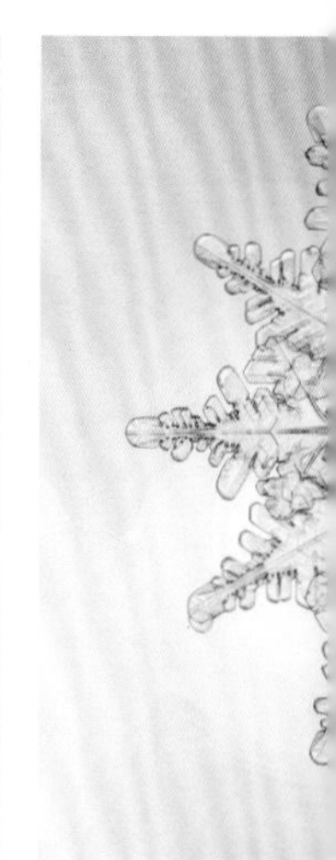

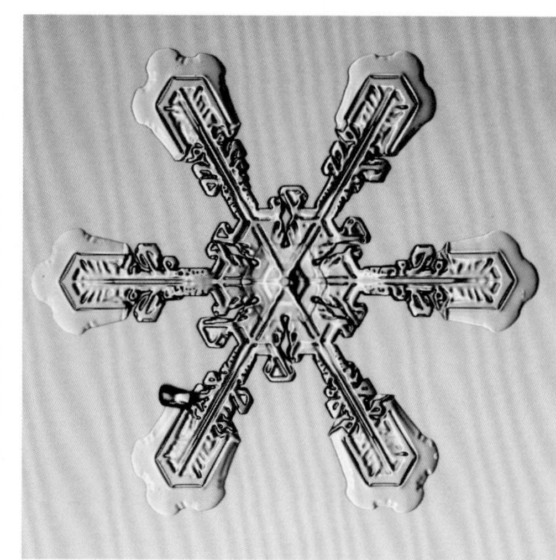
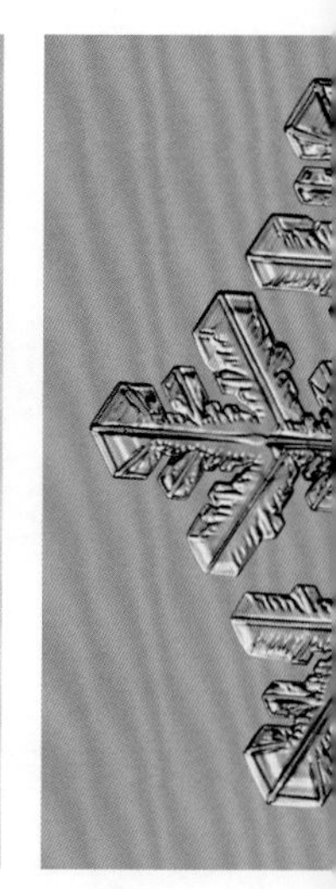
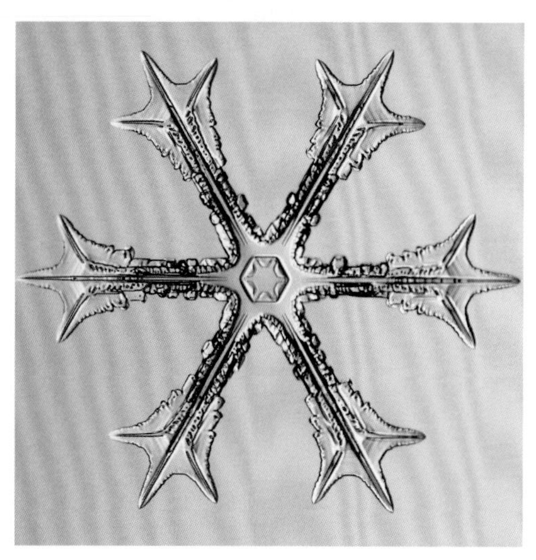

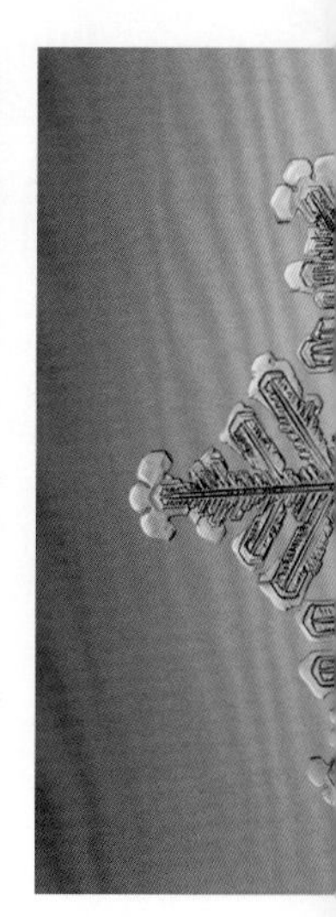

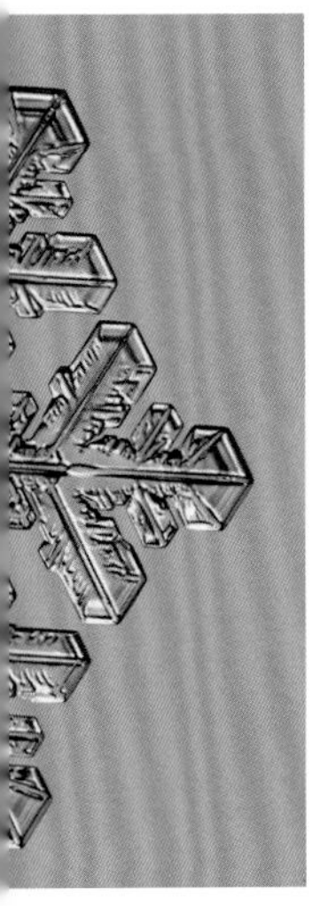
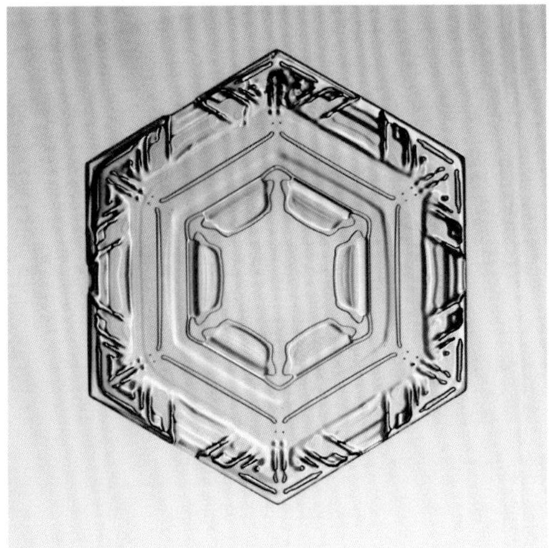

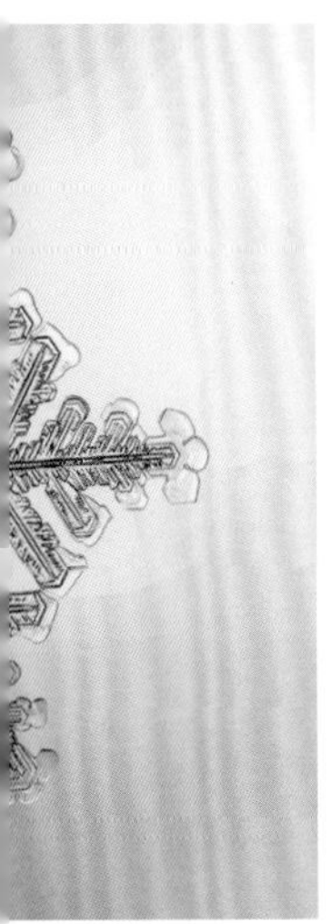

的尚未解决之处。我宁愿倾听我最具智慧的同胞们——你们的想法，也不愿把自己的时间耗费在深入的讨论中。”

3个半世纪之后，日本物理学家中谷宇吉郎在实验室里制作出了第一片人造雪花。在1954年的著作中，他描述说明这个过程并不是从雪花本身开始的，而是从被称为雪晶的更小的子结构开始的，而反过来这些雪晶又是由大量的冰晶组合而成的——冰晶就是开普勒所找寻的冰珠。开普勒猜测雪花对称性起源的六边形结构就是始于这些冰晶的形成，当时在六边形结构中，水分子通过氢键连接在一起。氢键的结合是因为水分子自身的结构，水分子中有一个“贪心的”氧原子渴望电子，它从两个氢原子上夺走电子，形成了将水分子锁定在一起的共价键，然后在两个氢质子附近留下了一个正电荷，在氧附近留下了一个负电荷。水分子中这种轻微的电荷分离可以使它们通过电荷的相互吸引和排斥，粘接成更大的结构，就像电子被原子核束缚那样。整个构造，包括氧原子核的结构以及构成氢原子核的单质子，大体上都可以通过粒子物理学的标准模型进行预测。然而任何一片雪花的细节都无法计算，因为看似多种多样的形状反映了雪花的历史。一旦冰晶形成由氢键结合的水分子聚合物，它们就会在空中与尘粒凝结，在它们六边形对称性的基础上形成更大的雪晶。在雪晶开启到达地面的漫长旅程中，它们还会形成更大、更复杂的混合物。这些混合物随着气温、风场和湿度的无限变化而形成无数种独特的形式。只有对称性是它们所共有的简单特性，而这需要一双认真细致的眼睛在无尽多变的形状中去寻找。雪花复杂的历史透露的是自然规律的简单特性。

层创复杂性最生动、同时也最贴近我们的例子就是生命。正如我们在第2章所讨论的那样，地球生命的起源有一种必然的感觉，因为它的基本过程是条件适宜就会进行的化学反应。那些条件存在于38亿年前，也可能存在于更早些的地球海洋之中，并导致了单细胞生物的出现。大约20亿年前，产生真核细胞的那次命运般的相遇更像是一次误打误撞，但它确实在此发生，并为5300万年前的寒武纪生命大爆发奠定了基础。然而，这样的说法有些空泛，为了更有说服力地证明达尔文所说的无数最漂亮的复杂生命形式至少在原则上基于简单的法则，我们需要再举一个例子。

自然巧妙的复杂性最美丽的表现可能就是那些生物皮毛和皮肤上的斑点、条纹与图案。层创进化的图案在自然界随处可见，从剧毒的纵带刺尾鱼、主刺盖鱼、斑马纹燕尾蝶，再到生活在非洲和亚洲的大型猫科动物。每个人都认同这些图案的演变是各个物种自然选择的结果，而这些变化的“原料”则由基因密码中的基因突变所提供。现代生物学中，一个很重要并且极具挑战性的基本科学问题是这些图案到底是如何出现的。

新视角

约翰尼斯·开普勒以全新的视角谈论和观察雪花，这让他走进了科学世界。英国科学家罗伯特·胡克通过观察和素描，随后在1665年出版了《显微制图》，此书包含他的手绘图和观察手记，其中包括通过放大镜对一些微小物体所做出的生理学描述。

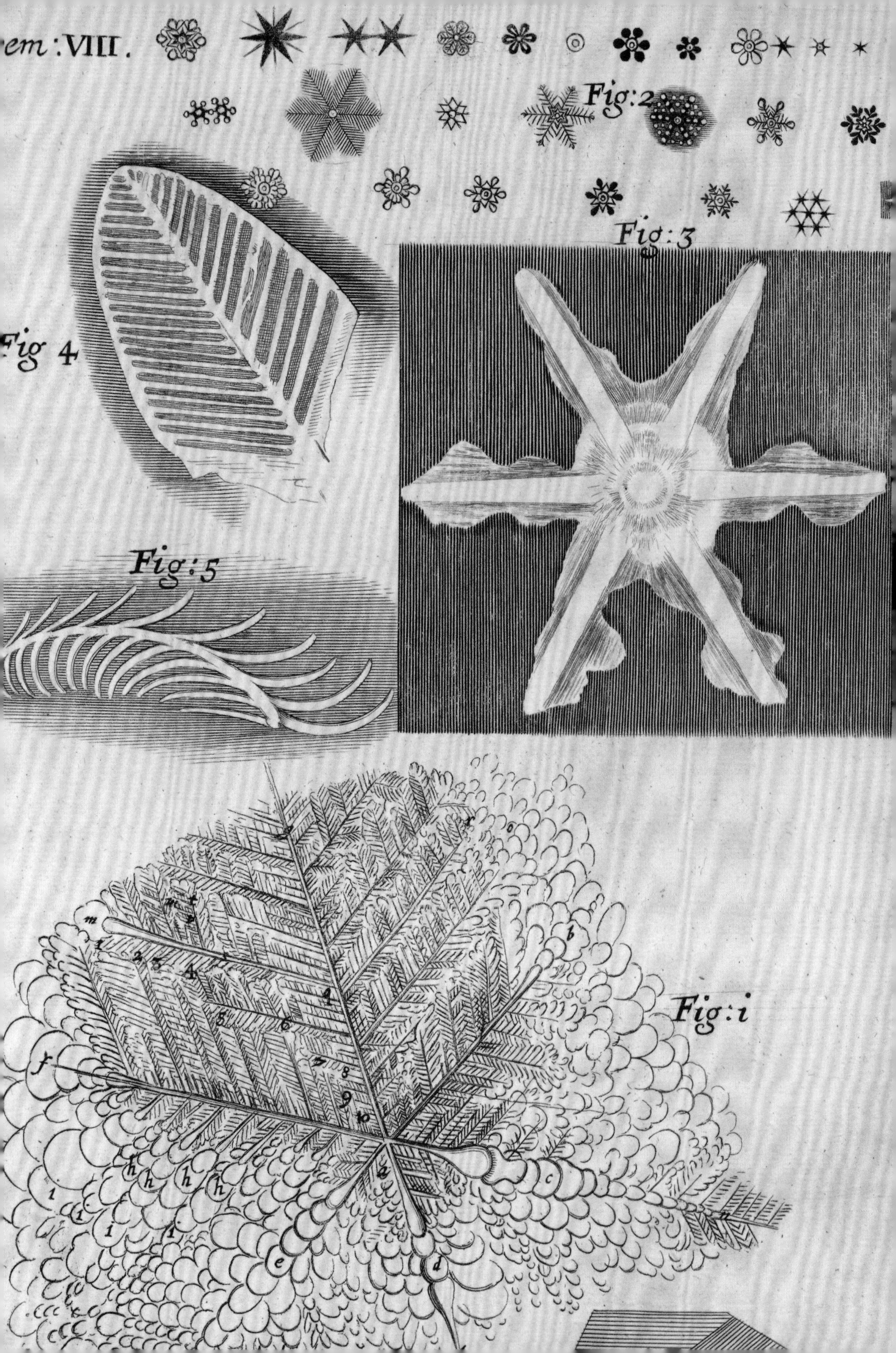
em:VIII.
Fig:2
Fig:3
Fig 4
Fig:5
Fig:i

自然界中的艺术

即使对外观做最简单的观察，也能看到自然世界所展示出的复杂性。透过动物皮毛上的斑点和条纹，以及植物和其果实的搭配，图案展示着自我，正像这棵罗马花椰菜一样。

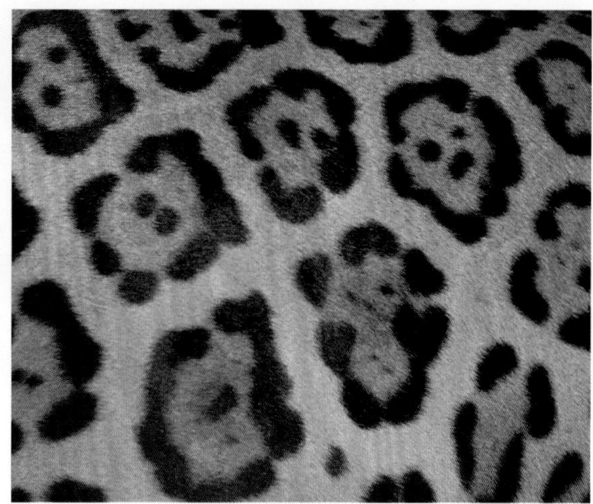

豹子身上的斑点是怎么长出来的？

……斑马跑到了灌木丛下，那里透过的太阳光线是条纹状的；

长颈鹿则跑到了大树底下，那里的树荫是斑点状的。

“现在你们看，”斑马和长颈鹿说，“就是这样做的。

一……二……三！现在还能找到我们吗？”……

他们看到的只是一条条、一点点射进森林的阳光，根本找不到斑马和长颈鹿的影子。

“这个技巧值得学习。要从中吸取教训，豹子！”

……然后猎人把五根手指并在一起，把黑颜色点在了豹子的全身。

五根手指碰到哪里，哪里就留下了五个并排的黑色印记……

拉迪亚德·吉卜林

选择图案

美洲豹身上鲜明的图案——与许多其他野生动物一样——被认为（尽管尚未证明）是图灵斑图的例证，这个关于动物形成自身图纹的理论是由布莱切利园的密码破译员阿兰·图灵在1952年提出的。

拉迪亚德·吉卜林的《原来如此》中“豹子身上的斑点是怎么长出来的”是一个有关猎人和一只豹子的故事。他们一起去打猎，可是有一天猎人发现豹子打猎并不太成功。他推测原因在于豹子那身简单的土黄色毛皮，而其他动物都有伪装。“这个技巧值得学习。”他对豹子说，然后伸出5根手指在豹子身上按出了与众不同的五指图案。如果你不相信自然选择的进化过程，那么对你来说这可能是最可信的言论。如果你相信进化论，那么接下来就要找到图案形成的机制。答案似乎只是一个遗传学问题，但基因并不是全部，还需要大量的信息去指导每个细胞根据其在豹子皮肤的位置进行着色，但实际上不是这样。自然是朴素的，它会实施一个更加有效的机制生成伪装图案。正如同本书中的很多东西一样，我需要再次说明，这是一个研究非常活跃的领域，因此非常令人兴奋。引人关注的原因在于，皮肤上的伪装图案是在胚胎发育过程中自然形成的，而胚胎发育当然是理解生物学的基础。至于豹子，虽然没有证实，但据说这种伪装是图灵斑图的一个例证。图灵斑图是以伟大的布莱切利园的密码破译员、数学家阿兰·图灵的名字命名的。

1952年，图灵开始对形态发生——动物形状和图案发育的过程产生兴趣。他尤其对经常反复出现在自然界中的图案背后的数学原理感兴趣，例如叶子排列和凤梨的大小所体现的斐波纳契数列和黄金分割，以及像老虎的条纹和美洲豹的斑点这样的伪装图案。1952年3月，图灵发表了具有广泛影响和开创性的论文《形态发生的化学基础》。文中以这样简单的话语开始：“我们认为一个被称为成形素的化学物质系统，共同反应并扩散穿过一个组织，这样就足以产生形态发生的主要现象。”这些系统被称为反应–扩散系统。如果两个反应物以不同的速度扩散，那么它们可以在无特征的初始混合物中形成图案。有一个很好的类比来解释这个系统的工作原理。假设有一块满是蚱蜢的旱地，这是一群奇怪的蚱蜢，因为当它们热的时候会出汗，产生大量的湿气。现在假设在这块地的不同位置点火，火焰将以某个固定的速度蔓延，而且如果没有蚱蜢的话，整块地都将被烧焦。但是在火焰接近蚱蜢的时候，它们开始流汗，润湿了身下的草，并在

蚱蜢

J.D.莫瑞发表在*Notices of the AMS*（2012年6/7月）的文章中写道：“为什么没有三头怪物？因为生物学中有数学建模。”

跳跃的时候抑制了前方迎面而来的火焰。根据不同的参数，包括火焰和蚱蜢的不同速度，以及熄灭靠近的火焰所必需的汗液量，可以绘制图灵斑图。图中会显示烧焦草场区域以及蚱蜢阻挡而未被大火控制的绿色区域。

据说，美洲豹就是在胚胎发育过程中这样长出斑点的：一种催化剂（火焰）在皮肤上蔓延并刺激黑色素斑点（烧焦的草）的形成，但是被另一种催化剂（流汗的蚱蜢）以更高的扩散速度抑制。精确图案的产生依赖于系统的“常数”，例如催化剂扩散的速度，以及数学家所说的边界条件：在我们的类比中，就是草地的大小和形状。在胚胎发育中，正是反应–扩散开始时的胚胎大小和形状决定了生成的图案的种类。胚胎的大小和形状将决定产生图案的类型。长和薄的胚胎生成条纹；太小或太大的胚胎则生成一致的颜色；在两者之间是一些与众不同的皮毛图案，例如奶牛、长颈鹿、猎豹，当然也包括美洲豹身上的图案。图灵斑图的计算机模拟已经非常成功，不仅可以描绘出一般特征，尤其是哺乳动物的皮毛，还可以描绘出一些在自然界中所见的有趣细节。比如，数学模型预测，带斑点的动物可能长出带条纹的尾巴，如猎豹；但带条纹的动物不会长出带斑点的尾巴，而且确实不存在这样的实例。

化学波

在这个溶液中的化学波演示的是一个理论，即条件或成分的一个微小改变都可能导致图像的改变，例如表面上的一颗尘粒或空气湿度的变化。

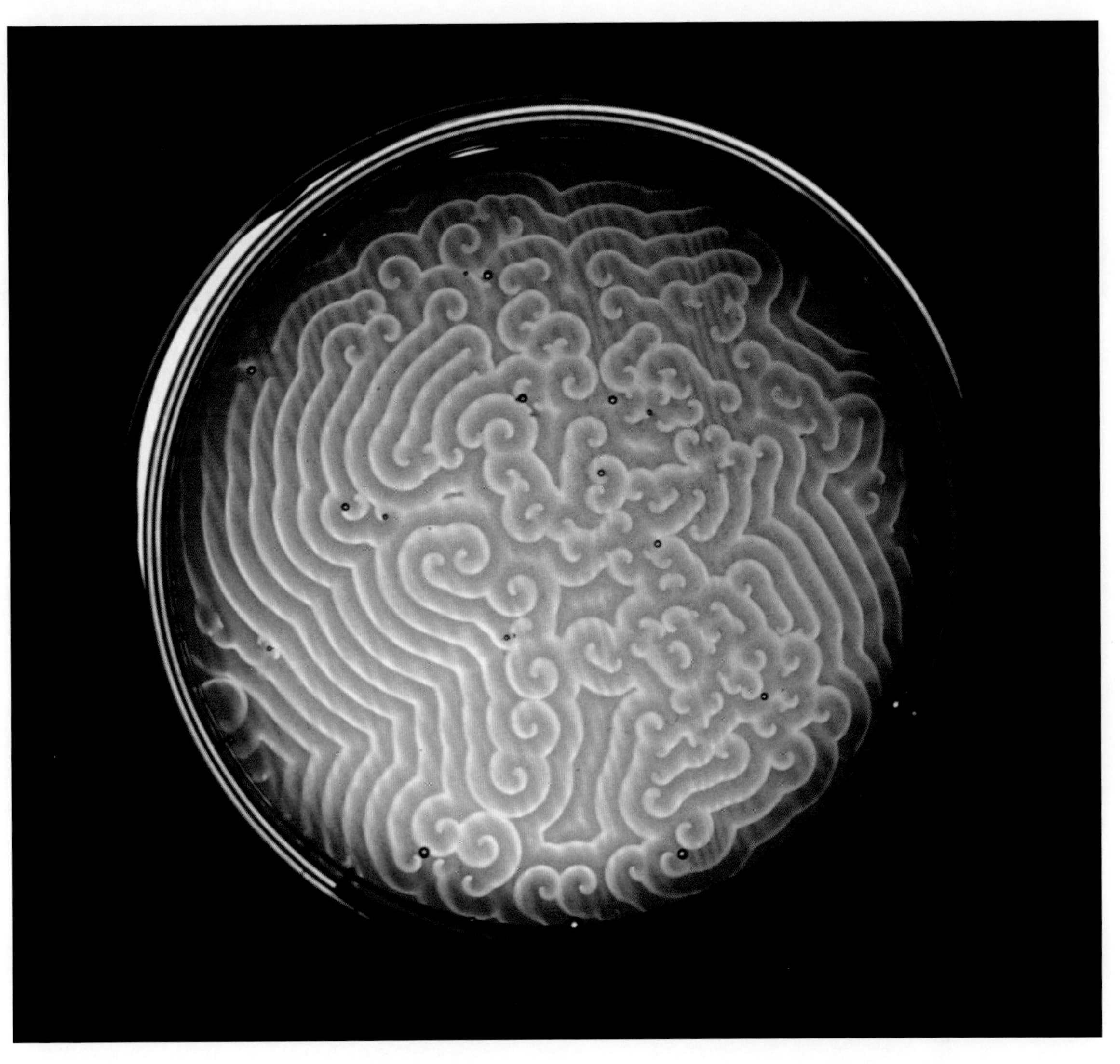

开普勒的雪花和美洲豹的斑点都是层创进化复杂性的生动例证：在简单的基本规律作用下显现出的复杂有序的图案。自然所包含的系统远比这些复杂，当然你也是一个明显的例子。但是，再回到开头那个唯我主义的漫谈时，考虑到自然规律，你存在的原因，是因为你被允许这样存在。所有的雪花和美洲豹的皮毛都是独一无二的，这是因为它们各自的形成历史千差万别。所以，和它们一样，我们也是独一无二的，因为没有两个人会有同样的历史。但是我们解读不出暴风雪中的某片雪花的存在有什么深刻意义，你也如此。因此我们的关注点就应该从试图解释人类出现、我们星球的出现甚至是我们星系的出现，转到一个相对较深的问题：整个框架的起源——时空的起源、规律的起源以及所形成结构的起源。规律本身的哪些性质对星系、星球和人类的存在至关重要？毕竟，正如同我们注意到的那样，规律可能在数学形式上简洁明了，但它们确实包含了大量看似随机选定的数字。它们在实验观测中被发现，并没有什么已知的原因。物理常量，例如引力的强度、粒子的质量以及宇宙中暗能量的大小——我们的存在到底有多依赖这些基本的数字呢？

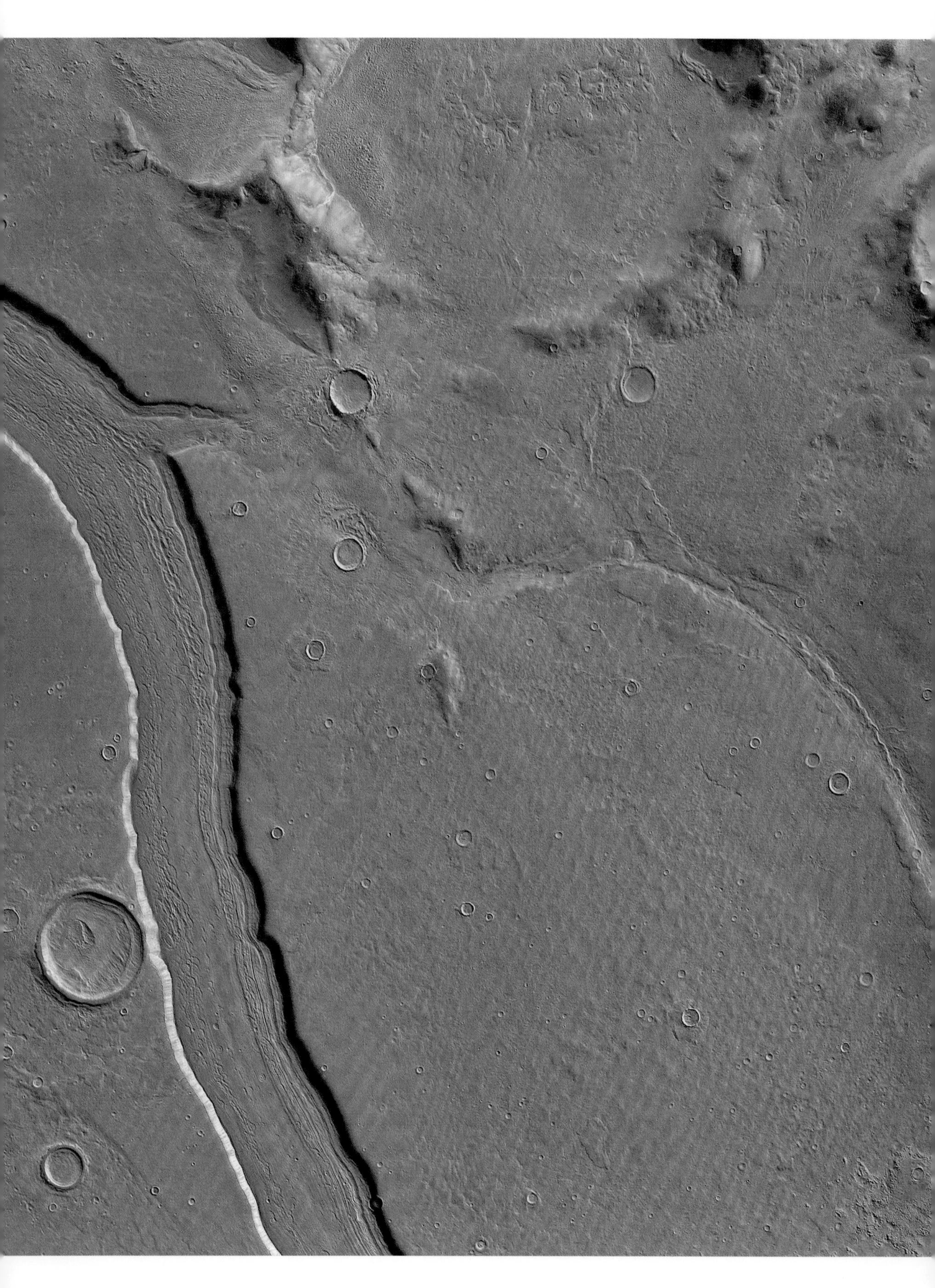

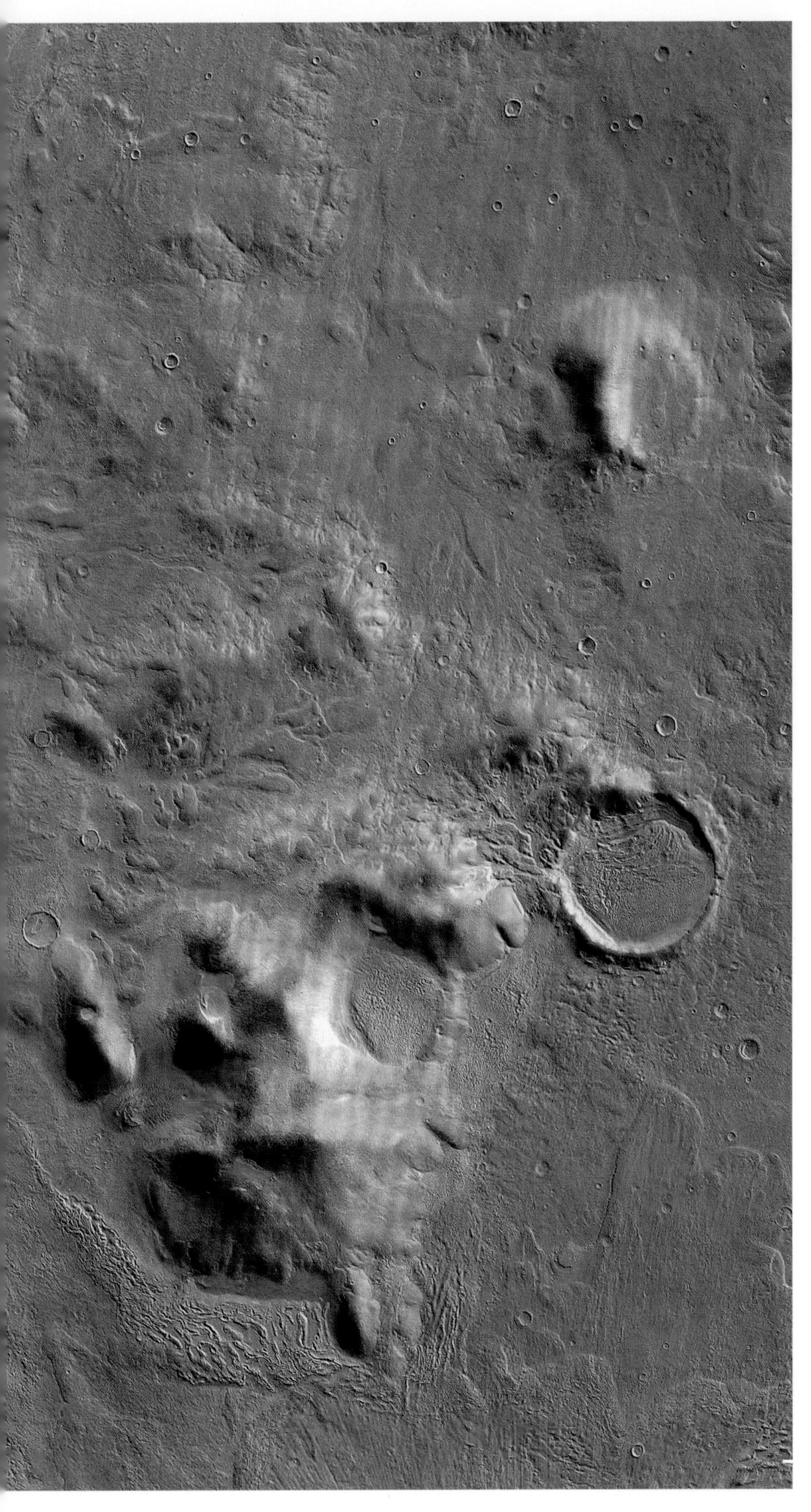

另一个世界的轮廓

目前的研究有望揭示出在星系内的所有星球上，自然在塑造地貌的过程中发挥着主要作用。这张图像由欧洲空间局火星快车号探测器在2012年5月14日拍摄而成，显示出表面纹理与河流一样的沟渠都是被星球远古时期曾存在的流水冲刷而成的。

为我们量身打造的宇宙?

我们的宇宙好像是为我们量身打造的。我们生活在一个完美的星球上，围绕着一颗完美的恒星。这当然是没什么探讨价值的异想天开。现在我们把说法倒过来。我们肯定会完全适应这个星球，因为我们就是在此进化而来的。但是当我们深入研究自然规律时，会发现一些有趣的问题，我们会问宇宙需要哪些属性才能维持生命的存在。以恒星的存在为例，像太阳这样的恒星会在核心将氢燃烧成氦。这一过程需要自然中的4种力的共同参与。引力率先发威，引发尘埃和气体云的坍缩。随着云层的坍缩，它们会越来越致密和炽热，直到发生核聚变的条件成熟。聚变始于质子在弱核力的作用下开始转为中子。强核力会将质子和中子束缚在一起，形成氦核，氦核本身处在一个微妙的平衡之中：一方面，强核力将其紧密聚集在一起；另一方面，因为氦核的质子带有电荷，电磁力又在试图将它分裂。当恒星耗尽氢燃料时，它们又会开始另一轮同样不稳定的核反应，构建碳、氧和其他生命存在所必需的重元素。如果我们在本章前面所提到的引力的强度，以及那些自然中的基本常量出现了小小的改变，又会发生什么呢?

自然中有很多明显是微调的例子。如果质子重了0.2%，那么它们将变得不稳定并衰变成中子。宇宙中的生命当然也就不复存在了，因为不会再有原子。质子的质量最终是由强核力、电磁力以及组分夸克的质量所决定的，组分夸克则由标准模型中希格斯场的汤川耦合所决定。微调真的是没什么太多的余地。

然而所有微调的来源都是我们的老朋友——暗能量的数值，它会导致我们的宇宙缓慢扩张。虽然暗能量占宇宙能量密度的68%，但它在给定的空间范围内的数量非常少，极少，确切地说，是10^{-27}千克每立方米。问题是我们宇宙的每立方米内都有这些数量的暗能量，而且积少成多，可以想见它的数量会多么惊人！想要解释清楚暗能量数值如此之少，但并不为零，数值是宇宙学的一个重要问题，尤其是因为若一个粒子物理学家想用量子场理论计算暗能量的大小，结果可能会很自然地达到10^{97}千克每立方米。这可比10^{-27}千克每立方米要大很多。实际上超过了一百万的，一百万的，一百万的，一百万的，一百万的，一百万的，一百万的，一百万的，一百万的，一百万的，一百万的，一百万的，一百万的，一百万的，一百万的，一百万的，一百万的，一百万的，一百万的一百万倍。当然，这对粒子物理学家来说是很尴尬的事情，但从微调的角度来看，情况则更糟。如果暗能量数值只是现在它在宇宙中的含量的50倍，

而不是这个太过离谱的理论区间，那么它在大爆炸后的10亿年左右，也就是第一个星系开始形成的时候，就已经支配了整个宇宙。因为暗能量会加快宇宙的膨胀速度，并稀释物质和暗物质，引力会在这样的宇宙中败北，所以将不会有星系、恒星、行星或生命的存在。是什么让我们能够如此幸运？这真的不可能是运气——它的概率比吉奥弗雷·博伊科特赢一局比赛的概率要低很多。一种可能性是存在着某种尚未得知的物理定律或对称性，保证了暗能量的数值非常接近，但没有达到零。这当然是可能的，一些物理学家认为情况很可能就是如此。另外一种可能性是由标准模型的发现人之一史蒂文·温伯格提出的，他认为暗能量的数值是一种人类选择。人择原理似乎不言而喻：宇宙的性质必须适宜人类生存，因为人类确实存在。这话当然是对的，但是从物理学的角度来看是相当空泛的，除非有什么方式能够在某个地方获得暗能量的数值和所有其他的常量。例如，

暗物质探测器

LUX暗物质探测器。

如果宇宙中存在着一片浩瀚且可能无限的区域，或者真的有无数个宇宙，并且每一个都通过某种机制在可选的数值范围内拥有不同的暗能量数值，那样的话，我们才对我们这个“特殊的”人类宇宙有了一个合理的人择解释。人类宇宙必须存在，因为其他宇宙都存在，当然我们出现在了一个允许我们存在的宇宙中。

但是毫无疑问，借助于多重宇宙来解释我们的存在是毫无意义的。这话完全正确。如果这就是我们引入这种观点的原因，那么它也没比“空隙中的神”这样的解释高明多少。不过，假如有其他一些基于观察和理论认识的推断来表明宇宙的多重性，那么这样的人择解释对我们这个完美的人类宇宙来说就是可以接受的。“惊人地”，这个被过度使用的词语在这里再用一次很合适，这个古怪的想法是很多宇宙学家广泛达成的共识。

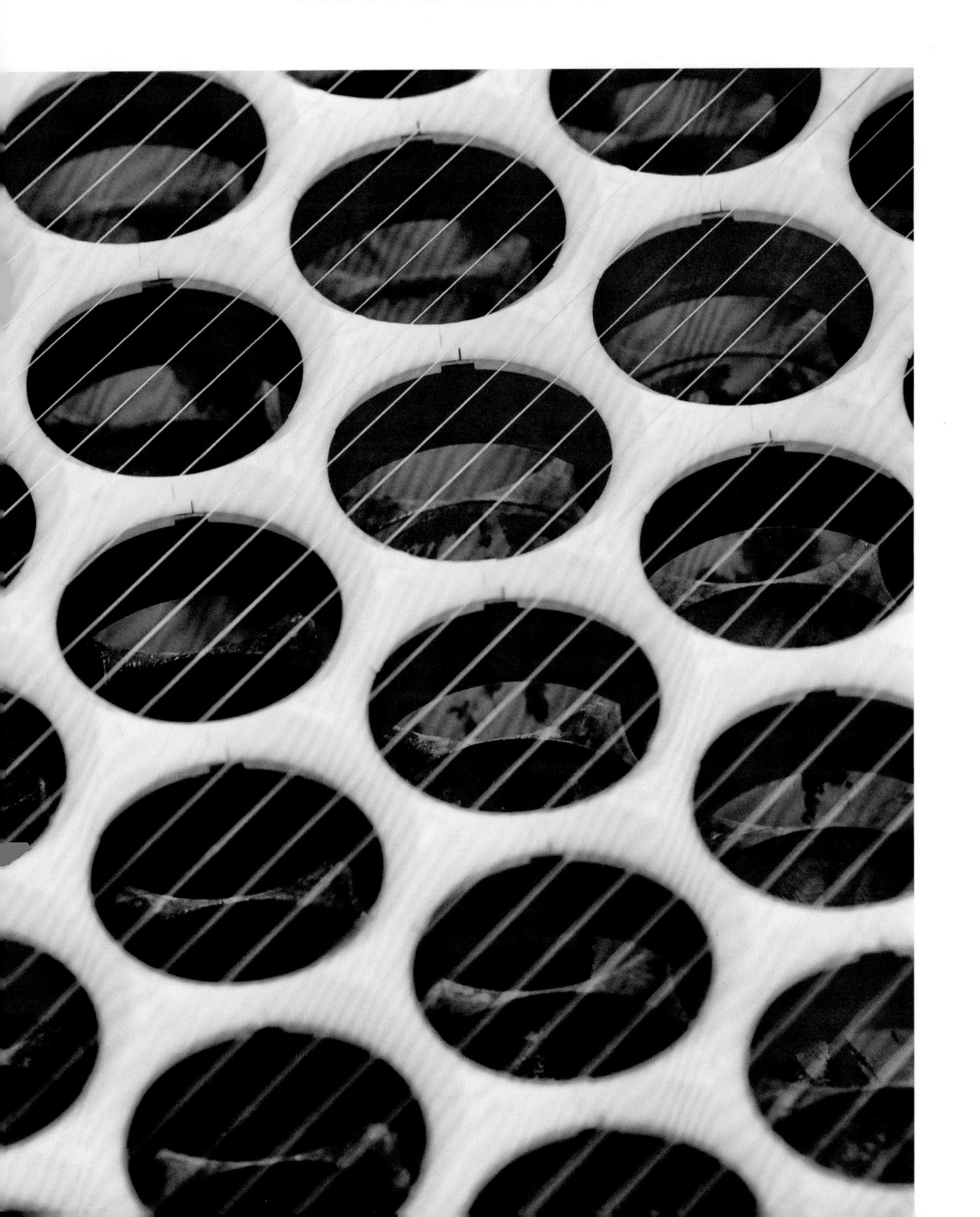

没有昨天？

突然我意识到，那个小豌豆一样漂亮的蓝点就是地球。

我举起大拇指，闭上一只眼睛，大拇指就完全把地球挡住了。

我并没有感觉到自己像一个巨人。我感觉自己非常、非常渺小。

尼尔·阿姆斯特朗

来自边缘

（对页）z8_GND_5296星系是目前已知的最远星系。哈勃望远镜所接收到的它的光线来自于131亿光年之外。

如果我们以最大的距离标尺——这里我指的是远大于单个星系大小的距离标尺——看我们的宇宙，会有许多属性是任何宇宙起源的理论都必须做出解释的。我们现有的这个年轻宇宙最精确的图像是由普朗克卫星拍摄的宇宙微波背景辐射图。

这是宇宙大爆炸的余烬，它描绘的是，在膨胀使温度降至原子开始形成的最初炽热致密的阶段后38万年的情景。宇宙微波背景辐射最明显的特征是它极其一致，辐射时的温度为2.725 48开氏度（略高于绝对零度），只有十万分之一的上下波动。这些细微的温度差异由图片中的不同颜色表示。这种一致性很难用标准大爆炸模型来解释，原因很简单。我们今天所观测到的宇宙有900亿光年的跨度。这意味着如果我们从地球的相反两面看向宇宙微波背景辐射，我们会看到被900亿光年分开的古老宇宙的两个发光的部分。然而，宇宙只有138亿年的岁月，这意味着光这种速度最快的物质只能穿行138亿光年。因此，宇宙微波背景辐射的两个"相对的"部分在标准大爆炸模型中，永远不可能彼此接触，而且没有绝对的原因说明它们的温度应该基本相同。我在前一句话中强调"基本"是因为，正如我们所知，宇宙微波背景辐射有大约十万分之一的轻微变动，这是非常重要的。宇宙并不是到处都是完全平滑和一致的，在密度上的这些变动会转化为宇宙微波背景辐射中的温度差异。密度稍大一些的区域最终埋下了星系形成的种子，所以没有它们，我们根本不会存在。在其他极端平滑的宇宙初期中，又是什么引起了这些细微的变动呢？

宇宙微波背景辐射

宇宙微波背景辐射图由欧洲空间局的普朗克卫星拍摄而成。这幅图描绘的就是整个宇宙，它呈现出与众不同的椭圆形；你可以把它想象成一张地球表面图，它同样可以在一张平滑的纸上体现出来。不同的颜色表示大爆炸发生的38万年后，宇宙密度的细微变化。

宇宙的另一个很难解释的基本属性是它的弯曲性——或者说是缺乏弯曲性——这也可以用宇宙微波背景辐射来衡量。空间看似绝对平坦，就像一个真正的溜冰场。回顾第1章，通过爱因斯坦的方程式，我们知道空间的形状与宇宙中物质和能量的密度与分布有关。在标准大爆炸理论中，宇宙不必是平坦的。实际上，在宇宙演变的138亿年间，宇宙需要进行大量微调来保持平坦。相反，测量到的曲率半径要比可观测宇宙的半径大很多——大约超过60星等。这是一个大问题！

在20世纪80年代初期，对可观测宇宙的这些问题和其他属性的研究促使一批苏联与美国的物理学家提出了一个激进的观点。这个现代的版本，也被称为宇宙暴胀理论，它最著名的支持者是阿伦·古斯、安德雷·林德和阿列克谢·斯塔罗宾斯基。我们将在下面介绍暴胀理论的一个特别版本，这种暴胀由一个叫标量场的物质所推动，最早是由安德雷·林德提出的。

时空存在于大爆炸之前，而且至少在那期间的某时可以用爱因斯坦的广义相对论和标准模型这样的量子场理论进行说明。量子场理论的中心思想是任何可能发生之事必然发生。如果有足够的时间，一切并不明确被自然规律排除的事情都将发生。一种可以存在于量子场理论中的物质就是标量场。本章前面曾经借用希格斯场介绍过一个标量场的例子，我们知道它的存在是因为我们已经用大型强子对撞机对它进行了测量。标量场具有使空间指数倍膨胀的属性。我们在第1章曾经谈过这样一个情形，但没有详述其机制——那是德西特关心的问题——我们没有对在1917年首次发现的爱因斯坦引力场方程式提出什么解决方案。因此，考虑到广义相对论和量子场理论，标量场一定是以时空指数倍膨胀的方式波动式存在的。在这个指数倍膨胀阶段，时空膨胀的速度超过了光速。如果你懂一点相对论的话，会觉得有问题，但它真的没问题。宇宙的速度极限是针对粒子穿过时空的速度，但并不适用于时空本身的膨胀。在1秒的微小的部分时间内——实际上大约是10^{-35}秒——这种指数倍膨胀可以把一个如普朗克长度一样微小的时空暴胀至一个相当惊人的尺寸：比可观测宇宙大数万亿倍。任何之前存在的弯曲都将完全消失，它会向一个平坦的可观测宇宙发展。这就好像一个直径为1光年的气球，当你看到的是它表面1平方厘米的部分时，无论多么努力，你都不会看到任何弯曲。

同样，密度上的任何变化都将消失，终将导致宇宙微波背景辐射平滑和一致的外观。然而，或许这些暴胀模型最大的胜利莫过于它们不会预测出一个完全一致和同质的各向同性的宇宙。量子论不允许绝对一致。真空从来都不是空的，而是像一份嗞嗞作响并移动着的浓汤，装满了所有的量子场。如同狂风暴雨的大洋表面，这些场中的波浪在不断地上下翻滚，而指数倍的膨胀能将这些汹涌的波涛固定在宇宙中。惊人的是，当使用已知的量子场定律进行计算时，那种因其机制而造成的密度波动正是我们在宇宙微波背景辐射中所看到的形式。这些量子波动是孕育星系的种子，因此也是我们存在的种子，它们固结在宇宙最古老的亮光中，直到138亿年后，才被地球上人类所建造的人造卫星拍摄到。

这样的话，暴胀就揭示出了我们宇宙的可观测属性，尤其是已被精确测量的宇宙微波背景辐射的所有细节。这就是当前它被许多宇宙学家广泛接受为一个基本宇宙理论的原因。不过，这样好像还不够令人振奋，那么下面还有解释。

在这里要提出一个问题：如果暴胀开始了，那么它怎么停下来？答案是暴胀完全是自然停下来的，但是我们要来个潇洒的旋转，回到那个“我们为何在此”的核心问题上。根据量子场理论定律，标量场推动暴胀上下波动，如同大洋表面的波浪。如果场内储存的能量足够多，那么暴胀就会开始。有人可能会认为这样快速的膨胀会将能量急速地稀释，从而导致暴胀的停止。但标量场有一个很有趣的属性，那就是它们的能量密度可以随着空间的膨胀而保持相对的恒定。你可以将膨胀的空间想象成是对场做功，向其注入能量使其维持高水平。接下来，场中高水平的能量会继续推进空间膨胀。这听起来像是终极免费午餐，而且在某种意义上它几乎就是

暴胀作用

太空球运动绝妙地诠释了暴胀理论：暴胀类似于将一个超级大的球滚下斜坡。

如此，尽管能量会逐渐稀释并最终消散。这一过程所需的时间取决于场中初始波动的大小以及场本身的细节情况，但是一般来说，初始能量越大，随着膨胀的继续，场值下降所需的时间就越长。一个经常用来描述这种情形的类比是想象一个滚下山谷的球。球在山谷上方的高度代表了标量场的能量密度。当球位于高处时，场中能量很大，会促使暴胀发生。当球缓慢地滚向谷底时，能量减弱，暴胀也就停止了。在谷底时，球会来回振荡，直至停止。同样，标量场来回振荡，这样会将其能量以粒子的形式倾倒在宇宙中，做成了一份“热浓汤”，这也就是我们

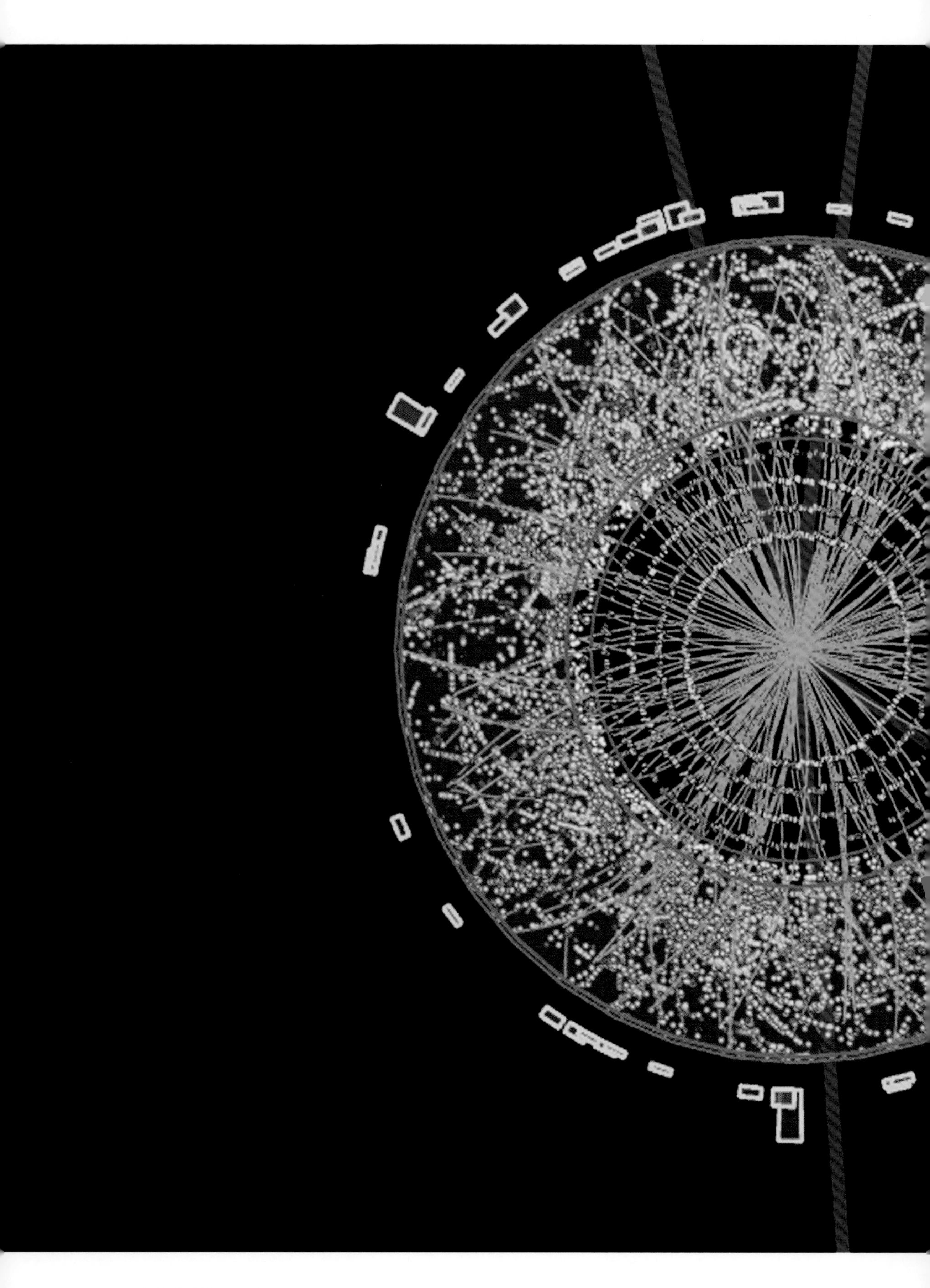

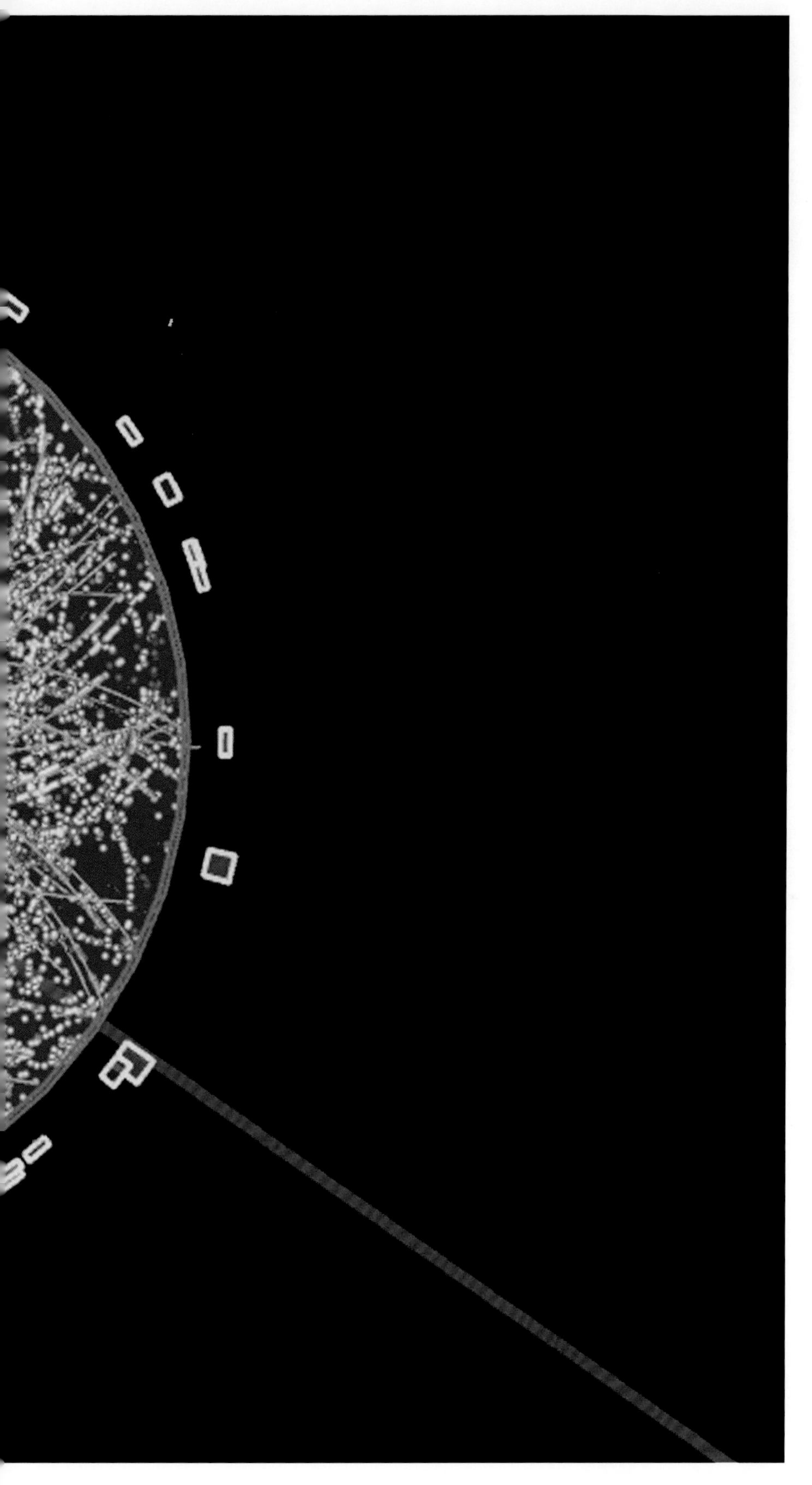

粒子碰撞

这张图像显示的是许多粒子碰撞事件中的一次，它是由欧洲核子研究组织的科学家们在寻找希格斯玻色子的过程中记录下来的。

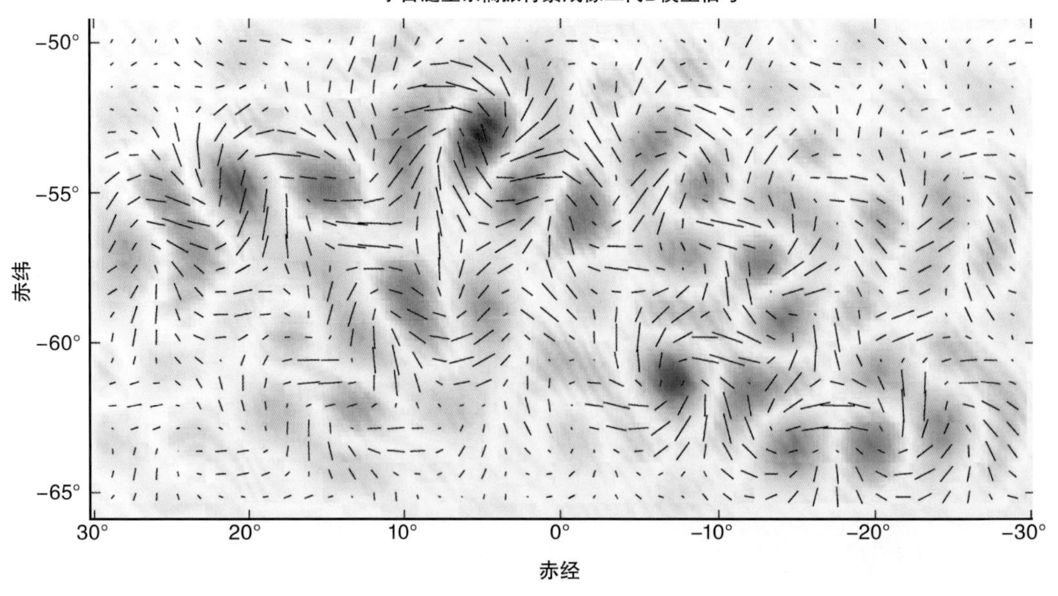

所说的“大爆炸”。换句话说，暴胀自然结束，而标准大爆炸紧随其后。推动暴胀的标量场的衰变就是大爆炸发生的原因！

暴胀的证据

2014年，宇宙泛星系偏振背景成像二代项目的研究结果显示，在宇宙微波背景辐射中探测到的模式为支持大爆炸研究中的暴胀理论提供了关键证据。

让我们暂时后退一步，好好总结一下，因为我们好像漫步到了莱布尼茨的领域，而这是物理学曾经到过的令人感到震惊的一个地方。我们声称存在着一个量子场，能够使宇宙在一定时间内指数倍膨胀，而这样做会产生我们今天所观测到的宇宙的全部特性，包括星系的存在以及由此而产生的一切物质。这是一个胜利，而且已经成为宇宙学教科书中的一部分。大爆炸之前是宇宙暴胀。好吧，我们的哲学家朋友会说，那么在暴胀之前又发生了什么？在这里，我们必须脱离教科书，大胆猜测，但又不要偏离太多。我们仍将在主流物理学领域内进行研究。

这里有一个我们称为标准暴胀理论的扩展理论，叫作永恒暴胀。简单来说，就是似乎没有理由认为暴胀应该在各处同时停止。宇宙中应该总会有部分区域的标准场会波动到足以使指数倍膨胀继续的高数值，而这些区域无论多么稀少，总会去支配宇宙，因为它们在呈指数倍膨胀。当暴胀停止时，大爆炸预示着像我们这样更平静地膨胀的区域开始形成。但是在其他地方，仍然有不断以指数倍膨胀的宇宙，它们会不断地形成大爆炸。这种理论被称为永恒暴胀，它提出了一个无限永恒的多重宇宙的存在，多重宇宙会不断地像分形一样发展。这真是令人难以想象的事，但是我们必须强调的是这完全是标准暴胀宇宙学的自然延伸。

永恒暴胀理论开启了更多的可能性。正如我们以上所讨论的内容，今天物理学的一个伟大谜题是诸如引力的强度、粒子的质量以及暗能量的大小这样的物理常量的起源。这些数值似乎是为了生命的存在而进行的微调，而理解它们的由来是理解我们存在的先决条件。在永恒暴胀模型中，每个微型宇宙都可能有不同的物理常量以及迥异的有效物理定律。这个“有效”一词非常重要。它的意思是存在着某种支配性体系，能够随机挑选出宇宙的规律和物理常量。如果这是正确的，那么每一个从暴胀多重宇宙分化形成的微型宇宙都可能拥有不同的有效物理定律，所有可能的组合形式都将在某处实现。无论这些规律为了生命的存在进行了怎样的微调，不可避免的是，像我们这样的微型宇宙将会存在，并且将会有无数种可能的组合形式。没有微调的问题。考虑到多重宇宙的存在，我们就是必然存在的。这让我想起了在本章伊始，在倾听快乐分裂乐队的音乐时，我们摒弃个人独特性的情形。是的，单独来看，你存在的概率几乎趋近于零。但是考虑到人类生育的机制，婴儿一直在出生，而他们的存在并不令人惊讶。这里，我们有了一个产生宇宙的机制——它所产生的统计数量会更庞大，这个机制并不是简单地生成数十亿个，很可能是无穷多个。

罗塞塔号探测器

我们对宇宙起源的探索还在继续，科学家们为达成这一目的而超越了太空旅行的边界。2014年8月6日，欧洲空间局的罗塞塔号探测器进入到了楚留莫夫-格拉希门克彗星轨道，有望绘制并研究彗星的表面和核心，以便为我们提供更多有关太阳系如何在46亿年前形成的线索。

这是一个相当惊人的理论模型，我知道它听起来很像是异想天开，其实不然。暴胀在某些形式下很可能是正确的，在我们所说的大爆炸以前的这个概念里，有一个时空的指数倍膨胀。已知存在的标量场有正确的属性推动这样的膨胀进行，尽管也有其他多种暴胀理论模型。研究暴胀模型的理论物理学家们已经发现几乎所有的暴胀都是永恒的，这指的是部分停止暴胀而非全部同时停止。这意味着，在暴胀理论下，创造宇宙的势能膨胀的速度总是快于消减的速度，因此宇宙永远不会消亡。我们生活在一个无穷大的永恒的分形多重宇宙中，它包含了无数个像我们这样的宇宙，也包含了无数个拥有不同物理定律的宇宙。我们存在是因为这是必然的。几乎就是这样。

对于下方这张图有一个非常重要的提示。最近的研究表明，永恒暴胀模型在

多重宇宙

我们生活在一个无穷大的、永恒的、碎片化的多重宇宙中，它包含了无数个像我们这样的宇宙，也包含了无数个拥有不同物理定律的宇宙。如果我们的存在是因为必然如此，那么这意味着什么？如果我们宇宙的存在是必然的，这又意味着什么？或许我们只能这样来问：这对我们来说意味着什么？

未来也可能是永恒的，但在过去并非如此。它们永不停歇，但它们可能又不得不开始。对这个终极问题，我无法给你一个确定的答复，因为还没有人知道。我可以引用最近安德雷·林德在2014年3月发表的有关暴胀宇宙学的评论。

“换句话说，宇宙的每个部分都曾有过始点，而任何一个特定点都将是暴胀的终点。但在永恒暴胀的情形中，宇宙作为一个整体的演变是没有终点的。目前我们不知道宇宙作为一个整体在演变过程中，在某个$t=0$的时刻，是否曾有过一个单一的始点，这通常与大爆炸有关。”

这样我们就接近尾声了。我们把大爆炸定义为我们可观测宇宙炽热致密的初始阶段，它引发了38万年后宇宙微波背景辐射的产生，这样我们就明白了过去所发生的事。根据已知的物理学定律，暴胀的某段时期可能是由标量场驱动的。暴胀很可能仍然在某处继续，在我们说话的时候形成难以计数的宇宙，并且它还将永远继续下去。我们生活在一个永恒的宇宙中，在这里一切可能都将成为必然。而我们就是这些可能中的一个。过去整个宇宙有一个起点吗？有一个莱布尼茨所说的上帝这样关键的外因吗？我们尚不得而知。可能存在着一个“所有大爆炸之母”，如果这样的话，我们当然需要量子引力理论来多说几句。

这是什么意思？对我来说，美妙之处在于无人知晓，因为永恒暴胀理论所产生的哲学和神学的结果还没有被广泛争论。我希望，在试图概括这些问题的时候，无论是通过电视节目（内容太短，又必须浅显易懂），还是通过这本书（稍微深入了一些），这些观点都将被更广泛的观众和读者所了解，并激发热烈的讨论。这是值得去做也是有必要去做的事情，因为这些想法正是文明的命脉；社会吸收了这些想法后，通过理解和讨论，会适应其含义。如果永恒暴胀是对我们的宇宙的正确描述，那么它将是由艺术家、哲学家、神学家、小说家、音乐家和物理学家共同探索出来的。如果我们宇宙的存在是必然的，这意味着什么？如果我们在任何方面都不特别，这又意味着什么？如果我们的可观测宇宙，连同无数的星系和可能形成的星系，是一个更加广阔的分形宇宙群体中近乎为零的渺小一叶，那么这又意味着什么？如果因为你必须存在，所以存在，那么这又意味着什么？我无法告诉你答案。我只能提出问题——对你来说这意味着什么？

对于像我们这样的渺小生物来说，只有通过爱才能忍受宇宙的广袤。

卡尔·萨根

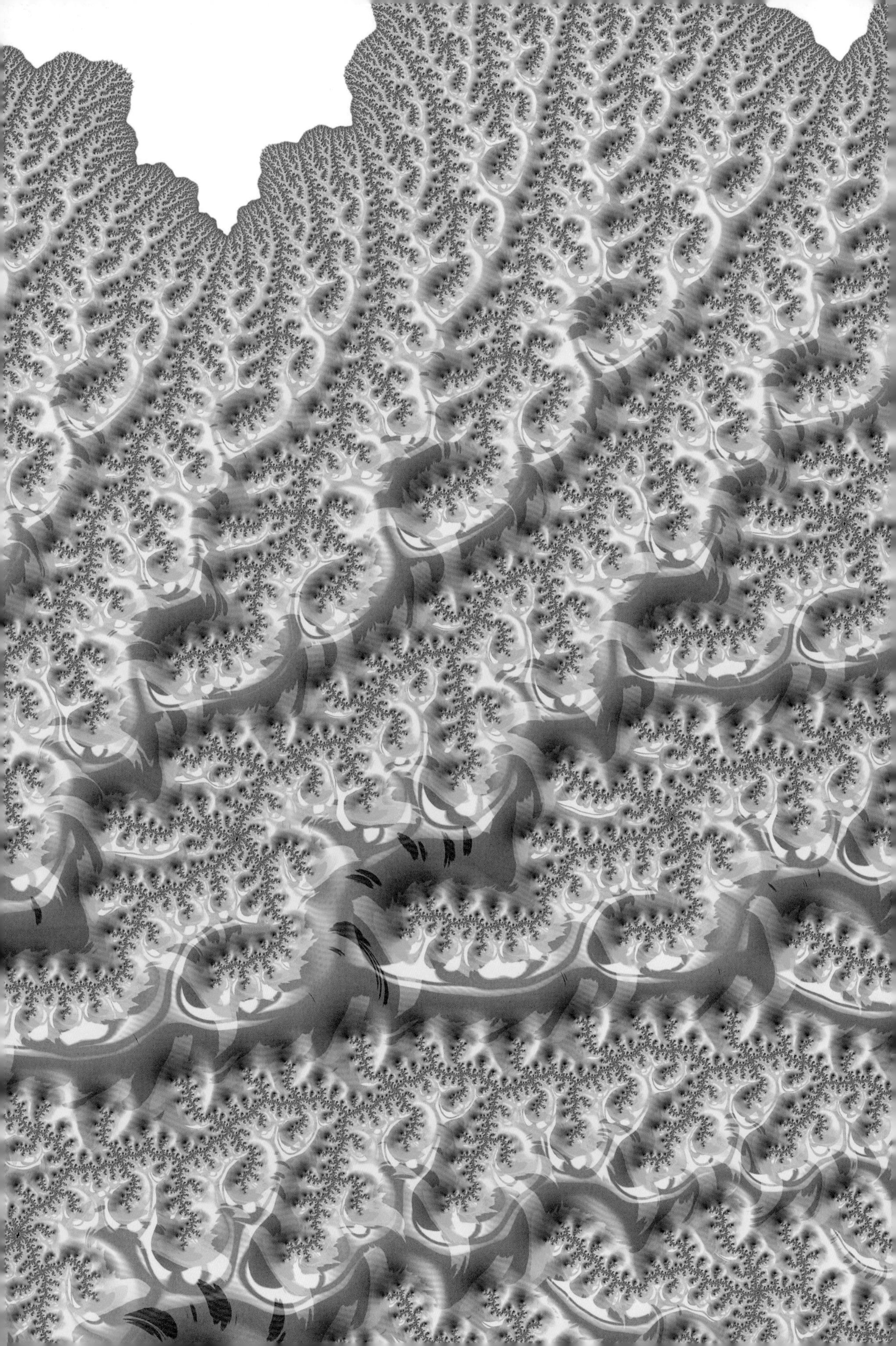

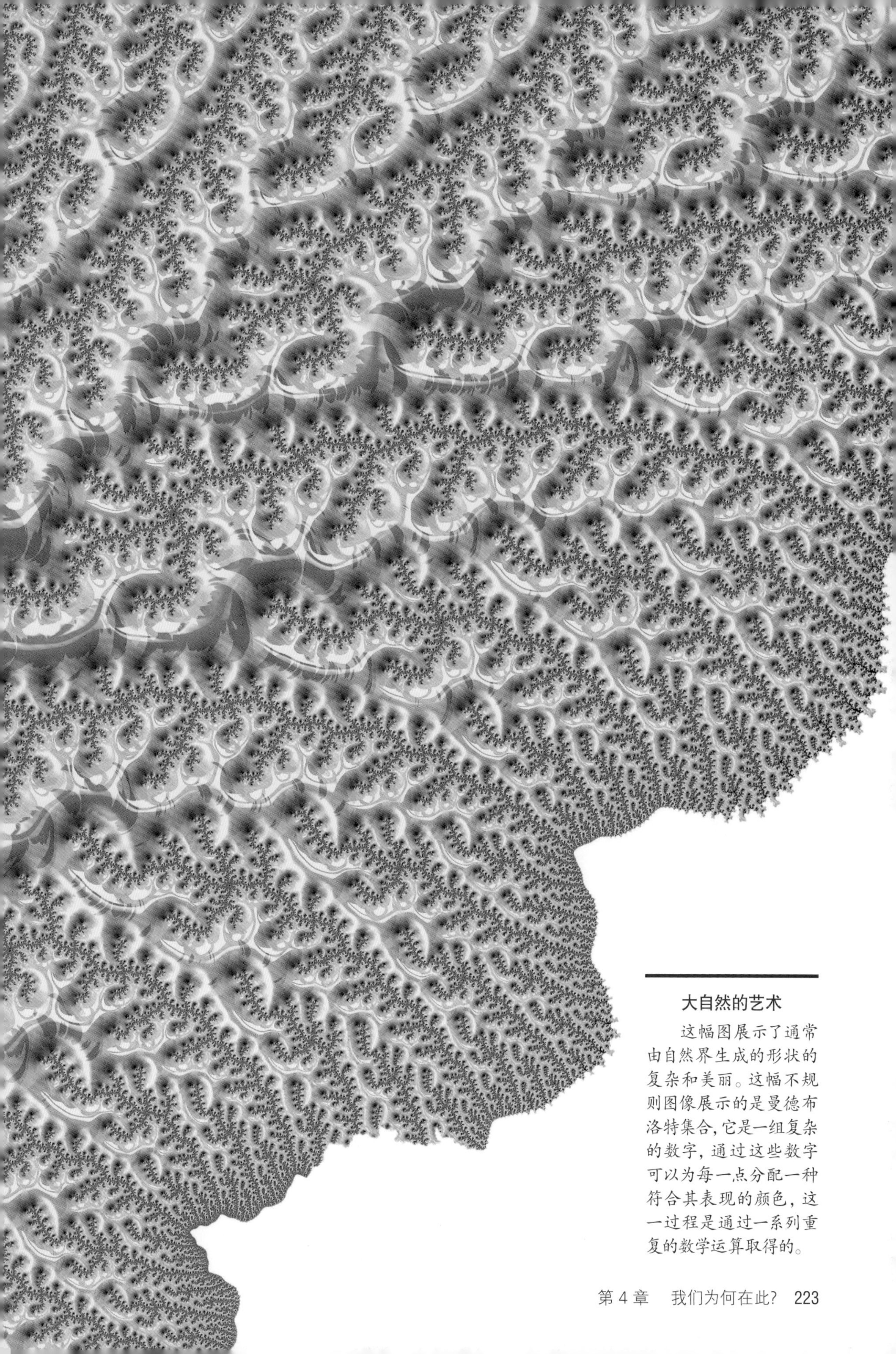

大自然的艺术

这幅图展示了通常由自然界生成的形状的复杂和美丽。这幅不规则图像展示的是曼德布洛特集合，它是一组复杂的数字，通过这些数字可以为每一点分配一种符合其表现的颜色，这一过程是通过一系列重复的数学运算取得的。

STOP
tsville Times
rs Space
Soviet Officer
Orbits Globe
In 5-Ton Ship

第 5 章
我们的未来在何方？

我已迫不及待
想看你长大成人
但也许还是免不了要耐心等待
毕竟路还很长
还很难
是啊　前路漫漫
与此同时
你过马路之前
请牵好我的手
即便你勤于规划
生活总是不期而至

约翰·列侬

点亮黑暗

纵使只有零星火点，光明未至；然已点亮黑暗，仿佛隐约。

约翰·弥尔顿，《失乐园》第1卷

他们肯定是出于某种理由走入了黑暗。他们点燃了干草火把，刺鼻的烟雾弥漫了山洞，消耗着潮湿空气中的氧气。可能是因为害怕吧，他们走得很慢。在这昏暗摇曳的红光之中，身影逐渐消失在我从未经历过的沉寂黑暗里。有个孩子把她的手按在石壁上，用麦秆对着石壁吹出一种红色混合颜料。她笑了——“我的手”。她的同伴们把手伸进颜料里，小心翼翼地，在手印周围点了一圈红点。好一幅年轻的景象。退到洞口光明处时她想：“也许某天我们会再回来。”

40 800多年后，我把手放在她的手印旁边。研究旧石器时代晚期的专家们告诉我，这些手印都是小孩留下的，而且很可能都是女孩子。西班牙北部的埃尔卡斯蒂约有着世界上最古老的岩画。我们并不能确切地知道它们究竟有多古老，毕竟无法通过颜料本身来确定时代。岩画上覆有方解石，它们渗入了手印和红点并结晶化后，成为上述历史的全部记录。方解石含有铀（U）-234原子，它经过245 000年的半衰期后会变成钍（Th）-230，而钍的半衰期又是75 000年。钍不溶于水，因此在石灰岩形成时期并不会存在。通过测量铀同位素铀-234和铀-238以及钍-230的浓度就能计算出方解石形成的具体年代。这得出的是岩画形成的最晚时间，毕竟它肯定在被方解石覆上去以前就已经创作好了。覆在红点上的方解石形成于40 800年前。最古老的手印则是在37 300年前被方解石覆上的。

确定这些年代有着非凡的意义，因为目前还没有现代人类在41 000年前的欧洲出现的证据。智人出现的年

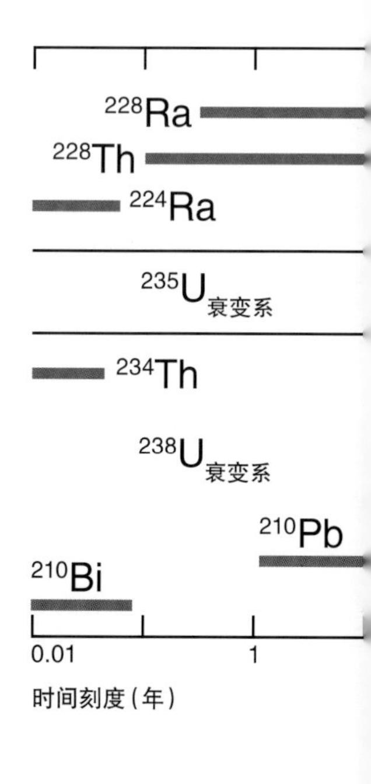

来自远古生命的手印

两枚幼小的手印让我们对西班牙西北部奥尔塔米拉岩窟里远古的生活方式有了奇妙的认识。

铀系计时

图中列出了3条铀系衰变链中不同核素的衰变计时，以描述它们的效用。

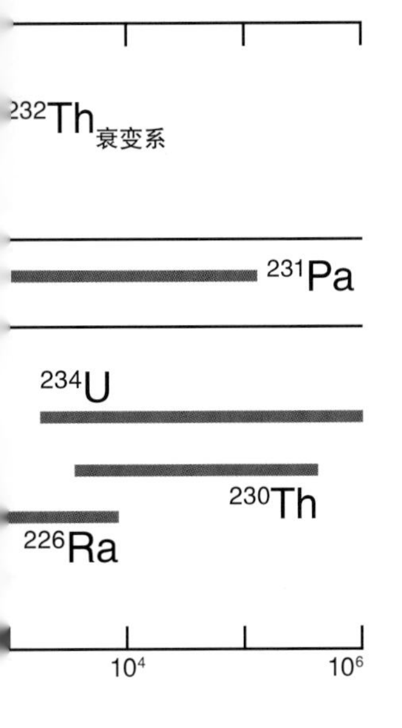

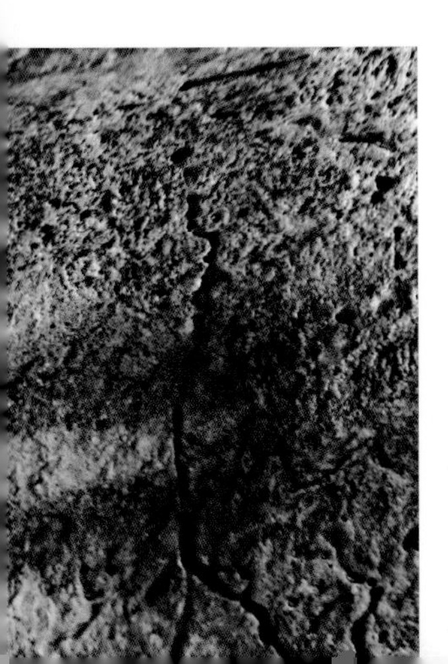

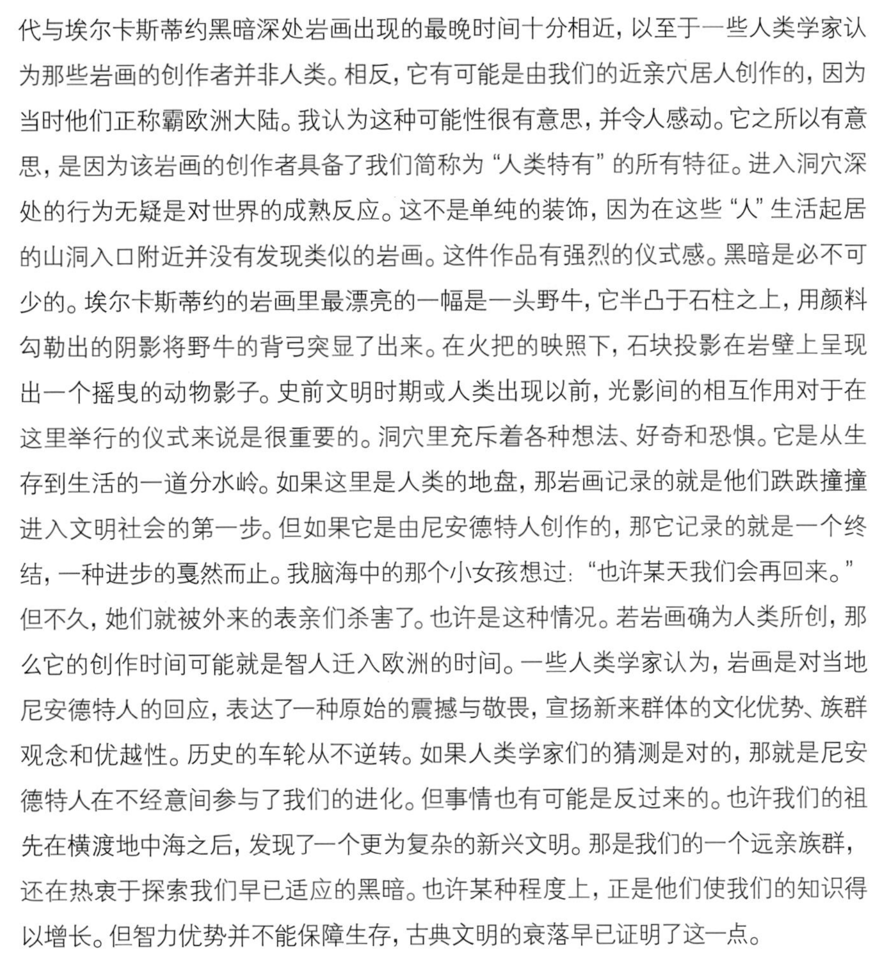

代与埃尔卡斯蒂约黑暗深处岩画出现的最晚时间十分相近，以至于一些人类学家认为那些岩画的创作者并非人类。相反，它有可能是由我们的近亲穴居人创作的，因为当时他们正称霸欧洲大陆。我认为这种可能性很有意思，并令人感动。它之所以有意思，是因为该岩画的创作者具备了我们简称为“人类特有”的所有特征。进入洞穴深处的行为无疑是对世界的成熟反应。这不是单纯的装饰，因为在这些“人”生活起居的山洞入口附近并没有发现类似的岩画。这件作品有强烈的仪式感。黑暗是必不可少的。埃尔卡斯蒂约的岩画里最漂亮的一幅是一头野牛，它半凸于石柱之上，用颜料勾勒出的阴影将野牛的背弓突显了出来。在火把的映照下，石块投影在岩壁上呈现出一个摇曳的动物影子。史前文明时期或人类出现以前，光影间的相互作用对于在这里举行的仪式来说是很重要的。洞穴里充斥着各种想法、好奇和恐惧。它是从生存到生活的一道分水岭。如果这里是人类的地盘，那岩画记录的就是他们跌跌撞撞进入文明社会的第一步。但如果它是由尼安德特人创作的，那它记录的就是一个终结，一种进步的戛然而止。我脑海中的那个小女孩想过：“也许某天我们会再回来。”但不久，她们就被外来的表亲们杀害了。也许是这种情况。若岩画确为人类所创，那么它的创作时间可能就是智人迁入欧洲的时间。一些人类学家认为，岩画是对当地尼安德特人的回应，表达了一种原始的震撼与敬畏，宣扬新来群体的文化优势、族群观念和优越性。历史的车轮从不逆转。如果人类学家们的猜测是对的，那就是尼安德特人在不经意间参与了我们的进化。但事情也有可能是反过来的。也许我们的祖先在横渡地中海之后，发现了一个更为复杂的新兴文明。那是我们的一个远亲族群，还在热衷于探索我们早已适应的黑暗。也许某种程度上，正是他们使我们的知识得以增长。但智力优势并不能保障生存，古典文明的衰落早已证明了这一点。

这种可能性解释了现代人通常下意识地在阴影下休息的现象。事物终究逃不过消亡。物种灭绝不仅限于那些没有感情的长毛动物。尼安德特人灭绝了，他们也许憧憬过未来，最终却未能到达。埃尔卡斯蒂约的红手印最能体现这一点。去吧！牵上她们的手，听听那笑声，想想那欢颜，描绘希望开始的样子，然后，倾听沉寂的召唤。

至少在40 800年之后，我们可以用核物理的知识让时间倒流，拼凑出她的故事。科学是一台时间机器，能往前追溯也能向后预测。我们对未来的预测越来越准确，而应对这些预测的能力终将决定我们的命运。科学与理性让我们看清黑暗。我担心对科学投入的不足和不够理性会妨碍我们看得更长远，或让我们对所预见事物的反应变慢，以至于无法做出有意义的反应。简单的解决方式是不存在的。我们的文明很复杂，全球的政治体系还不够完善，人民内部仍然存在深刻的观念分歧。我敢说你有时还会有举世皆醉我独醒的感觉。气候变化？欧洲？神论？美国？君主政体？同性婚姻？大企业？民族主义？联合国？银行援助？税率？素食主义？足球？《X音素》还是《舞动奇迹》？观念可以存在分歧，但人类要想发展就必须理解并接受人类文明、自然以及科学是唯一的。确保世上至少有一种人类文明，这一共同目标必须高于任何私利。40 800年一路走来，至少已经足以断定这一结论毋庸置疑，它是人类发展的首要一步。

“我们在方向盘前醒来，却发现自己不会开车。”

突如其来的撞击

杜林危险指数

在许多人眼中致使恐龙灭绝的希克苏鲁伯撞击据估计为10^{10}万吨当量，杜林危险指数为10。它形成了巴林杰陨石坑和通古斯大爆炸，据估计，这两者都有300万~1000万吨当量，相当于杜林危险指数为8。2013年的车里雅宾斯克撞击事件前的流星总动能为40万吨当量，相当于杜林危险指数为0。不管怎么说，它们都实实在在地撞击了地球，所以它们撞击的可能性肯定为1。截至2014年5月，还没有杜林危险指数大于0的已知天体。

抓拍撞击现场

这些照片是早上9点20分流星撞击车里雅宾斯克山区之前划破漆黑天空的景象。

2013年2月15日上午9点13分，一颗12 000吨重的小行星以60倍音速进入地球大气层。因为它从太阳的方向飞来，所以我们根本不可能发现它的到来。小行星在距离地面29千米处解体，在俄罗斯车里雅宾斯克的上空释放出的能量超过广岛原子弹爆炸的20倍。冲击波摧毁了成千上万的建筑物，致使1500人受伤，他们大多被当地建筑物的窗户爆裂后的玻璃飞溅所伤。爆炸产生的声波绕地球转了两圈，均被位于南极的核武器监测站捕获。俄罗斯议会外事委员会主席普什科夫在推特上写道："人们不该在地球上相互为敌，而应该建立一个小行星联合防御系统。"这是天真的理想主义？是反应过度？是好莱坞大片？非也。16小时后，一颗40 000吨重被命名为敦迪的第367943号小行星在27 200千米的高空快速经过，进入了多颗人造卫星的运行轨道中，但未发生任何碰撞。这颗小行星之所以有名字，是因为它在2012年就曾被天文学家在西班牙发现。在2069年之前，敦迪有1/3000的概率会撞击地球；这一旦发生，一座城市就可能因此而毁灭，而这样的结果还不算是太严重的。

在车里雅宾斯克事件之前，行星撞击地球造成严重后果的最近一次记录是1908年发生在西伯利亚的通古斯事件。空爆形成的冲击波将2000平方千米的森林夷为平地，释放的能量近似于美国1954年3月在比

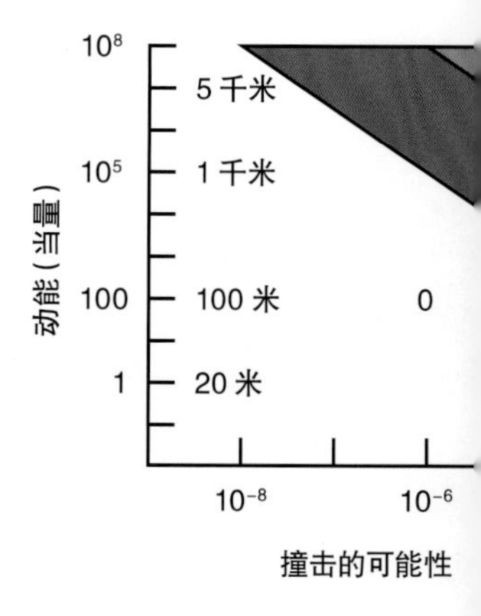

太空碎片

由于划过天空与地表相撞而造成了巨大破坏的流星碎片。

基尼环礁上进行的威力最大的氢弹试验。这种规模的撞击事件平均每300年会发生一次，它能轻易摧毁一个人口稠密的地区。影响主流文明的最著名的撞击事件是（66 038 000 ±11 000）年前发生在墨西哥尤卡坦半岛上的希克苏鲁伯事件，这次撞击使非鸟类恐龙灭绝了。在能实现的前提下，精确的预测至关重要。卡尔·萨根曾半开玩笑半感沉痛地说过，要是恐龙当时有太空计划的话，也许它们还能活着，但换成我们就未必了。希克苏鲁伯陨石的直径大概有9.5千米，这个庞然大物所释放出的能量相当于全球所有核武器爆炸的1000倍。要是你喜欢震撼的表述方式，那么它相当于80亿颗广岛原子弹爆炸。据估计，这样的事件平均每1亿年会发生一次，差不多足以毁灭人类文明甚至让人类就此灭绝。与此同时，每分钟都有两颗直径约1毫米的小行星在撞击地球。

普什科夫是对的。无视太空威胁的人才是真正的愚蠢，幸好我们的航天部门已经开始着手解决这个问题了。NASA近地天体计划在2002年创立了警哨系统，它维护着一份根据世界各国天文学家的最新观测结果持续更新的自动风险表。我写下这些文字的时间是2014年9月3日，虽然在过去60天里已经发现了13颗可能撞击地球的小行星，但目前这张表里还没有高危对象。小行星的危险程度已通过杜林危险指数进行了量化。

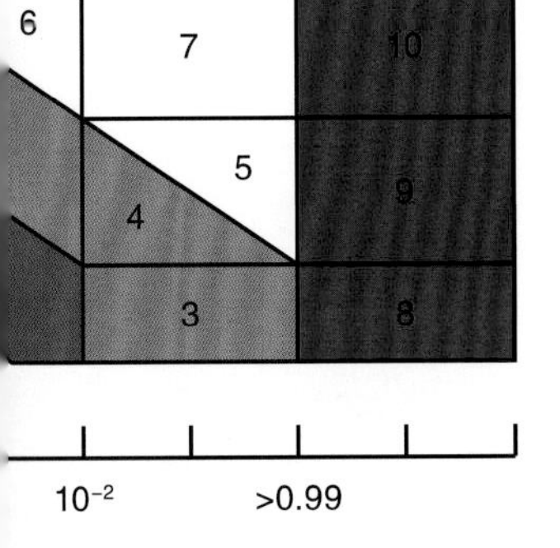

每颗已知的近地小行星都会按杜林危险指数1~10进行赋值，数值的计算会结合碰撞概率和以数百万吨TNT当量表示的碰撞能量（杜林危险指数1~10如左侧图所示）。第99942号小行星阿波菲斯的杜林危险指数在2004年12月达到了4级。初步的观察和计算表明，这颗直径350米的小行星在2029年4月13日会有1/37的概率撞上地球，如果错过了这一次，7年之后它还有第二次机会。这不会摧毁人类文明，但足以彻底毁掉一个小国家。随后的观察有效地排除了阿波菲斯的威胁，但从统计学上来说，这样的撞击事件预计每80 000年左右就会出现一次。虽然目前从自动风险表上看来没有威胁，但至少有两个充分的理由说明为什么我们不能放松警惕，忘记撞击风险。首先，我们肯定还没有发现所有的威胁天体，车里雅宾斯克事件就是一个最好的例证。其次，万一真的观测到一颗撞向我们的小

通向另一个世界的窗户

NEEMO（NASA极限环境任务）小组5名待命宇航员在乘员舱的合影。水下训练是太空飞行准备中必不可少的环节。

火星500计划

火星500试验于2007年至2011年在位于莫斯科的俄罗斯科学院生物医学问题研究所进行。在2010年6月到2011年11月期间的试验最后阶段，工作人员在密闭舱中安排了6位宇航员，模拟了一次时长520天的火星任务，旨在研究人类在长时间的太空旅行时的心理和生理状况。照片摄于2011年2月的30天火星着陆期期间，照片中，迪亚哥·乌尔维纳（意大利籍，欧洲空间局）正在使用20世纪60~70年代为苏联登月计划设计的工具模拟“火星行走”。

行星，目前我们还没有确切的应对办法，而撞击事件明天就有可能发生。一个天文学家团队正在开发一个名为小行星天体撞击最后警报系统（ATLAS）的新的早期预警系统。8台小型望远镜将对太空进行扫描，用于发现任何可能威胁地球的微小天体的踪迹。ATLAS能提前长达3周时间就发出撞击预警，这个时间足以撤空一片大的行政区域，但要举国撤离恐怕还是不够的。我们太空安保策略的开销是多少呢？曼联前锋韦恩·鲁尼年薪的1/3。当然，这样的比较听起来挺幼稚的；我深知资本主义的运作方式，我也知道韦恩·鲁尼为曼联公司带来的收入超过了他的工资。

但本章的目的是想说明人类文明的雄伟大厦中存在一个缺陷：我们目光短浅且傲慢自负，无视自身的长期安全。在我看来，我们之所以有这样目光短浅的举动，是因为人类有史以来还没有遭受过任何人为以外的灭顶之灾，当然了，除非你相信挪亚方舟真有其事，而且还真相信那是因为某人误以为上帝素来是耐心之辈才致使祸事降临的。本书的主旨一方面在于论证人类之所以值得拯救是因为我们是绝无仅有且极其美好的自然存在，另一方面则在于说明我们有多聪明就有多愚蠢，这十分常见又匪夷所思。我个人并不认为会有谁来拯救我们，因此，我们必须要自救；至少，我觉得这是一个好的有效假设。

因此，在我问出“小行星防御经费比足球运动员年薪还少是否合理”这样的问题时，我并不会觉得自己天真、理想主义，或者像穿着名人头像T恤衫的激进学生会成员。当我一边照镜子一边想这个问题的时候，我脸上的表情很有趣。你也可以试试。

在众人漠然的眼光中，NASA仍在努力地缩小我们与恐龙之间的实力差距。宝瓶礁石基地位于美国佛罗里达州基拉戈湾8千米外，大西洋海面下20米处。它原来是一个研究珊瑚礁的海底实验室，现被NASA用来培训未来执行长时间太空任务的宇航员。该基地可以饱和潜水，大大增加了科研人员研究礁石的时间。潜水员正常水肺潜水时，在不减压的情况下最多能在水下20米处停留80分钟。饱和潜水时，潜水员能在这种压力下持续停留数周时间，但返回地面时必须减压。这个减压过程得花差不多一整天的时间。由于宝瓶基地里的气压与基地外的海水压力相等，住在基地里的研究人员在使用标准潜水装备的情况下，每天能在海底探索好几个小时，但重要的一点是：禁止返回他们头顶几米以上的水面。如果出现问题，他们必须回到宝瓶基地，在基地内部进行处理。因此，这个基地的实际意义就只有：孤立他们，让宇航员不能因为恐慌或单纯感到不耐烦就回到水上文明世界。NASA使用宝瓶基地的目的就在于培养宇航员在恶劣环境中的工作能力，测试他们对长时间太空任务的心理适应性。

拍摄宝瓶基地内部是《人类宇宙》的一个亮点。我们当然不想经历减压过程，所以在基地里的停留时间就有严格的限制：100分钟，分两次潜入。负责我们潜水的美国前海军潜水员在说到时间问题时非常言简意赅，“我说走时，你别笑着再拍一个镜头。立即离开！不然你就得留下，待很长时间。你自己选的。我知道你们媒体人什么样。”宝瓶基地的外观和感觉都很像科幻电影里的太空飞船。一边是6张有3层的床位，另一边是厨房，有微波炉和水池。中间是控制台，有一些关于海洋生物的书和一个笔记本电脑桌。桌子的上方是一扇可以眺望珊瑚礁的圆窗。经过一道气密门，就是通往潜水氧气瓶和开放海域的潜水平台。我们到达时，NEEMO小组刚完成了一次为期9天的任务。这次任务由日本宇宙航空研究开发机构的星出彰彦负责，作为将宇航员送上小行星并掌握在必要时改变其运行轨道的能力这一长期目标中的一部分。探索小行星有重要的科学和经济意义，这些原始物质能让我们对45亿多年前的太阳系的形成有更深入的了解，同时它们也正因为够原始而富含贵金属。地球上的重金属如钯、铑和金已下沉至地核，在人类可至的地壳层已经绝迹。小行星因质量太小而无法像地球一样分层，因此这些贵金属不仅极其丰厚而且还保持原貌、易于采集。

无论出于经济、科学还是实践目的，学习如何登陆小行星、开发行星资源并调整它们的运行轨道显然都是明智之举，而且我们总有一天不得不“挪开”一颗飞向地球的小行星，这毋庸置疑。

预见未来

到公元35000年时，红矮星罗斯248与太阳系的最小距离将达到3.024光年，它将成为距离太阳最近的恒星。9000年后，它会远离我们，把最近邻居的称号再次还给比邻星。巧合的是，在公元40176年时，旅行者2号将以间隔1.76光年的距离经过罗斯248。我们知道这些是因为我们可以预测未来。

我们在本书里已经多次提到牛顿定律。在第3章里，我们用它来计算以圆形轨道绕地运行的国际空间站的速度。当离地心的距离为r时，速度v为

$$v=\sqrt{\frac{GM_e}{r}}$$

这个等式用另一种方式写出来是这样的：

$$\frac{dx}{dt}=\sqrt{\frac{GM_e}{r}}$$

这里，我们用到了微积分符号。要是你毕业之后就没再碰过数学的话，这可能会吓到你。但别担心，我们只需要知道$\frac{dx}{dt}$的含义就够了。直白点说，这表示了空间站的位置变化与时间的关系，也就是它的速度v。即使没有学过数学，你也会有比较直观的印象。如果你坐进自己的车里，以30千米每小时的速度直线驶离你家，那么1小时后，你会到达一个在你行驶方向上离家30千米的地方。在已知空间站目前位置和移动方式的前提下，这个等式能告诉我们在将来的某个时刻空间站所在的位置。它能预测未来。这种方程被称为微分方程。在第4章中，我们写了“游戏规则”——爱因斯坦的广义相对论和粒子物理学标准模型。这种记法更复杂一些，但在标准模型里你会看到因子D_μ和δ_μ，它们复杂点的写法就是$\frac{dx}{dt}$。

在爱因斯坦的公式里，紧凑的数学符号之中也隐藏着这些所谓的衍生物。物理学中已知的基本定律都是这么起作用的。在已知某些自然集合或系统目前表现方式的前提下，我们可以计算出它们在将来的某个时刻会如何。我们所说的系统可以是太阳系、原子和分子的集合，或是天气。当然也有现实的限制，天气预报就是一个很好的例子。地球气候系统是很复杂的，

我们的邻居

距太阳系最近的恒星的三维影像图。

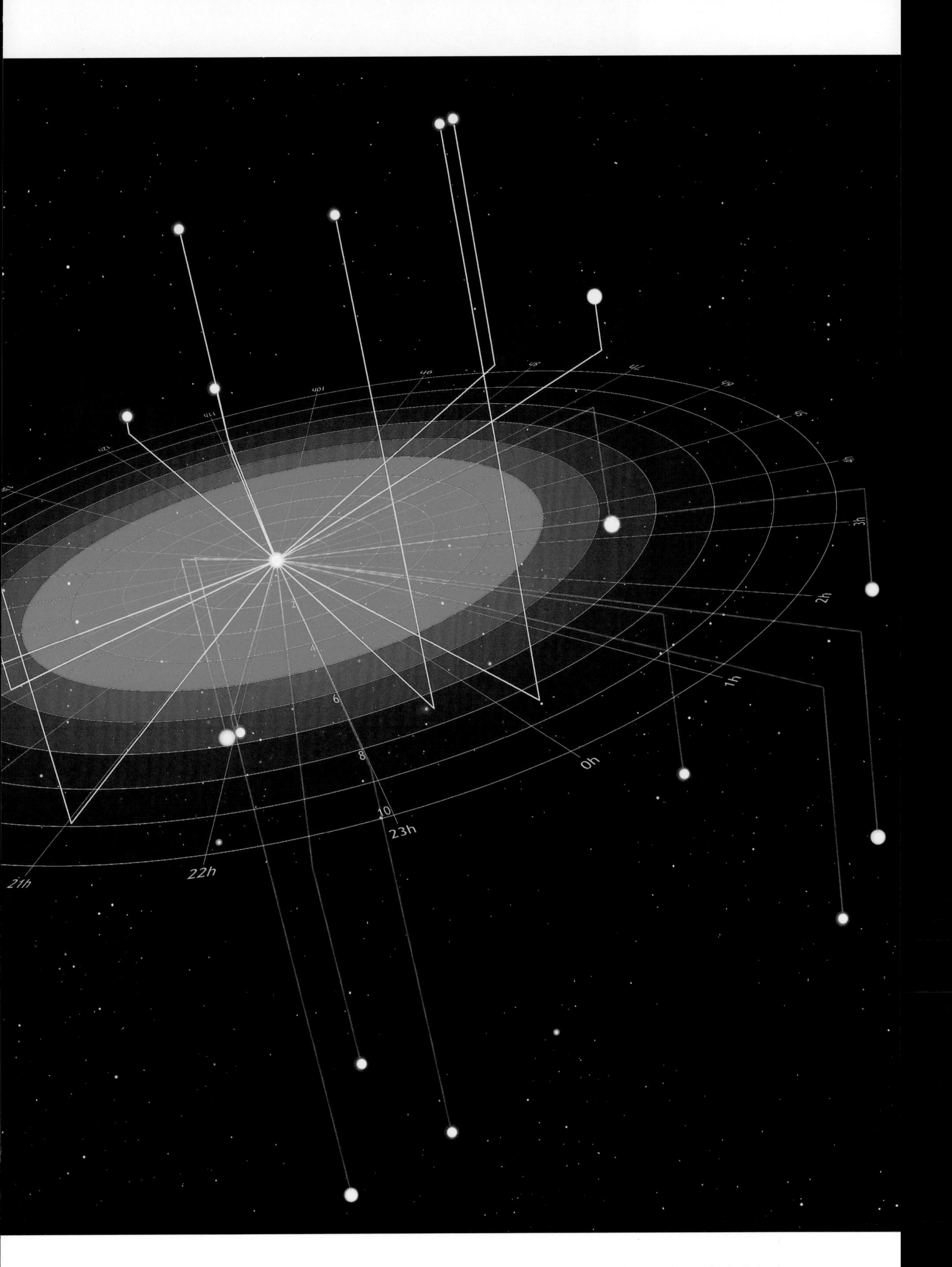

0h
1h
2h
3h
4h
21h
22h
23h
2
4
6
8
10

日落红霞

自然规律可以用于描述天气变化与恒星运动。

有好几十万个变量。太平洋的洋流可能会影响未来奥尔德姆的降雨，所以地方天气的长期预报就更没准了。

人们当然也有一些说法，这些说法多是基于经验而非科学，但往往都是正确的。“夜晚天红牧人喜，白日天红牧人忧”，这在像英国这样以西风为主的国家往往确实如此，因为出现红色夕阳通常是西部高气压的征兆，它常伴随好天气的出现。如果你特别善于运用“民间传说”或“远古智慧”，那是因为你用来预测的模型和规律与潜在的物理定律相符，只不过表达的方式有所不同。物理定律本质上反映了大自然潜在的简单性及其运行的规律性。这些都不是魔法。我们可以用数学描述自然世界是因为它有规律可循并且表现稳定。我个人认为我们必须对表现规律且稳定的宇宙进行观察，其原因在于，这种表现对于像大脑这种复杂结构的进化是必不可少的。亚原子微粒相互作用且毫无体系和规则的混沌宇宙肯定是不能维持生命的，

事实上它无法维持任何结构。这就是所谓的选择效应。我们所观察的宇宙，其行为能够用一组有限的微分方程描述，因为若非如此，我们就不可能存在。有些科学家和哲学家可能并不同意这个观点。宇宙其实没有简单的潜在体系，是我们迄今为止取得的成果骗了我们，这也是有可能的。又或许人类现在乃至永远都无法理解宇宙的终极法则。我们可能根本没有聪明到可以明白这些法则。还有一些系统是无法用微分方程描述的。由康威生命游戏衍生出来的各种模型就是一个例子，它就是以多个规则算法生成了各种复杂模型，甚至生成了像图灵机这样的计算模型。但据我们所知可以肯定的是，自然界的表现方式的确服从于某种基于物理微分方程的描述，这些方程使我们得以认识现在，预测未来。这就是为什么只要我们对太空有足够精确的观测，小行星防御系统就能得以运转。或多或少吧。

哦，别忘了特殊限制。总是有一些特殊限制条件的。

213.4kg
UNITED STATES
$\Delta v = v_e \ln \frac{m_0}{m_1}$
$E_k = \frac{1}{2} m v^2$

是科学还是魔法?

混沌数学：假设现在可以决定未来，但大概的现在无法近似地决定未来。

爱德华·洛伦兹

大自然的时钟

（右下）阳光穿过精心摆放的石头的轨迹是我们古代文明中很好的季节标志。

太阳的力量

太阳是各古代文明中重要的季节标记物，比如位于墨西哥奇琴伊察的玛雅文明。

我们应该相信科学，它很管用。但是它有局限性，其中有一些是根本上的局限性。我们在本书中多次提到了牛顿运动定律和万有引力定律。它们非常简单，是典型的物理定律，工程师、领航员和小行星观察家们每天都会使用。其中有一个最简单且可以想象，同时可以应用牛顿万有引力定律的客观系统，那就是单颗行星绕单颗恒星公转。对于这种情况，牛顿定律可以精确地预测到该行星将来的位置。轨道是可预测的并且是有周期性的，这也就是说行星每次按轨道环绕恒星运行一圈就会精确地回到相同的位置上来。它是很有规律的，太阳系里经常能看到这样的规律。当有第三个天体（比如月球）加入时，牛顿定律就没有通解了，19世纪末的海因里希·伯恩斯以及随后的亨利·庞加莱都证实了这一点。我们总能发现，有少数的例外是有重复解的。但一般情况下，3个天体在引力作用下，其轨道将永不重复，它们相互之间的运动轨迹就是一个巨大的不断变化的混沌！这不是说数学错了。自然系统确实是这样运转的。行星们的运行轨道是有规律的，周期以数百万年计，但我们现在不能预测6000万年以后的地球轨道。因为我们现阶段对地球轨道和太阳系内其他天体引力影响的认识还不够，所以对于6000万年后的预测会偏差过大。这不仅反映出我们缺乏知识，还反映了一个重要的基本

点，那就是许多像我们太阳系这样的恒星系统在很长的时间里都是不稳定的。我们看不出它们运动的规律，表面上可见的重复可以分解成一连串不可预知的集合。最近的模拟实验显示，水星可能被拽离自身轨道，与太阳相撞，甚至地球也会在30亿~50亿年后与金星或火星有一次近距离接触。这些表述可能会根据情况有所调整。以上预测本质上是概率结论，据估计，水星在未来50亿年里有1%的概率会被甩入一个比现在扁得多的轨道中。物理学家们把太阳系中所有天体目前的位置及其运动方式称为初始状态。我们对初始状态推测的丝毫偏差都会导致上述的各种预测出现巨大谬误。其他的错误是由我们对太阳系中所有天体的质量和形状认识不准确导致的，更别提我们对由外来彗星和不断变化的小行星造成的微扰知之甚少了。与这类系统有关的物理和数学领域被称为混沌理论，而正如该领域的先驱者爱德华·诺顿·洛伦兹所说，自然是很复杂的，对现状的大致认识并不能近似地推断未来，这个我们都是体验过的。

对于小行星猎人们来说，这是一个极度恼人的现实。我们不可能只凭对小行星的一次观测结果，把它的位置和速度输入计算机，然后就计算出它以后会不会撞上地球。因此，小行星猎人们启用了重力锁眼系统。重力锁眼是太空中小行星目前轨道附近的一小块区域。如果小行星由于太阳系中其他天体的引力作用（有此可能性）穿过了锁眼，那么它就很可能在下一次经过时撞上地球。2004年，第99942号小行星阿波菲斯的重力锁眼位置被确定，那时它的杜林危险指数为4。幸运的是，它并没有穿过锁眼，这就是它目前被认为无害的原因。锁眼系统反映了复杂的物理系统在较长的时间跨度上是基本不可预测的。所以，我们必须继续

巨石阵

巨石阵是最早用于确定夏至日期的岩石标记物之一，可追溯到公元前3000年。

两分与两至

当太阳经过天球赤道时，在所有纬度上昼夜基本等长，这就是为什么这两天都被称为“分”（即昼夜两分）。3月时，当太阳沿黄道向北移动，这天被称为春分；而在9月太阳沿黄道向南移动时，那天被称为秋分。当太阳离天球赤道最远时，是夏至和冬至。“solstice”这个词来自于拉丁文，意思是“太阳不动了”，因为太阳在改变移动方向前，它向南或向北的移动停止了。

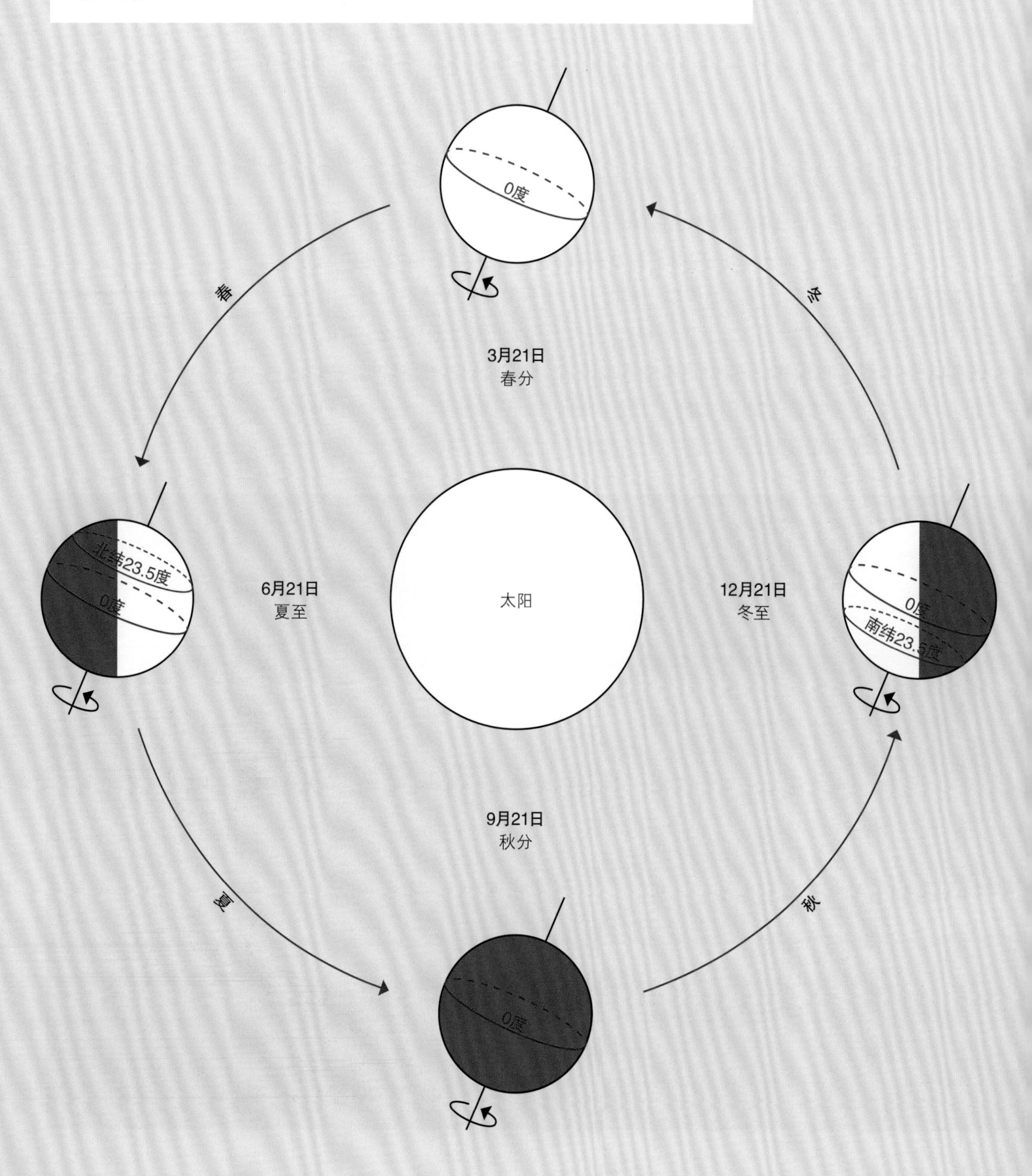

预测日食

18世纪基于对自然界观察而制造的日食预测器。

观察，并对我们计算能力的根本缺陷保持敏锐的认识。科学不是魔术。如果某人想拯救地球，不让小行星撞上地球，这种认识就有显著的现实意义了。但是，在我们/我对科学力量的论证性讴歌中保持谨慎和谦逊的态度也是很重要的。科学预测是不完美的，并且科学理论也不可能绝对正确。科学结果永远只是开端。整个领域的研究可以被几个新发现彻底推翻。但我坚信，使用科学是我们能力范围内的最佳选择，因为它不是以人类空想出来的概念为基础的一个简单且随意的思维体系。它基于对自然界的观察以及我们对这些观察结果的认识，是对自然的系统研究。科学预测不同于个人意见。在任何特定的时间点，科学都能基于我们现有的认识，对未来做出最近似的可能性预测。这些预测有可能是错误的，有可能是不准确的，有可能从根本上就不正确，但依据现有最佳的科学证据行事明显是最合理的选择；预测可能不完美，但绝对是不可或缺的。

这就是奇迹

截至2014年9月，72.4亿人类中已有545人到过太空，24人已摆脱地球引力，12人已踏足另一个世界。

2013年是美国得克萨斯州新布朗福虔诚的教徒、退休夫妇查理·杜克（以下简称杜克）和多萝西结婚50周年。杜克和多萝西肯定和他们已长大成人的两个儿子和9个孙儿一起庆祝了他们的美满生活，家里墙上和壁炉上装饰着的照片说明了这一切。杜克家的某张全家福在历史上占有独特的地位。我在自己家墙上就挂了一张，是有杜克签名的版本，它是我的宝贝之一。这张摄于1972年的照片是杜克、多萝西和两个年幼的儿子——6岁的查尔斯和4岁的托马斯的合照。照片本身并无奇特之处——一家人穿着20世纪70年代的衣服坐在花园长椅上的普通肖像。它与本页下面的那张没什么不同，那张是我和我祖父差不多在同一时期拍的合照。我当时在奥尔德姆，而杜克在佛罗里达。

我之所以保存了杜克的照片并不是因为里面的人，我们之间没什么联系，而是因为它所在的位置。杜克夫妇能指着月球跟自己孙儿说，“在月球表面有一张祖父、祖母、爸爸和叔叔的合照”，能这么说的祖父母全地球上也只有他们唯一一对了。

杜克是阿波罗16号猎户座登月舱的领航员。那时他已36岁，但仍是有史以来最年轻的登月者。他和我儿时的偶像指令长约翰·杨一起，在1972年4月下旬乘坐月球车花了3天时间探索了笛卡儿高地，几乎远达27千米。

那次任务的主要科研目标是探索月球高地的地质。以往人们认为，登陆点周围的独特岩层是由古代月球火山运动形成的，但杨和杜克的探索发现表明，这种解释是不正确的。这种地貌实际上是由于小行星撞击造成的，火山口向外散落着物质，月球表面到处是玻璃。杜克在月球表面上待了3天、创下月球表面行驶速度达17千米每小时的纪录之后，从宇航服口袋里拿出了他的全家福，放在了月球表面，并用他的哈苏照相机拍下了这一刻。照片的背面写着：“这是来自地球的宇航员杜克一家。于1972年4月登月。”

奥尔德姆

我与祖父的合影，拍摄于杜克把自己的全家福留在月球上时。

月球上的第一家人

杜克（上图）通过把家人的照片留在月球表面来让他们共享自己的探险之旅。

我记得阿波罗16号登月时我才4岁，还在奥尔德姆生活。42年后，我放下自己《人类宇宙》拍摄者的身份，与杜克在得克萨斯州的一家小餐馆里聊了好几个小时。“当我踏上月球时，我想到的是从来没有人来过这里。放眼望去，是最原始的沙漠，这是我所见过的美得最不可思议的地方。没有生命，和地球完全不一样，只有在漆黑太空下转动的灰色月球表面。”

“阿波罗计划在当时有多了不起呢？”我问道。“他们给了我们八年半的时间让我们登月，我们用了8年零两个月做到了。这事从来没有人知道应该怎么做。”那位完成了史无前例的创举的试飞员如是答道，“肯定的呀！在太空停留15分钟，而且要在八年半之内登月？但最棒的一点是，我们成功了，而且我是其中的一分子。”“现在还可能成功吗？”我又问。“不行了，我们人手不足。40万人加上无限的预算你能做到很多事，我们当时就有这些资源！”“对于那些不赞成载人探月的人你是何态度？这个项目肯定不是单纯的科学研究，而更多的是人类探索。”我接着说。“这就是奇迹，”杜克说，“这就是我们——载人飞行为人类精神和整个人类带来的东西，这就是奇迹。宇宙之美，宇宙的条理性，你亲眼看到了，就和你想象中的一模一样。去看看，去尝试，去探索——这就是人类精神的始终。”

在我看来，阿波罗计划是人类最伟大的成就。当然会有人持不同的意见。阿波罗计划的经济效应很有意思。正如杜克所说，1970年登月计划的预算是要多少给多少。1966年花费最多的时候，NASA拿到了美国联邦预算的4.41%，相当于今天的400亿美元左右。这是很大的一笔钱——几乎是英国年度债务利息的一半。我这么比较当然纯粹是讽刺一下英国了。阿波罗计划的总成本在今天来看大概是2000亿美元，这大约是2008年10月启动的英国银行救助计划经费的1/4。这种比较是不妥当的，市民可能喝完香槟之后就开始大肆批判，因为救助计划的钱是维护金融稳定的投资，而且已经开始回流，怎么说加起来也有1000亿英镑了，但这都不是重点。他们说的也许没错，但阿波罗计划在当时可能是现代历史上最为精明的投资。1989年，时任美国总统的布什说，阿波罗计划是“继达·芬奇给自己买了一块画板之后，回报最高的投资”。对此人们做了许多相关研究，而最常引用的数字是：阿波罗计划花掉的每1美元，在十几年之内就有7美元的经济回报。为什么呢？因为阿波罗计划的设计和执行方式都非常明智，让高科技行业和研发项目遍布全国各地。它的励志效果也是毋庸置疑的，成千上万的孩子因此进入了科学和工程专业。在阿姆斯特朗1969年7月20日登月时，休斯敦任务控制中心工作人员的平均年龄只有26岁。领头的老员工金·克兰茨当时36岁，而驾驶登月舱的老员工当时是35岁。那些聪明的工程师们之后怎么样了呢？他们当然离开那里进入了社会，用在登月计划中学到的技术和专业知识发展了现代世界。受他们所鼓舞的那些孩子们被称为“阿波罗的遗孤”，乐观而大胆的那一代人在20世纪的最后1/3的时间里挑起了美国经济的大梁。但我觉得目前的美国已经迷失了方向，在我一个小岛国市民眼中看来美国是很富裕的。而我所在的这个小岛国每年支付给英超联赛球员的工资比它投入到物理科学和工程研究的还要多，包括比它对欧洲核子研究组织、欧洲空间局和所有位于英国的科研机构的投入都要多，我们也已经迷失了自己的方向。世界人民都一样。世界银行把研发定义为“用于增长包括人类、文化及社会方面知识以及提高知识在新应用上的利用率所系统开展的，产生（市政与个人）经常支出和资本支出的创新性工作”。在2012年，美国将国内生产总值的2.79%花在了增长知识上，而英国是1.72%。据估计，在当今世界经济中，研发的回报与成本比大约为40∶1。试想一下，如果我们把这些钱好好利用起来，能做成什么事。

月球行走

照片中杜克正在笛卡儿登陆点执行阿波罗16号舱外任务，在一号站收集月球样本。这张照片由指令长约翰·W.杨拍摄，在背景的左侧可以看见停着的月球车。

在1972年那张圣诞全家福里坐在我后面的是我的祖父，他出生于1900年。1903年12月17日，奥维尔·莱特驾驶莱特飞机在北卡罗来纳州杀魔山上飞离地面12秒，那年我祖父才3岁。看到尼尔·阿姆斯特朗在月球上行走时，那年我祖父68岁。而在尼尔·阿姆斯特朗开始在美国印第安纳州普渡大学学习航空工程的那一年奥维尔·莱特就已经去世了。我至今仍然对自己竟与在动力飞行前出生的人和在月球上行走过的人说过话而感到难以置信。这句话已经不能续写下去了，意识到这一点是非常重要的。在月球上行走过的人，逗号，做过什么的某某人……什么？阿波罗的遗孤的下一代会从何而来？也许一个新的超级大国会代替美国，成为伟大的探索国家。中国和印度，这些重新崛起的文明摇篮，都对太空雄心勃勃。正如布罗诺夫斯基在《人类的攀升》中写道的：“人类有改变其肤色的权利。”但

人类的最后一次月球行走

阿波罗17号的宇航员们在1972年完成了人类在月球上的最后一次行走。现在世界人民的目光都已被引向了火星。

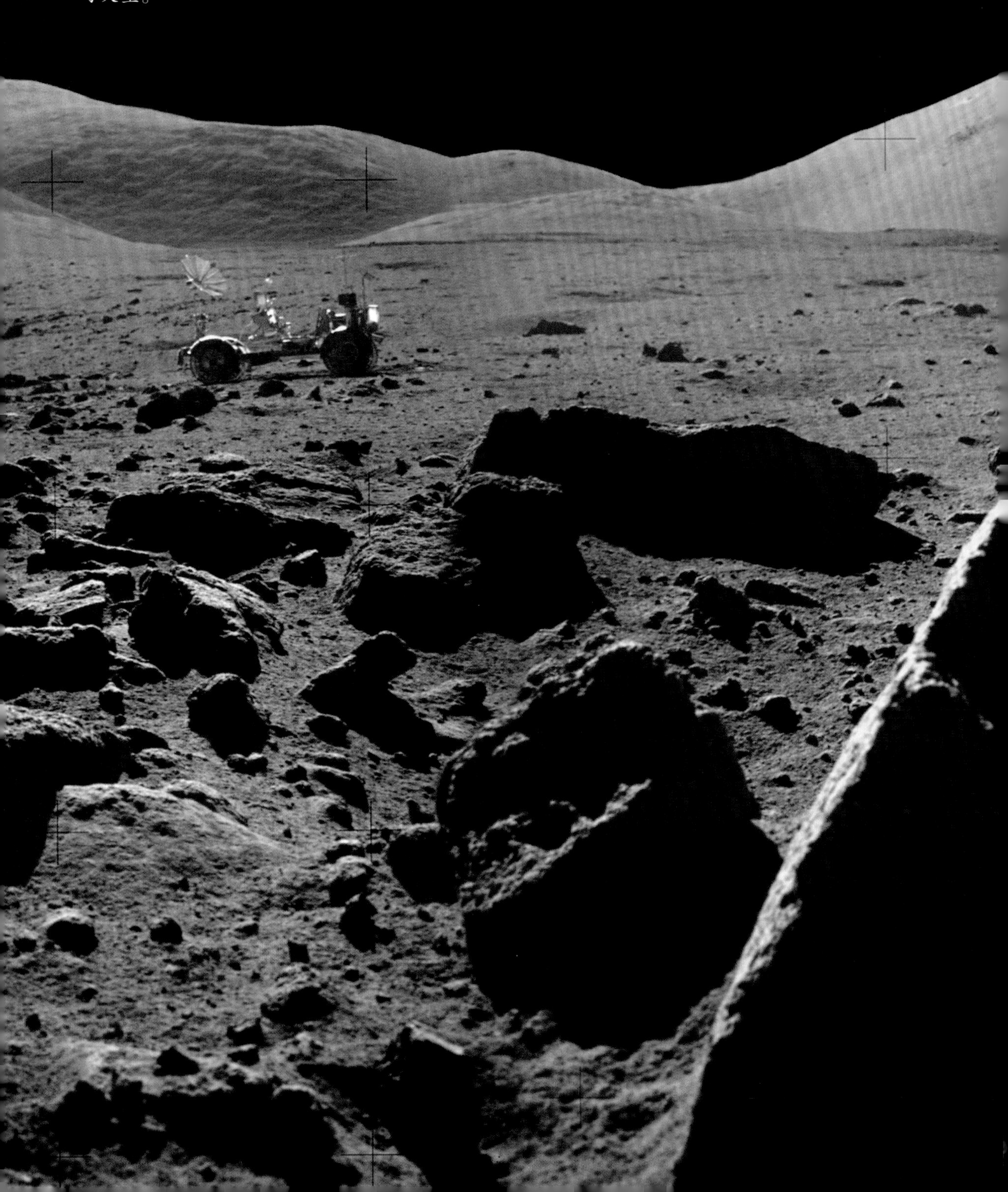

踏足火星?

人类已经踏足过月球。现在人类的任务是要航行225 000 000千米，抵达不适宜人类居住的火星。

土星5号

尼尔·A.阿姆斯特朗、迈克尔·科林斯和小埃德温·E.巴兹·奥尔德林于1969年7月16日早上9点32分搭乘阿波罗11号宇宙飞船土星5号从肯尼迪航天中心39A发射区发射升空。

是我和他有一个共同的遗憾，西方文明的退场让莎士比亚和牛顿成为历史遗产，一如荷马和欧几里得。我们的选择会决定这是否会成为现实。

在杜克和杨之后，又有两个宇航员登上了月球表面。格林尼治标准时间1972年12月14日晚上10点55分，他们离开月球表面。指令长尤金·塞尔南准备登上返回登月舱的舷梯时，他轻声地说了在月球上的最后一段话。

……我在月球表面；我即将完成人类在月球表面的最后一步返回地球，剩下的时间已经不多，我只想说我认为历史将会铭记的话。美国今天面临的挑战已经奠定了人类明日的命运。我们就要从陶拉斯-利特罗离开月球，愿上帝保佑我们能像来时一样平安回家，祝愿人类和平，一切安好。阿波罗17号全体成员一路平安。

尤金·塞尔南，陶拉斯-利特罗山谷，1972年12月14日

梦想家：第一部分

阿波罗计划影响广泛。它事关当时美国与苏联较量的输赢，它事关国家实力和民族荣誉，它事关经济，它事关梦想，它是恐惧与乐观的共同产物。它在各条阵线上都大获全胜。它真的与梦想有关吗？“太空就在那里，我们要向那里进发，月球和行星们都在那里，知识与和平的希望也在。所以，我们扬帆起航，祈求上帝保佑这一人类有史以来最危险最伟大的冒险之旅。”我深有同感。肯尼迪是个政治家，但我觉得他的话发自内心。

那么，现在梦想家们怎么样了？21世纪是实用主义的时代吗？是一个我们不得不相信股东们的利益即人类利益的时代吗？创新能让新邦德街的商店日进斗金，但这就是全部了吗？政府常有的遗憾是，新知识转化为经济增长的效率还不够高。那是获取知识的意义所在吗？谁为进步买单？谁应该为进步买单？

《人类宇宙》是一部电视系列纪录片，而本书正是由这部纪录片改编而来的。纪录片是讲故事的，用来论证观点的故事。《人类宇宙》的中心思想是乐观的，因为我很乐观。我觉得作为文明共同体，我们可以做得更好，我相信你是与我们一道的，但要说现在有些事情我们做得并不好，可不太容易让人接受。在最后一集，我们发现了说明长期思维并没有消失的两个故事：一个是像阿波罗计划一样宏伟的国家投资计划；另一个稍低调一些，但意义同样重大。前者是我2009年时去看过的一个项目，是位于美国加利福尼亚州劳伦斯·利弗莫尔国家实验室的国家点火装置。这个项目的目标是在地球上造出一颗恒星。

核聚变是恒星的能量之源。太阳通过把氢聚变为氦从核心释放能量。由于太阳内核的高温，两个质子会以高速相互接近。内核的高温最初源于形成太阳的气体云坍缩。质子带正电，因此会在电磁力的作用下相互排斥，但如果它们距离足够近，那么更为强大的核力就会起作用。在弱核力的作用下，质子会变成中子，释放出一个正电子和一个电子中微子。然后质子和中子在强核力的作用下结合在一起，形成氘核，它是氢（因为它包含一个质子）多一个中子的同位素。很快，另一个质子又会与氘核融合形成氦–3，最后两个氦–3的原子核结合形成氦–4，并释放出两个“多余的”质子。这一复杂过程的重要结果在于，4个质子最终被转化为一个由两个质子和两个中子组成的氦–4原子核，而且氦–4原子核比4个游离的质子的质量要小。根据爱因斯坦质能方程$E=mc^2$，损失的质量会以能量的形式释放出来，这就是太阳发光的原因。以地球的标准来看，聚变反应所释放的能量是巨大的。如果1立方厘米太阳内核里的全部质子都融合成氘，那么它的能量就能满足一个中等大小的城镇一年的用电量。换一种算法，1千克的聚变燃料与1000万千克的矿物燃料所能提供的能量相当，这大约为10万桶原油。二氧化碳的排放量为零，而产物氦可以用来填充派对上用的气球。

能源是文明的根本。获取能源是一切的基础：从公共卫生到人类繁荣的一切一切。你可能说洁净水肯定是更根本的需求，但这也需要能源。只要能源充足，即

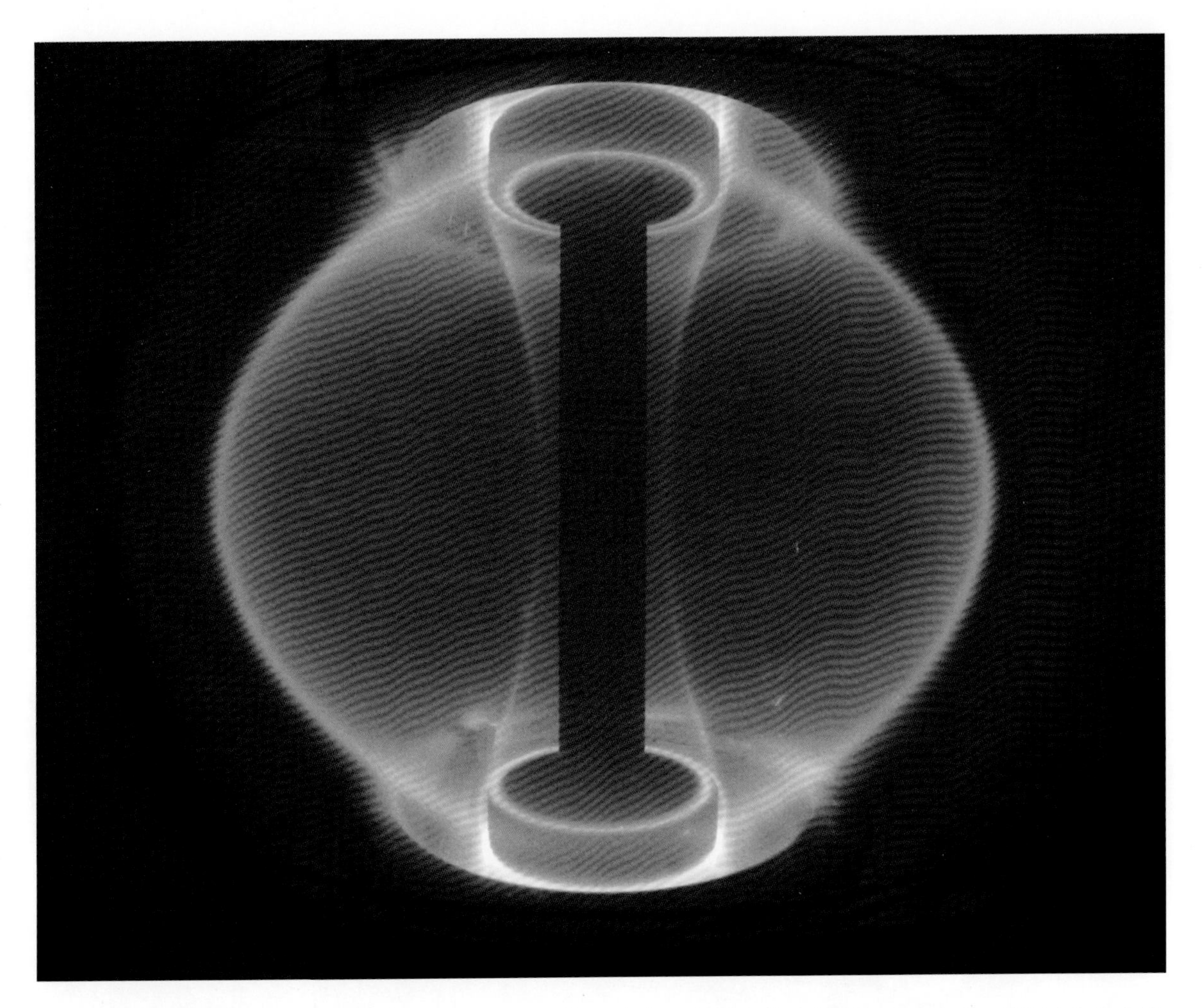

核聚变研究

位于英格兰牛津郡卡勒姆全球变化分析、研究和培训系统（START）装置中的等离子球。

便是在最干旱的地区，海水淡化厂和深水井也能保证供水充足。所以（从这方面讲）它当然不是最根本的需求了。在当今社会，滥用能源的名声可不好听，但想想这一点，人均能源用量大于欧洲平均水平一半的每个国家，平均预期寿命都高于70岁，识字率都超过90%，婴儿死亡率低，且1/5以上的人口都是高等教育水平。能源使用名声不佳并不是其本身的缘故。使用能源是对的，这是现代文明的基础，而现代文明是美好的。我不愿意住在贫瘠的农场，睡觉时炎热难耐，随时可能死于疟疾，并且还没有洁净的水源和先进的医疗服务。我很幸运。我在城市里生活，能从不错的商店里买到所有我想要的食物，在大学里有份称心的工作，在欧洲核子研究组织做着有趣的研究。我希望世界上每一个人都有选择自己生活的权利，就像我一样；也就是说我希望世界上每一个人都有能源可用，就像我一样。到2011年，世界上还有13亿人用不上电。没错，使用能源是好事。能源的问题在于我们要如何生产它。

当今世界所生产的能源里，超过80%都来自于燃烧矿物燃料。随着核能和可再生能源重要性的增加，我们希望到2035年，这个比例会下降到76%。燃烧东西是人类最古老的技术产物。全球温室气体排放量的2/3都来自于能源生产。最新的科学模型表明，到2100年，全球平均气温将会比1986年到2005年的平均水平高2~2.5摄氏度。上升的幅度也可能会小一点，低至1~1.5摄氏度，又或者可能

可控的太阳

位于美国加利福尼亚州劳伦斯·利弗莫尔国家实验室的国家点火装置的靶箱内部。这个装置用于引发并控制氢的聚变，它是可供未来使用的可持续能源。192束激光光束汇合于此，射入直径2毫米的氘-氚（DT）气体胶囊里。聚集的总能量为1.8兆焦。

全球警戒

最新消息包含在为决策者提供的联合国政府间气候变化专门委员会（IPCC）2014年的摘要中。

高达4摄氏度或以上。

有些不确定性取决于我们的行动，因此为了预测未来的行为，我们做了多种假设。但90%以上的计算机模型都显示，矿物燃料燃烧排放出的温室气体将导致2100年全球气温的上升。

因此，用核聚变生产能源是个好想法。如果能以一种经济上可行的方式进行，它将能为人类提供用之不尽的清洁能源。要实现这个目标还有别的方法。人们可以坚持使用太阳能，而且事实上其他可再生能源和核裂变能源的使用也越来越广泛了。但是，核聚变可以从根本上一劳永逸地解决全球能源问题，因此是值得探讨的。

鉴于太阳上核聚变的现象已经让我们认识到它的有效性，所以目前的挑战在于技术而非根本。基本上，聚变难以在地球上实现的原因是它需要超高的温度和压力。解决方法有两个，而且都如同阿波罗计划一般宏伟。在欧洲，一个包括俄罗斯、美国、欧盟各国、日本、中国、韩国和印度等国家和地区参与的全球合作项目正在建造国际热核聚变实验反应堆（ITER）。机器本身实际上是一个等离子磁瓶，它可以在超过1.5亿摄氏度的高温下储存等离子，这个温度是太阳内核温度的10倍。ITER用的是氘和氚，它们分别是氢包含一个中子和两个中子的同位素，用来生成氦-4。它略过了太阳上氢生成氘的这一最初缓慢的弱核力相互作用过程，所以ITER比太阳的效率高得多。氘是从海水中提取的，而氚是在聚变过程中通过用游离中子辐照锂板在反应器自身内部生成的。这样一个800兆瓦的聚变发电站每天将消耗大约300克氚燃料。ITER现在还不太适合上镜是因为它还在建设中，所以，我们把焦点放在了美国国家点火装置（NIF）上，它已经启动并且正在运行了。

NIF科幻气息十足，事实上整套NIF都在《星际迷航：暗黑无界》里出现了。它是世界上数量级最大的激光系统。激光以500 000吉瓦的能量对一个比胡椒籽还小的靶器进行持续增强的系列冲击，调校后精度小于一百亿分之一秒。那相当于美国产电能力峰值的1000倍。正如你想象的那样，这会产生一次爆炸。那个胡椒籽大小的靶器里装的是氘-氚燃料，和ITER一样。激光脉冲提升了黄金容器里燃料的温度，而生成的X射线辐射使得燃料快速融合，引发聚变。细节是关键：激光脉冲时机和时长的精确度、黄金容器的形状都决定了反应是否能成功以及反应效率的高低。尽管工程难度近于登天，2013年9月，氘-氚燃料芯块所释放的能量已经比它消耗的要多了，虽然那只相当于为激光提供的总能量的1%。然而，这说明所谓的惯性聚变已经基本成功了。未来的惯性聚变发电站将会使用更为高效的激光系统（因为NIF的系统已经过时十几年了）和由NIF研发的燃料芯块技术。这项技术已经被证实是有效的，至少在一个巨大的、由政府资助的研究规模上是这样，像太空探索这样困难的事情都是这么开始的。商业公司基本不会冒这么巨大的风险，而这就意味着我们纳税人必须为这种类型的知识学习买单。正如阿波罗计划那样，我们会得到回报的，只是投资期限比一般的金融项目要长。

因此看来，建不了这种发电站不是因为技术原因。还有很多东西要继续研

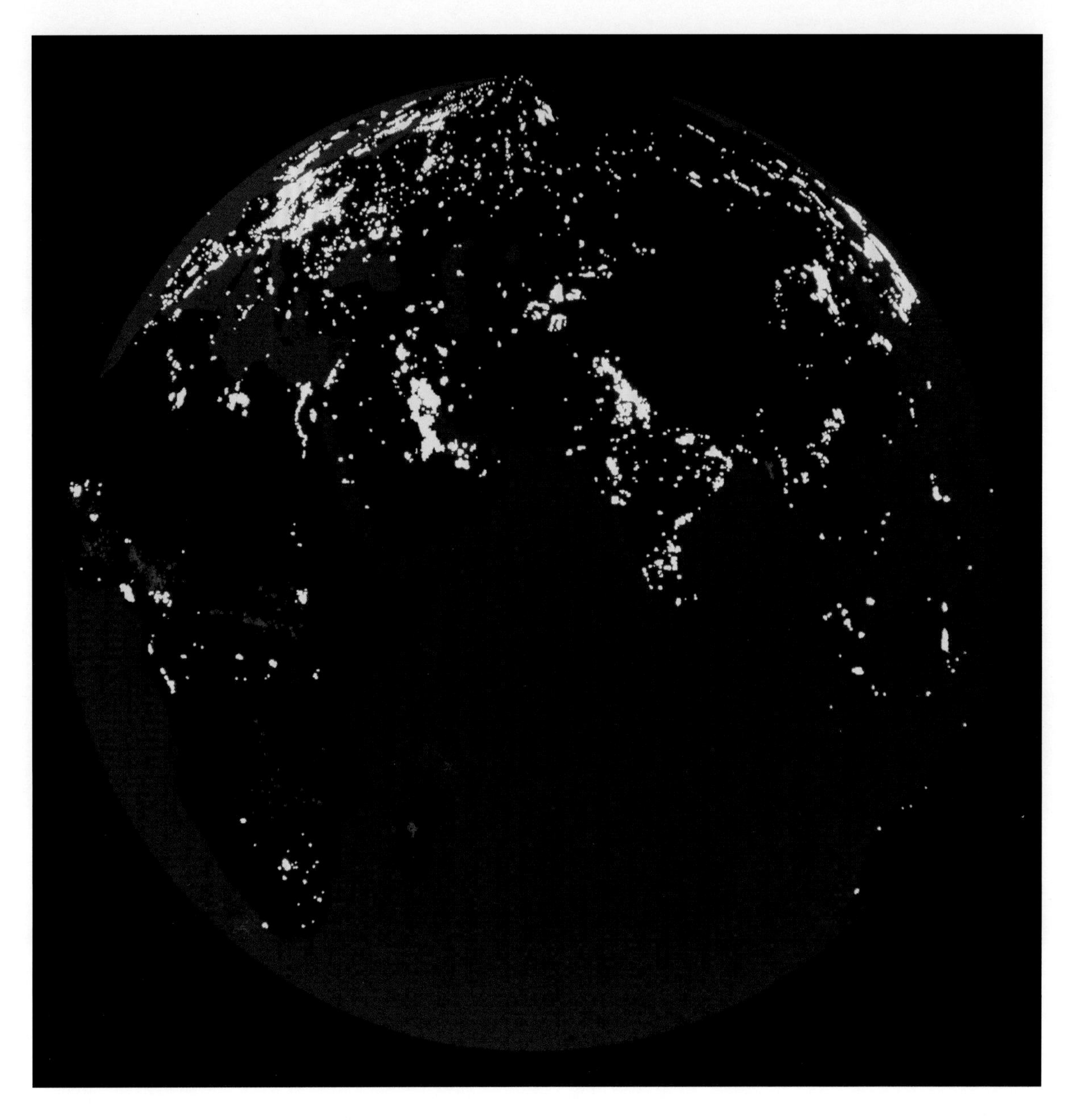

人类能源

显示人类能源生产的NASA卫星图——白色表示电灯，黄色表示石油/天然气的火光，而红色表示燃烧农作物。

究，但障碍可能是在预算而非基本原则上；美国人在给宠物美容上花的钱比花在核聚变研究上的还要多。

这种略不厚道的比较里隐藏着很重要的一点。我认为阻碍进步的主要因素之一是教育。我认为人都是理性的；经过了正确的教育、给予了正确的信息并在如何思考的问题上交足了学费之后，我相信人类能够做出合理的选择。我相信，如果我对某人说“我们做个交易吧，只需把给猫梳毛的钱给我，你就能拥有一生都用之不尽的清洁能源，而且子子孙孙、世世代代都用之不尽”，大多数人都会愿意自己给猫梳毛的。我必须相信这一点，否则写这本书就是徒劳了。

梦想家：第二部分

我们的第二个故事又是另一种情况。它不涉及高科技，花费也很少，却具有深远的影响。保障未来并不全是钱的事，也可能事关行动。

从外面看，斯瓦尔巴全球种子库是低调而美丽的。如同挪威所有由政府资助的建设项目一样，那扇开在北极山坡上的简单的门出于迪维科·桑妮之手，是一件艺术品。夏季时，它沐浴在极昼的阳光下；冬季时，光纤电缆在极地长夜闪耀。这扇门通向的是位于永久冻土深处的一个改造过的煤矿坑。它共有3个储藏室，温度都由空调系统保持在零下18摄氏度。这个温度是经过严格选择的，在这个温度下，种子代谢缓慢但不会死亡。在零下18摄氏度下，最顽强的种子可以保持活性超过两万年。储藏室中只有一个是正在使用的，其余两个都是为未来准备的。这里有超过80万种种子，来自全世界几乎所有国家和地区。它们都是农作物的种子，是全球粮食生产的原材料和基础。美洲和欧洲的种子在亚洲和非洲的旁边。从叙利亚种子库所在地阿勒颇最近的动乱中挽救出来的种子就位于那些来自朝

鲜、韩国、中国、加拿大、尼日利亚、肯尼亚以及其他国家的种子旁边。这个种子库几乎涵盖了人类农业的全部历史，囊括了自两河流域起源后的所有年代。每种种子都反映了当地的选择、环境要求或只是某个农民的喜好。其中有被跨国公司优化过的品种，也有由独立部落精心培育的品种。箱子里装的都是设想的食物、时间胶囊，是梦寐以求的东西。它们也是不可或缺的。

为什么要保护农作物种子？答案是，生物多样性是非常重要的。地球上的生物构成了一个错综复杂的网络，一个由千千万万种现存的动植物和无数的单细胞生物组成的巨大的基因数据库。物种越多，数据库的数据就越庞大，整个生物圈应对挑战的方法也就越多，而无论这些挑战是来自疾病、自然界还是人类导致的气候变化、自然栖息地减少或是其他方面。这是显而易见的。如果在这个庞大的数据库里有某个基因能让小麦生长所需的水量减少，在环境变得更干旱的情况下，这些基因对我们就是有价值的。如果我们失去了某种特定的基因，那么就永远也找不回来了。如今，只有不到150种农作物被应用于现代农业生产，而其中的12种支撑着全球绝大部分的非肉类食品供应。当然，农作物的多样性还体现在品

“末日”粮仓

一个全球共建的种子库坐落于挪威本土到北极点的中间，斯瓦尔巴群岛中一个遥远的岛屿的大山深处。种子库的目的在于储存从世界各地搜集到的农作物的种子样本作为备份。

B
C
D
E
1
2
3
4
ICARDA
IRRI

种上；据估计，仅水稻就有超过10万种。但人类历史上绝大多数的农作物品种目前已经不再种植。它们都被保存在种子库里，以备不时之需。斯瓦尔巴全球种子库是一种保障，是我们的保险策略，保障那些国家即使因为全国性自然灾害、战争或单纯的忽略而失去了他们自己的种子库时，我们巨大的生物基因数据库也不会丢失那些不可或缺的部分。

挪威政府拥有种子库，但种子都在储户自己手里。全球农作物多样化信托基金是一个慈善信托，捐赠基金负担了它大多数的运营经费。在建造种子库时，卡里·福勒是该信托基金的执行董事。我们在斯瓦尔巴群岛拍摄时和他聊得很愉快——他是一个梦想家，没错，但他更是一个能把梦想变成现实的梦想家。

“在我们行业的人看来，人类活在多灾多难的世界里，”福勒说，“我们见证了伤病、物种减少与灭绝，从某种程度上来说真是够了，你在想除了头痛医头、脚痛医脚之外我们还能干什么？那确实需要从长远来考虑，而且要从根本上解决农作物多样性的问题。因为我们知道我们以后会对农作物的多样性有需求，它是农业的生物基础。只要我们还有农业，我们就会对作物的多样性有需求。”“只要有文明就有需求。”我补充道。福勒点点头：“在那之后我们就不会再苦恼了，再也不会！”

斯瓦尔巴全球种子库已经成功建立起来，为永世服务，至少能服务数万年。它事实上是由全球各个政府共同支持的，是一个基于可靠的科学依据和对我们可能会面临着只有单一的全球文明这个潜在的挑战与风险的认识之上对未来的明智投资。它并不宏大、不华丽也不昂贵，但它很重要，而且同样重要的是有人确实做成了。那是很振奋人心的。

那么这一切会为我们留下什么？我唯一能做的就是告诉你我的看法。我想实话实说。在我们开始拍《人类宇宙》的时候，并不是要给人类写情书的。我们的目标是要做一个宇宙学的系列片，告诉大家人类的崛起其实是微不足道的。随着我们在世界各地谈论、争辩、经历、拍摄和论证自己的观点，我们的想法逐渐发生了改变；我们意识到，由于我们的不够理性、不够科学、迷信、小团体意识、狭隘民族主义和鼠目寸光，我们目前的所有认知都是基于人类是全宇宙里最重要的存在而得出的；而当我们把这一切都成功地讲述出来时，就是一件有意义的事情。与永恒的恒星相比，我们的存在肯定没有绝对的意义和价值。我们是在自然法则的允许下才得以生存的，从这个角度来看，我们并没有比恒星更有价值。然而，因为我自身的存在、我所爱的人们的存在与整个人类的存在都对我有意义，所以这一点在宇宙里有不言而喻的意义。我有这样的想法是因为我在教育上花的时间多得可以算得上是奢侈了。我教过别人，别人也教过我，我做研究，我也学习。我很幸运。我坚定地认为，我们应该在能力可及的范围内努力让教育的成果惠及每一个人。教育是发达社会所能进行的最重要的投资，也是培育出一个发达社会最有效的方法。年轻的一代终有一天会成为决策者、纳税人、选民、探险家、科学家、艺术家和音乐家。他们会保护和改进我们的生活方式，使我们的生活更有意义。他们将发现人类是脆弱的，我们的存在是极大的幸运，我们的重要性与永恒的万千星辰相比就如海中孤岛般无可比拟，因为拥有那些知识，他们会做出比我们更为明智的抉择。他们将会保证，我们的宇宙仍然还是人类的宇宙。

尾　声

人是最不可思议的杰作。如此坚定，如此脆弱，如此聪明，如此渺小，如此勇敢，如此可爱，如此暴力，如此充满希望，又对自己的平凡如此无知。有人问过我一个他们自认为很深刻的问题："我们是用什么做的？""上夸克、下夸克和电子。"我答道。一个人也就如此，整个人类却不止于此。我们的文明是已知宇宙中最复杂的自然现象，是我们的文学、艺术、哲学、历史、科学……的总和。我有一张由布鲁诺·瓦尔特在1938年德国将奥地利并入自己版图前夕演奏的马勒第九交响曲的唱片。这是一首充满威胁的曲子。瓦尔特和维也纳爱乐乐团知道要发生什么事情了。希望随着最后一个音符的消失而幻灭，马勒在乐谱的那个位置标注了"ersterbend"，也就是"将死"的意思。这是马勒对生命的告别，预示着古欧洲与和平的告别。这种深意从表面上是看不出来的，那些白纸上的黑色墨迹可以被扫描下来，数字化处理后存在手机里，才几千字节而已。这唱片里有限的字节组合中蕴藏着深不可测的力量，因为表演中包含了100人的全部恐惧、梦想、担忧和焦虑，表达的是背后那百万人的心声。每位音乐家、指挥家和作曲家的个人经历，其实是人类文明的历史，它们在音乐的骨架上呈现，形成了一部无比复杂而有力量的作品。因为每个人都拥有来自有限的夸克和电子组合形成的无限潜能。我们的存在是对常识的荒谬嘲讽，它超越了基于自然规律简单性的任何可能性的合理预期，而人类的文明就是70亿人的嘲讽之和。我的微笑意味深长：人类确实让我感到有趣。我们的存在肯定是暂时的，我们的空间是有限的，这使得我们弥足珍贵。马勒对生命的伟大告别同样也可以解读为呼吁大家发自内心地珍惜生命、活出精彩、及时行乐。

布赖恩

致乔治·阿尔伯特·伊格尔：
未来是你的，孩子。

安德鲁

致我的知己安娜，
我美丽的孩子们
本杰明、玛莎、西奥，
我的好妈妈芭芭拉，我的兄弟保罗和霍华德，
以及我有幸在浩瀚宇宙中相遇的所有的"小生物们"。

?
LM

UNITED
STATES
XIII
STAGE
3
Shepard

图片来源

正文p1前一页,正文pp14–15, 32–33, 56, 70–71, 86–87, 114, 130–131, 148–149, 162, 178–179, 200–201, 224, 238–239, 252–253 © Darrel Rees; 目录前一页,正文pp3, 6–7, 26, 41, 42–43, 45, 46, 48–49, 83, 96–97, 136, 144, 150, 152–153, 161, 168–169, 183, 184–185, 190–191, 209, 221, 244, 264 © Brian Cox; pp4–5 © Sheila Terry/Science Photo Library; pp9, 36/37 top © Royal Astronomical Society/Science Photo Library; p10 © British Library/Science Photo Library; p11 © Bibliothèque nationale de France; pp16, 36/37 bottom, 80, 85, 127, 138, 246–247© NASA/Science Photo Library; pp22, 27 © Harvard College Observatory/Science Photo Library; p21 © European Space Agency/Science Photo Library; pp22–23 © Scott Smith/Corbis; p24 from the *Annals of the Harvard College Observatory*, Vol. LX, No. IV, Published by the Observatory, Cambridge, Massachusetts, 1908; pp25, 230–231 © NASA; p28 © Emilio Segre Visual Archives/American Institute of Physics/Science Photo Library; p30 © Robert Gendler/Science Photo Library; p31 Courtesy of The Carnegie Observatories; p34 © Hemis/Alamy; p35 © Jon Arnold Images Ltd/Alamy; pp38, 172–173 © Science Source/Science Photo Library; pp50/51 © Science Photo Library – Mark Garlick/Getty Images; p52 © JPL-CALTECH/NASA/Science Photo Library; p53 © NASA/ESA/STSCI/R. Williams/HDF Team/Science Photo Library; pp54–55, 213 © ESA and the Planck Collaboration; pp58–59 Courtesy of Lowell Observatory; p60 Courtesy of the National Archives at College Park, Maryland, USA; p61 © Alan Dunn/The New Yorker Collection/The Cartoon Bank; p62 Courtesy of the National Archives at Seattle, Washington, USA; p67 © Mike Hutchings/Reuters/Corbis; p68 © Jerry R. Ehman; p69 © Benjamin Crowell; pp73, 74, 210–211, 212 © NASA/JPL; p76 © NASA Ames/JPL-Caltech; pp79, 159 bottom © Science Photo Library; p81 © Eckhard Slawik/Science Photo Library; p82 © Walter Myers/Science Photo Library; p84 © NASA/Ball Aerospace/Science Photo Library; pp92/93 top © NASA/ESA/STSCI/Science Photo Library; middle © NOAA/Science Source/Science Photo Library; bottom © Royal Observatory, Edinburgh/AAO/Science Photo Library; pp94–95 © Lionel Bret/Look at Sciences/Science Photo Library; p98 © Smithsonian Institution; pp101, 236–237 © Frans Lanting, Mint Images/Science Photo Library; pp102–103 © Didier Descouens; p104 © Paul Harrison; p106 © Wim van Egmond/Visuals Unlimited/Science Photo Library; p107 © Dr. Fred Hossler/Visuals Unlimited/Science Photo Library; p108 left, 109 left © Dr. Gopal Murti/Science Photo Library; middle © Eric Grave/Science Photo Library; right © Science Photo Library; p109 middle © Professors P. M. Motta & S. Correr/Science Photo Library; right © Dr. Alexey Khodjakov/Science Photo Library; p110 © Ashley Cooper/Visuals Unlimited/Science Photo Library; p113 © Roger Harris/Science Photo Library; pp117, 118–119, 229, 246 © Detlev van Ravenswaay/Science Photo Library; p121 © 倪喜军, 中国科学院古脊椎动物与古人类研究所科学家; pp122–123 © Brian Gadsby/Science Photo Library; p124 top © Horizon International Images Limited/Alamy; pp124 bottom, 157 © John Mead/Science Photo Library; pp132–133 © Dr. Juerg Alean/Science Photo Library; p135 © The Natural History Museum/Alamy; p137 © John Reader/Science Photo Library; p140 © RGB Ventures/SuperStock/Alamy; p142 © bnps; p147 © Hubert Raguet/Look at Sciences/Science Photo Library; p155 © Sergei Remezov/Reuters/Corbis; p156 © Diego Lezama Orezzoli/Corbis; p158 © Seth Joel/Corbis; p159 top © Peter MacDiarmid/Reuters/Corbis; p165 © NSF/Steffen Richter/Harvard University/Science Photo Library; pp166, 193, 243 © Middle Temple Library/Science Photo Library; p167 © Emilio Segre Visual Archives/American Institute of Physics/Science Photo Library; p170 Courtesy of Factory Records; p171 © Edelmann/Science Photo Library; pp174–175 © Maximilien Brice/CERN/Science Photo Library; p180 © Albert Einstein Archives/Hebrew University of Jerusalem; p181 © CERN/Science Photo Library; p182 © Patrick Eagar/Getty Images; p188 © David Wall/Alamy; p189 © Ryan J. Lane/Getty Images; pp194–195 © Ted Kinsman/Kenneth Libbrecht/Science Photo Library; pp197, 242 © Natural History Museum London/Science Photo Library; p198 © Chris Mattison/Alamy; p199 top left © Danita Delimont/Alamy; p199 top right © Photoshot Holdings Ltd/Alamy; p199 middle left © John Hartung/Alamy; p199 middle right © Life on white/Alamy; p199 bottom left © WaterFrame/Alamy; p199 bottom right © Frans Lanting Studio/Alamy; p202 © Nick Greaves/Alamy; pp204, 205 © Philippe Plailly/Science Photo Library; pp206–207 © ESA/DLR/FU Berlin (G. Neukum); p215 © Geoff Moore/Rex Features; pp216–217 © ATLAS Collaboration/CERN/Science Photo Library; p218 © NSF/BICEP2 Collaboration/Science Photo Library; p219 © European Space Agency/Rosetta/OsirisTeam/ Science Photo Library; pp222–223 © Alfred Pasieka/Science Photo Library; p226 © age fotostock Spain, S. L./Alamy; p232 © European Space Agency, IPMB/Science Photo Library; 235 © Mark Garlick/Science Photo Library; p238 © Ondrej Kucera/Shutterstock; pp240/241 © Gianni Dagli Orti/Corbis; p241 © Timothy Ball/iStock; lry; pp245 both images, 247 © NASA/Rex Features; pp248–249 © NASA/National Geographic Society/Corbis; p250 © Steven Hobbs/Stocktrek Images/Corbis; p251 © NASA/Retna Ltd/Corbis; p255 © EFDA-JET/Science Photo Library; pp256–257 © Lawrence Livermore National Laboratory/Science Photo Library; p259 © NASA GSFC/Science Photo Library; pp260–261, 262 © National Geographic Image Collection/Alamy.

致　谢

《人类宇宙》电视系列纪录片的最初构想开始于2012年的夏天，这是我们一起拍摄的第4部大型电视系列纪录片，和之前的所有系列纪录片一样，它需要一群富有才华且全身心投入的工作人员。我们在此要感谢他们无尽的热情和对系列纪录片倾注的心血，特别要感谢制片人吉迪恩·布拉德肖的卓越领导力。吉迪恩多年以来参与了我们很多系列纪录片的拍摄，包括“地平线”系列和BBC“奇迹”系列，他将自己一贯以来的创意、远见和热情也带到了《人类宇宙》中来。摄制组中还有一群世界级的导演，包括史蒂芬·库特、纳特·沙曼、安娜贝尔·吉林斯和迈克尔·拉赫曼。将复杂的科学理论转换为美轮美奂的电视系列纪录片，这不是每个人都能做到的事，而我们很幸运地请来了众多专业导演。我们还要感谢出类拔萃的摄影总监鲍尔·欧卡拉汗，他带来了生动而美丽的画面；还有音效师安迪·帕顿，他付出了很多的精力；此外，还要感谢罗伯·迈克格雷格为我们拍摄了水上和水下的众多美丽画面，他还贡献出了自己的咖啡机；菲利普·谢坡德创作了优美的配乐。我们还要感谢戴文娜·布里斯托、马格斯·莱特博迪、劳拉·弗雷格、爱丽丝·琼斯、乔迪·亚当斯、凯伦·迈卡利恩和埃罗伊萨·诺博，感谢他们带来的所有创意和贡献。

剪辑是电视系列纪录片制作中非常重要的一环，我们真诚地感谢达伦·乔纳萨斯和其他优秀的剪辑师，包括格雷姆·道森、路易斯·萨科和吉拉德·伊万斯，感谢他们成功塑造了这个系列纪录片。我们还想要感谢罗伯·西佛和BDH的团队，他们给纪录片的每一集都带来了惊艳的视觉特效。

每一部片子都需要一个优秀的团队在后方做后勤支持，而《人类宇宙》的成功完成离不开制片经理亚历山德拉·尼克森、执行制片人劳拉·戴薇和整个制片团队一直以来的辛勤工作与贡献。感谢路易萨·瑞德、维奥拉·施维德汉姆、卡莉·沃利斯、亚历山德拉·奥斯本，以及所有为节目的复杂制片工作不眠不休的工作人员。我们还要感谢尼克·索普威斯和凯特·巴特利特，他们对纪录片的创意和概念精雕细琢，在摄制早期就为纪录片打下了坚实的基础。

当然，还有很多人为《人类宇宙》纪录片的摄制工作贡献了力量，他们是彼得·莱纳德、杰妮·斯科特、尼克·莱恩教授、杰夫·福肖教授、法兰克·德雷克教授、马丁·韦斯特、朱利叶斯·布莱顿、海伦娜·甘尼查德和维奇·埃德加。

此外，特别感谢苏·莱德的倾情支持。

哈珀·柯林斯（英国）的出版团队一如既往地在出版期限之前为我们送上了漂亮的样书，我们想要特别感谢佐伊·巴泽，她为本书和BBC“奇迹”系列的3本书（《宇宙的奇迹》《太阳系的奇迹》《生命的奇迹》，中文简体字版已由人民邮电出版社出版）设计了漂亮的装帧；感谢迈克尔·格雷、茱莉娅·科皮兹、克里斯·怀特、安娜·米歇尔莫；当然，还有我们睿智而包容的出版人迈尔斯·阿奇巴德。我们还要感谢曼彻斯特大学为《人类宇宙》纪录片提供的全力支持和鼓励，特别是校长兼总理事南希·罗斯维尔女士，她给予了我们充分的自由进行学术研究。

知识、睿智、人性

作者简介

布赖恩·考克斯（Brian Cox）

大英帝国勋章获得者，粒子物理学家，英国皇家学会研究员，曼彻斯特大学教授，也是欧洲核子研究组织大型强子对撞机的ATLAS实验的研究人员。对公众而言，他的知名身份是英国广播公司第二台（BBC 2）广受欢迎的电视系列纪录片《太阳系的奇迹》（*Wonders of the Solar System*）和《观星指南》（*Stargazing Live*）的科学主持人。20世纪90年代，他曾是英国流行乐队D:Ream的键盘手。

安德鲁·科恩（Andrew Cohen）

英国广播公司（BBC）科学栏目组的负责人，也是BBC 2电视系列纪录片《太阳系的奇迹》和《生命的奇迹》（*Wonders of Life*）的执行制作人。他从事科学传播工作已有许多年，制作完成了大量科学纪录片，如《明日世界》（*Tomorrow's World*）、《地平线》（*Horizon*）和《宇宙的奇迹》（*Wonders of the Universe*）。2005至2010年期间，他是BBC主打科学栏目《地平线》的编剧。他和妻子及3个孩子一起住在伦敦。

BBC系列纪录片同名图书推荐

人类宇宙 第二版 HUMAN UNIVERSE

宇宙背景下的人类行迹，历史延绵中的科学传奇，智慧头脑内的妙算神机，世道人生里的意义启迪，皆在《人类宇宙》（第二版）中展露无遗。

——《科普时报》总编辑
中国科普作家协会常务副秘书长 尹传红

有位科普大师曾经说过："没有枯燥的科学，只有乏味的叙述。"考克斯教授是一位聪明绝顶的物理学教授、BBC 节目主持人，他能用各种图表、独白和笑话轻松解释复杂、基本的科学真理。在这本书里，他只想告诉大家：科学真的很有趣。

——浙江省科技馆馆长 李瑞宏

考克斯教授是近年来在中青年科学家里涌现出的一流科普作家中的翘楚，继承了英国自赫胥黎以来的辉煌的科普传统。阅读该书不仅是在品味现代科学知识的盛宴，而且会引起我们对自身作为一个普通物种在浩瀚宇宙中所处的渺小地位的无尽遐思。掩卷之余，我不禁想起了哈姆雷特的千古之问："生存还是毁灭？"抑或杜子美的不朽名句："细推物理须行乐，何用浮名绊此身。"

——古生物学家 苗德岁

$N = R_* f_s f_p n_e f_l f_i$

就像考克斯教授的 BBC"奇迹"系列一样，《人类宇宙》（第二版）也不是一般的"科学书籍"。这是"献给全人类的一封情书"。考克斯教授从他自己初吻的故事开始，在宇宙的背景下聚焦人类这种生物，讲述了"人"的故事。你将看到恢弘的架构和意想不到的精彩细节！

——《生命的奇迹》译者 闻菲

Collins

封面设计：董志桢

责编邮箱：lining@ptpress.com.cn
分类建议：科普
人民邮电出版社网址：www.ptpress.com.cn

ISBN 978-7-115-51636-7
定价：99.00 元